梁平柚志

重庆市《梁平柚志》编纂委员会　编

方志出版社
Publishing House of Local Records

图书在版编目（CIP）数据

梁平柚志 / 重庆市《梁平柚志》编纂委员会编 . --
北京：方志出版社，2021.9
ISBN 978-7-5144-4813-9
Ⅰ . ①梁… Ⅱ . ①重… Ⅲ . ①柚—果树园艺—梁平区
Ⅳ . ①S666.3

中国版本图书馆 CIP 数据核字（2021）第 191902 号

梁平柚志

编　　者：	重庆市《梁平柚志》编纂委员会
责任编辑：	黄　彦
出 版 者：	方志出版社
	地址　北京市朝阳区潘家园东里 9 号（国家方志馆 4 层）
	邮编　100021
	网址　http：//www.zgfzcb.cn
发　　行：	方志出版社图书经销中心
	电话（010）67110500
经　　销：	各地新华书店
印　　刷：	重庆巴南彩印厂
开　　本：	787×1092　　1/16
印　　张：	19.5
字　　数：	376 千
版　　次：	2021 年 9 月第 1 版　　2021 年 9 月第 1 次印刷
印　　数：	0001 ~ 5000 册

ISBN　978-7-5144-4813-9　　定价：200.00 元

重庆市《梁平柚志》编纂委员会

顾　　问：钱建超　陈孟文

主　　任：唐诗平　雷旭东

委　　员：罗　勇　曹刚静　陈泽田　邓宣波　唐永鸿

重庆市《梁平柚志》编纂人员

主　　编：罗　勇

执行主编：邓宣波　聂月红

编　　审：余　辉　粟先敬

编　　辑：徐卫华　田书红　黄增平　吴应斌

　　　　　刘德明　代晓燕　张　怡

总　　纂：田书红　黄增平

山水田园·美丽梁平　　（高小华 摄）

中华·梁平柚海　　（高小华 摄）

平柚海
LiangPing China

梁平柚花

梁平柚

序

至高梁、纳平川。万石耕春，中华名柚。溯及清代，系乾隆梁山进士刁思卓引培，植于梁山境内，与千年夔柚嫁接，汇都梁灵气，聚天地生机，历经数代培育，果实硕大、皮薄色黄、肉粒饱满、晶莹剔透、入口化渣、浓郁悠长，与广西沙田柚、福建文旦柚齐名，系柚中珍品，冠“中国三大名柚”之雅称；物类绝佳，享“天然水果罐头”之美誉。正如唐代诗人张彤所描述：“树树笼烟疑带火，山山照日似悬金；行看采掇方盈手，暗觉馨香已满襟。”本草纲目载云：“柚子消食快膈，散愤懑之气，化痰”。古乃皇家贡品，今为五洲嘉礼。

智汇田园，大柚作为。梁平柚产业发轫于农耕文明，蓬勃于新时代。乡村振兴、品牌引领，绿色提质、接二连三。时至2020年底，种植面积15万亩、800万株，遍及33个乡镇（街道），年产果10万吨，全产业链产值15亿元。龙头带动、群众参与，致富产业、靓丽名片。柚朋自远方来，不亦乐乎。梁平柚长于自然，蝶变于人文，闻名于开放。始于2009年，8届柚花节、9届采柚节、3届国际柚博会，以柚为媒、广交朋友，农旅融合、柚行天下。壮哉梁平柚，农耕文明史，继往开来；美哉梁平柚，最浓乡愁源，名扬四海！

柚行千里致广大，为其修志，旨在总结绿色发展之历程、传承农耕文明之历史，形成贴近群众地情之读本。为当代提供资政辅治之参考，为后世留下堪存堪鉴之记述。

中共重庆市梁平区委员会

重庆市梁平区人民政府

2021年8月

凡　例

一、以马克思列宁主义、毛泽东思想、邓小平理论、“三个代表”重要思想、科学发展观，习近平新时代中国特色社会主义思想为指导，坚持辨证唯物主义和历史唯物主义的立场、观点和方法，坚持实事求是存真求实的原则，客观记述梁平柚业的历史和现状，为提升梁平经济，提供历史借鉴和现实依据，力求资料性、可读性和科学性的有机统一。

二、为全面反映梁平柚产业发展脉络，志书采用立足当代，贯通古今，详今略古。时间上限至事物发端，下限至2020年，重大事项适当下延。

三、志书采用纲目编纂体例，设类目、分目、条目三个层次，以字体字号等版式区别不同层次。以事分类，横排纵述，纵横结合。述、记、志、图、表、录等体裁并用，以志为主。

四、志书采用现代语体文，记述体记述，力求简洁、朴实、严谨。人物一般直书其名，必要时前面加冠职务（职级）。

五、志书采用公元纪年，特殊情况下使用历史朝代纪年并括注公元纪年，中华人民共和国成立前（后），以1949年10月1日为界。

六、志书采用的数据为统计部门数据，统计部门无资料的选用政府相关部门正式提供的数据。图片除署名者外均为区农业农村委提供。

七、标点符号、计量单位分别执行国家标准《标点符号用法（GB/T15834—2011）》《国际单位制及应用（GB3100—1993）》《有关量、单位和符号的一般原则（GB3101—1993）》。

八、志书坚持生不立传原则，有关人物以简介，名录和以事系人等形式记述。

九、志书中记载的“梁平柚”或“梁山柚”，是不同历史时期的名称，实为同一品种。

目　录

大 事 记

清嘉庆元年（1796）

梁山人刁思卓从福建引进柚树种苗，培植梁山柚。

20世纪30年代

重庆省立教育学院农学系教授曾吉夫将梁山柚列为优良品种引进，在学院内培植。

20世纪40年代

梁山柚被果树专家列入《果树分类学》一书中，作为平顶形柚的代表品种。

1959年

梁平县通过四川省商业部门，将20余万个梁山柚销往南洋各地。

1977年

10月，梁平县革命委员会印发《关于加强“梁平柚子”市场管理的通知》，提出在抓好粮食生产的同时，因地制宜，大力发展“梁平柚子”生产，鼓励社员利用房前屋后及自留地种植梁平柚。努力提高产量、质量，保持和发扬“梁平柚子”的独特风味。

1984年

10月，梁平县柚子研究所和梁山柚生产领导小组成立。

12月21日，首届梁平县文学艺术创作“柚花奖”授奖大会在县城举行。

是年，国务院果品专家组亲临梁平县考察梁平柚的品质及发展情况。

1985年

8月13日，梁平县人大常委会通过《关于大力发展梁山柚生产的决议》，从1985年起，在福禄、云龙、合兴、龙滩、虎城等42个乡，以10年时间建立起梁平柚生产基地，建设7000公顷、500万株梁平柚。

△梁平县成立“梁山柚开发领导小组”，由县长任组长，分管农业的县委副书记任副组长，各相关部门主要负责人为成员，领导小组下设办公室，领导梁山柚的开发工作。

1986年

1月8日，梁平县制定《梁平柚生产基地建设规划》，规划期内1985—1994年，在龙滩、荫平、太平、杨柳等42个乡，栽植梁平柚500万株，占地6666.67公顷。到2000年年初见成效，年产果4万～5万吨，产值3500万元左右。

8月，重庆出版社出版的《天府土特产》一书，记载了“梁平柚子”。

12月，梁平柚参加四川省优质水果鉴评会，梁平“平顶柚”被评为第一名，获“四川省优质水果”称号。

1987年

11月，梁平柚获四川省农牧局“1986年优质奖”。

1990年

11月，袁驿供销社和县土产部通过重庆外贸部门将2.3万个梁平柚子试销香港。

1991年

4月10日，中共梁平县委，梁平县人民政府行文，将原“梁平县梁平柚基地建设领导小组”更名为“四川省梁平县果品经济领导小组”。由县委副书记詹贵发任组长，副县长兰家臣、农办主任周兵、农业局局长谢万福任副组长，县财办、财政局、国土局、县供销社、科委、蔬菜办、农行等部门负责人为成员。

12月8日，梁平县人民政府批复成立“梁平县国营果品开发服务公司”，从事果品的生产、贮藏、包装、加工、运输、销售业务，为全县水果生产提供产前、产中、产后一体化服务。

1992年

12月28日，梁平柚参加全国第二次柚类评比获“优质柚类”称号。

△梁平柚载入《中国特优柑橘及栽培》一书。

1995年

1月18日，中共梁平县委，梁平县人民政府印发《关于加速实施农产业和农村经济产业化的决定》，实施5000户工程，带动农副产品基地建设。力争建成梁山柚、蚕桑、生猪、水禽、水产五大产业科技示范大户各1000户，即人均拥有挂果梁山柚100株以上的1000户。

10月，梁平柚参加在北京举办的全国第二届中国农业博览会，获“银奖”。

1996年

10月30日，梁平县第十二届人大常委会第32次会议，通过《关于推进梁山柚产业化进程的决议》。

1998年

6月30日，梁平县人民政府成立“梁平县实施梁平柚名牌战略领导小组”，由县人民政府副县长杨代友任组长，县长助理刘国平任副组长，由县农经委、农业局、科委、财政局、地税局、工商局、县果品办等部门负责人为成员。

11月18日，梁平县农业局选送的梁平柚，参加全国第五次柚类评比获“金杯奖”，梁平县果品办选送的梁平柚98-11，参加全国第五次柚类评比，获“优质类”称号。

11月，梁平县果品办选送的梁平柚98-8和梁平虎蜜一号，参加重庆市首届名柚展评会，双双获“重庆市名柚”称号。

1999年

9月，“麦豪牌”梁平柚和梁平蜜柚参加在北京举办的中国国际农业博览会双双被认定为“99中国国际农业博览会名牌产品”。

11月5日，“麦豪牌”梁平柚和梁平蜜柚参加在广东梅县举办的全国第六次柚类科研生产协作会优质柚类商品综合评比，双双获“金杯奖”。

11月7日，梁平县举办首届“中国梁平柚子文化节”，市内外果品专家、市场商家云集梁平考察、研讨、订购梁平柚，重庆市委常委税正宽出席开幕式并讲话。

12月14日，中共重庆市委书记贺国强等一行视察梁平柚母本园。

2004年

1月，“麦豪牌”梁平柚参加第三届中国重庆名优农产品展销会，被评为“最受消费者欢迎的产品”。

5月20日，梁平县人民政府召开梁平柚产业发展专题会议，县委副书记周兵、县政府副县长杨代友召集县农牧局、县产业化办公室负责人，以及明达镇、合兴镇、荫平镇有关负责人参加会议，会议主要研究了关于引进业主开发梁平柚的资金、优惠政策、加大梁平柚宣传力度、梁平柚深加工等问题。

5月中旬，梁平县被中国农业区域布局与产业化高层论坛组委会授予“中国名柚之乡”称号。

5月，梁平县供销合作社牵头，联合龙滩、虎城、大观、荫平、袁驿、清顺6个梁平柚专业合作社，1个果品协会，30户梁平柚运销户组建成立“梁平柚专业合作社联合社”，入社社员2552户。

是年，张文辉组建了“重庆市龙滩梁平柚开发有限公司”，在龙滩、雨家两村建设666.67公顷梁平柚精品观光旅游农业示范园，挑选500户生产示范户，按梁平柚标准化生产技术种植柚子。

2006年

11月19日，中国优质果品基地暨果品产业先进典型评选组委会，授予梁平柚专业合作社联合社“中国优质梁平柚基地”称号。

2008年

7月1日，梁平柚被农业部批准登记为“农产品地理标志”。

2009年

1月，县农委工作人员将梁平柚寄往北京，摆上了中央电视台2008年鉴宝论坛收藏爱好者联谊会的宴桌上，并收到了栏目组总导演李建伟发来的回复“感谢你的大力支持”“梁平柚甘冽的果汁，沁透了论坛众友的心灵”。

11月14日，在梁平县人民广场举办首届“采柚节”。此次采柚节由中共梁平县委、梁平县人民政府主办，重庆市旅游局、市农委领导，市级部门嘉宾，重庆万州、四川达州等地旅行社嘉宾和新闻媒体记者以及各地游客参加开幕式。县长代小红宣布采柚节开幕，县委常委、县政府党组副书记孙代勇致辞，采柚节组织了吃柚子PK大赛、“柚王”评比以及在风景名胜暨人文风俗地区举行摄影大赛等活动。

2010年

2月21日，梁平柚被中华人民共和国国家工商行政管理总局商标局注册为“地理标志证明商标”。

5月10日，万亩中国名柚园建设项目在合兴镇龙滩村举行启动仪式。

5月30日，在北京举行的2009中国合作经济年度成就颁奖典礼及中国合作经济年度论坛上，梁平龙滩柚子专业合作社的“双桂牌”梁平柚，获“中国具有影响力合作社产品品牌”称号。

10月25日，2010年梁平双桂堂旅游盛典暨梁平采柚节在双桂堂海明广场开幕。

2011年

3月16日，梁平农机产业园、梁平浙江商贸城、中国鸭——柚现代生产循环农业园签约仪式在名豪酒店举行，签约项目一期总投资25亿元。

5月6日，县农委、文广新局、旅游局、合兴镇联合主办，合兴镇承办的“浪漫柚香”第二届柚花节在合兴镇龙滩村中国名柚园开幕。开幕式后，举办了“浪漫柚香”专场文艺演出，“浪漫之旅·追赶柚香”环园健身长跑，谜语竞猜，名柚赏花，“定格浪漫柚乡”摄影和品农家盛宴等活动。县级相关部门和部分乡镇负责人及社会各界群众上千人参加。

9月15日，由县供销社申报，市果品行业协会推荐，经中国果品流通协会专家委员会议决定，授予“双桂牌”梁平柚为“中华名果”称号。

11月11日，由县政府主办，县文广新局、县旅游局、县国土房管局、县城乡建委、县农委承办，隆鑫地产集团出资协办的2011年梁平·隆鑫花漾城采柚节暨房地产交易会在梁平机场开幕。次日在合兴镇万亩名柚园广场举行了采柚节采摘启动仪式。

△龙滩柚专业合作社被评为“全国供销合作社系统农民专业合作社示范社”。

△县供销社牵头实施梁平柚标准化种植项目，建成县级农产品交易市场1个，交易摊位120个，1500吨冷藏库1个。

2012年

2月，梁平柚获“2012中国·重庆晚熟柑橘节优质柑橘金奖”。

4月11日，第八届中国（重庆）国际园林博览会梁平文化活动周在重庆园博园露天剧场隆重开幕。梁平文化活动周演唱了梁平本地原创歌曲《柚乡美滋味》。

11月19日，由重庆市旅游局、市文化广播电视局、市商业委员会、梁平县人民政府共同举办的“2012中国·梁平采柚节”在梁平中学体育场开幕。市商委主任周克勤、市农业委员会副主任詹仁明、市文化广电局局长助理席华、市旅游局纪检组组长张向，梁平县领导郑云山、常金辉、胡华超、唐诗平等出席开幕式。中共梁平县委书记李志雄宣布采柚节开幕，县长蒋宜茂致辞。开幕式后，举行了“奇爽·柚子之夜”大型综艺晚会。

11月20日，2012中国·梁平柚采摘启动仪式在合兴镇的中国名柚园广场举行。梁平县领导郑云山、常金辉、胡华超、蒲继承、向业顺、张子玉、孙代勇、刘国平、蒋明书出席，副县长唐诗平主持启动仪式。

△梁平柚王评选结果：梁平柚一等奖为合兴镇龙滩村严官军，二等奖袁驿镇清顺村八组邹正金，三等奖明达镇新益村一组吴天兴。虎蜜柚一等奖为虎城镇砂石村七组孙自友，二等奖曲水乡土门柑橘专业合作社石思月，三等奖仁贤镇长龙村六组伍昌杰。

12月2日，梁平县人民政府与中国农业科学院柑橘研究所、国家柑橘工程技术研究中心签订《科技合作协议》，推进重庆梁平柚产业可持续发展，打造重庆名优柚品牌，探索产、学、研紧密结合，推进科技服务地方经济发展的新模式。

12月7日，“虎城尖柚”经中华人民共和国国家工商行政管理总局商标局注册为“地理标志证明商标”。

△“双桂牌”梁平柚被重庆市工商行政管理局审定为“重庆市著名商标”。

2013年

11月，梁平县供销社建成梁平柚超市，并利用“淘宝网”销售梁平柚500余吨。

2014年

5月27日，经过初审，评委评定、领导审定，梁平城市形象定位语为“竹韵柚乡”。用于梁平的对外宣传及各种推介活动。

8月，重庆市龙滩梁平柚开发有限公司选送的“双桂牌”梁平柚，获“重庆市名牌农产品”称号。

11月3日，投资750万元的梁平合兴镇龙滩村“万亩柚园”公路建成通车。该路段全长1.968千米，路基宽8米，路面宽7米，为沥青混凝土路面。

11月8日，中央电视台CCTV-7《乡约》栏目在梁平合兴镇“中国名柚”广场拍摄制作《乡约柚乡》节目。“中国第一农民之友”、全国金话筒奖获得者肖东坡担任节目主持。县领导和3000余名梁平市民一起观看节目录制。

△梁平“柚王”竞拍活动在合兴镇名柚园广场举行，100多位竞拍者参与竞争，来自重庆天农八部农业科技有限公司的2号竞拍者文华成，以每千克360元的价格拍得梁平柚“柚王”（得主为合兴镇龙滩村四组黄国华），来自广东佛山市的90号竞拍者刘仁军，以每500克200元的价格拍得虎蜜柚“柚王”（得主是虎城镇砂石村七组孙自友）。

11月20日，重庆市龙滩梁平柚开发有限公司建成首个梁平柚保鲜贮存库，总投资100万元，可贮藏柚子400吨。

11月25日，由梁平县人民政府和重庆天农八部农业科技有限公司共同主办的梁平柚西北五省新闻发布暨品鉴会在甘肃兰州皇冠假日酒店成功举办，100余家果品经销企业出席活动，现场签约梁平柚5000余吨。甘肃卫视经济频道、《兰州晨报》等多家媒体现场报道。

12月2日，梁平县人民政府与中国农业科学院柑橘研究所签订科技合作协议，由柑橘研究所对梁平柚生产进行人员培训和技术指导工作。

是年，梁平县先后在7个梁平柚主产区建立了信息化基地，投放了20万个RFID电子标签，对柚树按生长年龄、品质进行分级管理，确保了后续工作的顺利开展。

△在平野园林大酒店举行2014《乡约》梁平·乐跑柚乡招商推介会暨签约仪式，来自广东、浙江、福建、重庆等省（直辖市）的180余家企业负责人齐聚梁平共话合作发展。重庆市人民政府驻广东办事处主任陈小南出席招商推介会并讲话，蒋宜茂、郑云山、周仁胜等所有在家县领导以及有关乡镇（街道）、县级有关部门负责人等参加会议。县委副书记、县长吴盛海主持会议。

2015年

3月26—27日，中央电视台中文国际频道《走遍中国》栏目组主编李然一行到梁平，为梁平柚等特产宣传拍摄踩点，并与县相关部门召开拍摄前期策划交流会。县委宣传部、县文化委、商务局、农委等部门相关负责人参加交流会。

4月22日，“兴茂·2015梁平柚第三届柚花节”在合兴镇“中国名柚园”盛大开幕。县委常委、政法委书记孙代勇宣布柚花节开幕，副县长徐勇致辞，县领导唐军、刘国平、张利霞、蒋明书、周毅出席相关活动。新华网、华龙网、《重庆商报》《重庆晚报》等10多家媒体记者作现场报道。

11月11日，梁平柚选优提纯品质鉴评会在县农委A幢三会议室举行，共收到乡镇选送柚子样品果72组，其中，梁平柚56组、虎蜜柚8组、琯溪蜜柚8组。通过评委综合评比打分，评出梁平柚一等奖（柚王奖）得主为合兴镇龙滩村四组伍明光，二等奖为合兴镇龙滩村三组秦伦清，三等奖为荫平镇乐英村三组黎万书。虎蜜柚一等奖（柚王）得主为虎城镇砂石村七组孙自友，二等奖为虎城镇砂石村六组文汝权，三等奖为曲水乡土门果园石思月。

11月14日上午，“2015重庆·梁平采柚节”在合兴镇龙滩村柚园广场开幕。本次采柚节是梁平县举办的第七届采柚节，县委书记吴盛海宣布采柚节开幕，县长蒲继承致辞，县人大、县政协主要领导人出席开幕式。本届采柚节开展了“柚王评选”“最萌柚娃”和“最美仙子”的评选活动。在开幕式上与中国光能集团、苏州强优塑料模具等13家企业签订了项目投资协议，合同引资12亿元。《重庆日报》《重庆晚报》、华龙网等10余家媒体参加新闻发布会。

12月19日，梁平柚2016年商会秘书长迎新公益论坛及晚会在北京举办。由中国SOS儿童村协会支持本次活动，北京四川企业商会信息产业分会、重庆天农八部农业科技有限公司赞助并联合主办。来自全国驻京省市级地域商会及全国行业协会100多位秘书长、50多位媒体代表、200多位餐饮企业代表以及商会会员代表参加了本次活动。

△重庆梁平特产专销店被重庆市商务局评为“2015年度梁平柚销售最佳网店”。

是年，梁平柚通过渝新欧铁路走出国门，到达俄罗斯的消费者手中。

2016年

5月24日，梁平县成立梁平柚发展领导小组，县委常委、副县长唐军任组长，县委常委、组织部部长彭锋和县人大常委会副主任刘国平任副组长，县农委、发改委、财政局、县供销社等15个部门负责人为成员。

7月26日，重庆市农委对梁平县合兴镇龙滩村、南普村、天龙村、雨家村800公顷梁平柚认定颁发“无公害产品”证书。

9月，合兴镇梁平柚被中视金桥国际传媒集团评为百万网友心中的“全国一村一品十大知名品牌”。

10月17日，微电影《梁平柚》在梁平双桂堂举行开机仪式并进入拍摄。

10月28日，梁平县举行“柚王”评选活动，全县30个乡镇（街道）挑选推荐的87个梁平柚参评样品齐聚合兴镇中国名柚园广场，角逐一年一度的梁平柚“柚王”桂冠。经过专家仔细品鉴，大观镇梅花村柚农吕承波选送的柚子获评2016年度“梁平柚王”，金带镇柚子股份合作社柚农董万贵、合兴镇龙滩柚子股份专业合作社柚农严官平选送的柚子分别获二、三等奖。

11月2日，重庆·梁平第八届采柚节活动在合兴镇名柚园开幕。当天，梁平县成功签订涉及集成电路、不锈钢制品、旅游等领域项目15个，协议引资36亿元。

11月8日，由重庆市商委和北京贡天下网络有限科技公司合资的重庆贡天下商务有限公司到梁平县，寻找梁平柚供货渠道。

11月，“刁老爷牌”梁平柚参加第十四届中国国际农产品交易会获“优秀奖”。

△，梁平县行政中心广场正式命名为“柚乡广场”。

是年，梁平县供销合作社承办的梁平农产品（梁平柚）成都展销中心——“印象梁平”在成都市金牛区万达广场写字楼A座16楼开业。

△梁平柚网上销售优秀网店评选结果揭晓，网上销售平台“梁平柚”在本次评选活动中斩获一等奖，网店“重庆梁平特产专销店”“渝味铺子”获二等奖，网店“重庆府”“柚美滋”“悠然人家”获三等奖。

是年，分别在虎城镇五角村、合兴镇雨家村、双桂街道安宁村流转土地6.67公顷，新建3个育苗基地，选用历年梁平柚优选单株为种子资源，年育优质营养袋苗50万株，在合兴镇龙滩村新建5.33公顷梁平柚母本园。

2017年

2月16日，中共重庆市长寿区委书记赵世庆、区长巴川江、区委副书记左永祥率长寿区党政代表团到梁平考察，先后到梁平合兴镇“中国·名柚园”、龙溪河流域、云龙镇及工业园区等地参观考察。

2月23日，梁平柚经中华人民共和国国家质量监督检验检疫总局评定，准予使用“生态原产地产品保护证书”。

3月27日，“梁平蜜柚”被中华人民共和国国家工商行政管理总局商标局注册为“地理标志证明商标”。

4月28日，在重庆·梁平第五届柚花节开幕式上，梁平区成功签约招商项目37个，计划总投资43.84亿元，预计年产值63.56亿元，其中生态塑料项目23个，集成电路项目4个，不锈钢制品项目3个，其他工业项目3个，旅游、金融服务、物流等项目4个。

5月18日，梁平县华云蜜柚股份合作社选送的“华云蜜柚”，经中国绿色食品发展中心审核认定，获“绿色食品A级产品”证书。

7月20日，重庆市改善农村人居环境工作领导小组办公室督查组，到梁平区合兴镇“中国名柚园”开展改善农村人居环境市级示范片创建情况专项督查，现场查看生活污水处理，村庄绿化美化等基础设施建设。

7月，虎城镇被评为全国“一村一品”示范村镇（虎城尖柚）。

8月14日，重庆市梁平区微电影《柚乡陪审员》入围“砥砺奋进——做有梦想有追求的重庆人”第三届微电影大赛。

8月31日，重庆市龙滩梁平柚开发有限公司33.33公顷梁平柚获北京中绿华夏有机食品认证中心颁发“有机转换认证证书”。

11月3日，“双桂田园·金秋梁平”主题活动暨2017重庆·梁平第九届采柚节启动仪式在合兴镇中国名柚园广场开幕。

11月7日—8日，重庆市摄影家协会6名国家级会员组团到梁平区采风，宣传推介梁平柚、梁平旅游等。

11月，重庆梁平旭焰实业有限公司“刁老爷牌”梁平柚通过国际GAP认证。

12月1日，梁平区举行第九届采柚节虎城专场启动仪式，重庆市供销总社主任杨宏伟，梁平区领导戴晓稳、徐勇参加活动。

2018年

1月，重庆旭焰实业有限公司选送的“刁老爷”梁平柚获第十六届中国国际农产品交易会参展农产品“金奖”。

3月7日—8日，重庆市人大调研组一行先后到梁平区合兴镇中国名柚园，梁山街道等察看松材线虫病防治，梁平柚检疫等工作情况。

5月，“刁老爷牌”梁平柚通过海关认证获出口资质。

8月，“刁老爷牌”梁平柚获“重庆名牌农产品”称号。

△，重庆市龙滩梁平柚开发公司“双桂牌”梁平柚再次获“重庆市名牌农产品”称号。

11月9日，由市农业农村委员会和梁平区人民政府共同主办的中国·重庆首届柚博会在中华·梁平柚海盛大开幕。市政协副主席周克勤宣布柚博会开幕，国务院参事室特约研究员、原农业部党组成员、中国农产品市场协会会长张玉香讲话，区委书记杨晓云、市农业农村委员会副主任陈勇致辞。区委副书记、区长蒲继承主持开幕式。农业农村部乡村产业发展司副司长刁新育、市政府副秘书长游贤勇、广西壮族自治区玉林市容县县委书记赵翔、福建省莆田市仙游县人民政府副县长郑秉忠，梁平区人大常委会主任郑云山，区政协主席周仁胜、区委副书记陈孟文等出席。

11月，重庆梁平旭焰实业有限公司生产的“蜂蜜柚子茶”获中国·重庆首届柚博会“最受消费者喜爱商品奖”。

12月12日，中国绿色食品发展中心、重庆市农委、市农产品质量安全中心、市农科院及西南大学组成的专家评审组，评审通过了梁平区“梁平柚”国家级农产品地理标志示范样板标准验收。

12月14日，中央电视台《味道》栏目组一行，走进梁平区合兴镇龙滩村中华·梁平柚海，制作“柚”与“腊味”融合的特色“年夜饭”。中央电视台《味道》栏目主持人孙迅与梁平清雅果树种植基地业主严官无一道腌制腊肉和做柚子宴，与摄制组一道品尝柚子酥肉、柚皮炖腊猪脚、柚子珍珠汤、柚子粉蒸肉等。一道道精美的特色美食，对“柚”与“腊味”融合的特色“年夜饭”进行精心拍摄，深入挖掘梁平春节腊味的花样吃法。

12月，重庆梁平旭焰实业有限公司获“重庆市市级龙头企业”称号。

是年，梁平柚王评选结果，一等奖1个：大观镇柚子专业合作社吕周全。二等奖2个：合兴镇龙滩村三组严官成、蟠龙镇平安村二组郑文平。三等奖3个：明达镇红八村四组蒋福明、金带镇柚子专业合作社董万贵、星桥镇星桥社区四组胡永泰。

△中国·重庆首届柚博会开幕式上公布了“中国·重庆首届柚博会金奖”“中国·重庆首届柚博会十大名柚奖”“中国·重庆首届柚博会最受消费者喜爱奖”等奖项。重庆市梁平区选送的“梁平柚”、广西壮族自治区玉林市容县选送的“沙田柚”、福建省莆田市仙游县选送的“文旦柚”同获本次柚博会金奖；万州余家土柚、垫江白柚、南川红绵柚子、涪陵三红蜜柚、长寿柚等荣获中国·重庆首届柚博会十大名柚奖；永川和綦江的琯溪蜜柚、巴南红心蜜柚、梁平柚海公司的柚子酱、广西容县锦香食品公司的柚子果脯和蜂蜜柚子茶等十种柚子和柚子深加工产品获得中国·重庆首届柚博会最受消费者喜爱奖。

△市五届人大代表梁平联系组和部分区十七届人大代表集中视察梁平柚产业发展情况。区人大常委会主任郑云山及相关区领导参加并陪同视察。

△区委书记杨晓云会见到梁平参加中国·重庆首届柚博会和2018中国三大名柚梁平峰会的北京天下星农投资发展有限公司创始人胡海卿，阿里云数据智能业务副总监蔡鹏、惠农网联合创始人邓开杰，并洽谈相关合作事宜。

2019年

2月，梁平柚被“2019三峡柑橘国际交易会组委会”评为“三峡柑橘十佳名品”。

4月13日，区农业农村委、合兴镇、区企业联合会、TUV南德集团全球公司北亚区分公司、重庆柚海文化旅游发展有限公司开展“情系中华·梁平柚海”爱心种植认养活动。来自英国、德国、意大利等11个国家和中国香港地区的60名国内外友人，以及梁平区相关工作人员，在位于合兴镇龙滩村的中华·梁平柚海种植园里种植60余株柚树，确定了柚树的认养。

4月19日，重庆·梁平第七届柚花节在中华·梁平柚海隆重开幕，区旗袍协会的60余名会员在贡柚古道上演了一场春日芳华·旗袍秀。

10月，重庆市梁平区政府发布《关于进一步规范梁平柚销售市场秩序的通告》，为维护梁平柚品牌形象和信誉，禁止梁平柚在霜降节（10月23日）前、梁平蜜柚在11月15日前采摘上市，有关部门将按照通告，严厉打击早采早卖行为。

11月14日，由中国农民体育协会、重庆市农业农村委、市文化旅游委、市体育局和市农民体育协会主办的全国首届农民水果（梁平柚）采收邀请赛、重庆市第四届农民水果采收运动会暨第二届长江 三峡（梁平）国际柚博会在中华·梁平柚海盛大开幕。中央农业广播电视学校党委书记、中国农民体育协会副主席兼秘书长杭大鹏宣布本次活动开幕，市农业农村委主任路伟出席，梁平区委书记杨晓云致辞，中央农业广播电视学校副校长、中国农民体育协会副秘书长王桂林主持开幕式。参加开幕式的还有：中国农业资源与区划会会长、研究员王道龙，新加坡中华总商会主任黄非，韩国黄金柚子有限公司CEO，全国知名专家学者、协会商会代表，俄罗斯、韩国、新加坡、越南等地销售商，全国23个省市，全市33个区县运动员、教练员，梁平区各乡镇街道、有关部门和单位负责人等。

△在第二届长江三峡（梁平）国际柚博会中国三大名柚高峰论坛现场，梁平区举行梁平柚国际国内经销商暨人民优品战略合作签约仪式，签约仪式上，梁平区共与国内外、区内外15家经销商集中签约5000吨梁平柚销售协议。

△在全国首届农民水果（梁平柚）采收运动会上，4辆装载40余吨梁平柚的物流运输车自中华·梁平柚海出发，分别发往俄罗斯、东盟（越南）、新加坡等国家和地区，标志着梁平柚成功迈出国门，远销海外市场。此外，11月13日，已有10吨来自虎城镇的梁平柚通过公路运输经广西河口口岸发往越南河内市和胡志明市。

△第二届长江三峡（梁平）国际柚博会暨中国三大名柚高峰论坛举行。梁平区政协主席周仁胜、区委副书记陈孟文等，中国农科院、重庆、广西、福建、四川、河南等省市相关区县、全国农业领域部分专家、企业家、国内外销售商代表参加峰会。

△在第二届长江三峡（梁平）国际柚博会暨中国三大名柚高峰论坛上，发布“梁平柚”区域公用品牌，并入选中国农业品牌目录。

11月29日，由梁平区供销社、虎城镇联合主办的第二届长江三峡（梁平）国际柚博会虎城专场展销活动启动仪式在虎城镇白果园广场举行。现场进行了获奖柚农颁奖仪式、农特产品展销、文艺表演、摄影绘画等活动。吸引近千名群众前来观赏、体验、品味舌尖上的“柚惑”。

△第二届长江三峡（梁平）国际柚博会大观柚子展销专场活动，在大观镇文化广场举行，现场开展了文艺表演、吃柚子比赛、柚子美味品尝等活动，近千名嘉宾游客共享“柚惑”。活动期间，大观镇政府与重庆奇爽食品有限公司签订了采购梁平柚的协议，现场售出梁平柚约3000千克。

12月，“重庆梁平旭焰实业金带柚园”被重庆市农业农村委员会、重庆海关认定为“出口示范基地”。

12月5日，重庆旭焰实业有限公司选送的柚子，获香港环境保护协会“香港（国际标准）食品安全证书”。

12月16日—17日，农业农村部计划财务司司长陶怀颖到重庆市梁平区合兴镇中华·梁平柚海、数谷农场、双桂湖国家湿地公园，川西渔村、竹山镇等地，调研特色产业、农耕文明、城市规划建设、智慧农业，乡村旅游等发展情况。重庆市农业农村委副主任詹仁明，中共梁平区委书记杨晓云，中共梁平区委副书记，梁平区区长蒲继承等参加相关活动。

2020年

1月，梁平柚获“重庆优质气候农产品”称号。

3月23日，中华·梁平柚海景区获评国家AAA级旅游景区。

4月25日，重庆梁平第八届柚花节在位于合兴镇龙滩村的中华·梁平柚海举行。本届柚花节活动以“春归田园·柚见花开”为主题，全面展现了梁平特有的旅游资源、民俗风情、文化底蕴。

4月27日，梁平柚入选重庆市地理标志产品“云推广”平台。

9月5日，在重庆市人民政府外事办公室、重庆市文化和旅游发展委员会主办的2020“重庆好礼”旅游商品文创产品设计大赛颁奖典礼上，梁平参赛的旅游商品柚汁获优秀商品大赛“金牌”，蜂蜜柚子果酱获“铜牌”。

11月3日，梁平柚海刁家院子作为区作家协会的创作基地正式挂牌，此后作协会员在此进行梁平柚文化作品创作。

11月6日，第三届长江三峡（梁平）国际柚博会采取“线上”“线下”相结合办会模式在梁平盛大开幕。重庆市农业农村委主任路伟视频致辞，梁平区委书记杨晓云出席，区长蒲继承致辞，区委副书记陈孟文主持。重庆市农业农村委副主任詹仁明、全国农技推广中心研究员李莉、西南大学副校长王进军、湖南农业大学教授邓子牛，梁平区人大常委会主任郑云山、区政协主席周仁胜等区领导以及相关市级部门、市内外相关区县负责人出席活动。驻成都、重庆的丹麦、匈牙利、柬埔寨、新加坡、瑞士、日本、韩国领事馆领事出席活动。开幕式上，来自全国“三农”领域的知名专家和各地企业家通过现场和视频连线方式进行了交流和成果分享；揭晓了2020“三峡杯”重庆市优质柚评优结果，并举行了2020中国三大名柚·梁平柚采购商签约仪式。

11月13日，第三届长江三峡（梁平）国际柚博会荫平镇专场展销活动在荫平镇乐英村百年柚源广场举行。梁平区相关领导及相关经销商、工作人员参加活动。现场举办了文艺表演、农产品展销、梁平柚品鉴、接力运柚比赛等活动，近千名群众参加观赏活动。

11月29日，第三届长江三峡（梁平）国际柚博会虎城镇专场展销活动在该镇水口村服务中心举行。虎城镇特邀八方来客游览自然美景、欣赏文艺演出、参与互动，体验柚园采摘乐趣。区工商联（总商会）部分商（协）会有关负责人，“梁平微发布”微友和水果市场销售商等到现场观摩。

12月17日20时30分，梁平柚正式上线“学习强国”强国商城扶贫助农专区，搭上全国性销售平台快车道。截至21日上午10时，梁平柚销售量达2400余单，覆盖北京市、上海市、广东省等全国25个省（直辖市）。

△ 梁平柚成功入选“2019中国农业品牌目录”。

中国名柚之乡梁平

地理位置

重庆市梁平区位于渝东北部，地理坐标北纬30°25′~30°53′，东经107°24′~108°05′，辖区面积1892平方千米。东邻万州区，南连忠县、垫江县，西界四川省大竹县，北接四川省开江县、达州市。全区东西长65.35千米，南北宽52.1千米。最低海拔221米，最高海拔1221米。梁平地貌由于地质构造、地层分布和岩性的控制，以及水文作用的影响，呈现出“一山两水七分田”的自然景观，形成山、丘、坝皆有而以丘陵为主的特殊地貌。境内有东

双桂湖智创生态城

国际湿地城市

山、西山和中山，均呈东北—西南走向，属大巴山脉。东山和西山为“一山两岭一槽型”，中山为“一山一岭型”。在东山和西山之间，有一块由湖泊沉积而成的平坝，称为巴渝东部第一大坝“梁平坝子”，面积1000平方千米。境内主要河流有高滩河、波漩河、新盛河、普里河、汝溪河、黄金河6条，分别流入垫江县，四川省达州市、开江县，万州区和忠县。国道“318”线、沪蓉高速公路、郑渝高速铁路横贯全境，承东启西，纵贯南北。境内有一航空港——梁平机场。梁平距重庆市主城都市区60千米。

建置沿革

重庆市梁平区，西魏元钦二年（553）置县，史称梁山，别称都梁，以境内有高梁山而得名。治黄土坎（今聚奎镇）。宋开宝三年（970）以万州石氏屯田务置梁山军（亦名高梁郡），军治今梁山街道，县治由黄土坎迁至梁山街道。元至元二十年（1283），升梁山军为梁山州，领梁山县，隶夔州路。清雍正十二年（1734），改隶忠州直隶州。民国元年（1912），以道统县，梁山县隶川东道。民国18年（1929），直隶四川省政府，民国24年（1935）川政统一，全省划为18个行政督察区，梁山县隶第十行政督察区。中华人民共和国成立初期，

重庆市梁平区人民政府综合大楼

梁山县隶川东人民行政公署大竹专区。1952年12月，因县名与山东省梁山县同名，经中央人民政府政务院批准改为梁平县。1953年10月大竹专区撤销后，梁平县先后由四川省万县专区、万县地区、万县市管辖。1998年2月，梁平县属重庆市直管。2016年11月，国务院批准撤县设区，2017年1月10日，重庆市梁平区正式挂牌。

行政区划

1949年12月7日，梁山县解放，26日成立梁山县人民政府，下设中城、蟠龙、城北、袁驿、屏锦5个区，35个乡。

1952年12月，梁山县改为梁平县。

1953年10月，梁平县划12个区，135个乡、590个村、12条街道。

1959年，梁平县建立42个人民公社，实行政社合一，村改为区队，随后改为大队，大队以下为生产队。

1966年9月，全县53个公社改名。

1984年，进行社改乡，并将大队改为村，生产队改为村民小组。

1985年，全县设13个区（镇）、64个乡（镇）664个村、6199个村民小组。

1992年9月，经四川省人民政府批准，撤销区级建制，将12个区、1个区级镇、56个乡、8个乡级镇、调整为24个镇、10个乡、共设34个乡镇。

1998年2月，梁平县由重庆市直接管辖。

2017年1月，梁平撤县设区挂牌。

2020年，梁平区设街道办事处5个、镇26个、乡2个、村民委员会269个，社区居委会74个。

2020年重庆市梁平区建制村汇总一览表

表1　　　　单位：个

序号	乡镇街道名称	村民委员会		社区居委会		序号	乡镇街道名称	村民委员会		社区居委会	
		村	组	居	组			村	组	居	组
1	梁山街道办事处	18	129	10	62	18	袁驿镇	10	76	1	6
2	双桂街道办事处	10	80	7	55	19	碧山镇	8	54	2	22
3	合兴街道办事处	6	39	2	22	20	虎城镇	15	125	3	31
4	仁贤街道办事处	5	63	2	19	21	竹山镇	3	16	4	15
5	金带街道办事处	7	58	1	3	22	七星镇	4	29	1	7
6	蟠龙镇	9	80	1	9	23	福禄镇	14	94	1	4
7	聚奎镇	12	109	1	5	24	石安镇	9	67	1	4
8	礼让镇	9	77	1	4	25	柏家镇	6	69	2	15
9	明达镇	9	74	2	15	26	大观镇	6	44	3	25
10	龙门镇	9	67	2	17	27	星桥镇	7	55	1	10
11	新盛镇	10	90	2	14	28	复平镇	3	24	1	9
12	文化镇	7	48	1	6	29	安胜镇	4	36	1	2
13	屏锦镇	16	136	5	49	30	铁门乡	2	13	1	11
14	回龙镇	13	93	3	13	31	龙胜乡	4	15	1	7
15	荫平镇	8	60	2	23	32	曲水镇	6	35	2	14
16	云龙镇	9	77	4	33	33	紫照镇	3	30	1	11
17	和林镇	7	52	3	23	合计		268	2114	75	565

文化荟萃

仓廪实而知礼节，衣食足而知荣辱。良好的自然生态，多元的劳动方式，孕育了梁平“士笃儒风”的人文气息，催生了一批又一批古朴多姿的非遗文化荟萃。梁平文化底蕴浓厚，2011—2020年，梁平连续被文化部命名为中国民间文化艺术之乡。

梁平竹帘

梁平竹帘起源于宋代。经元、明至清，梁平竹帘的工艺日臻成熟。清末民初，梁平本地民间画师方炳南，首创在梁平竹帘上作画，此后不少书画名家也在帘上题字、献画，使得梁平竹帘闻名遐迩，成为国家领导人出国访问，馈赠外国首脑和国际友人的礼品之一，被誉为“天下第一帘”。

“薄如蝉翼淡如烟，万缕千丝总相连。”
——梁平竹帘

梁山灯戏

梁山灯戏，2006年被国务院列为首批国家级非物质文化遗产，是重庆市梁平区土生土长的地方小戏，成为我国地方戏曲声腔传承谱系中首屈一指的“梁山调腔系”，嬉笑闹、扭蹁跳是梁山灯戏独有的表演特点。

梁山灯戏《好人邓平寿》剧照

梁山灯戏经典剧目《招女婿》《卖驴》曾获全国群星奖金奖、银奖；剧目《好人邓平寿》是根据全国“双百”人物、先进共产党员梁平县虎城镇原党委书记邓平寿模范事迹编写，该剧目在北京梅兰芳大剧院参加2018年全国基层院团戏曲会演，2019年荣获重庆“五个一工程”奖。

梁平木版年画

梁平木版年画起源于清乾隆年间，距今约有300年历史。

梁平木版年画的制作由线版、色版、手绘三大主件构成，具有特色的流程是开脸，将人物印刷完成后进行手绘，先敷染人物面部肤色，颧骨处略施阴影以表立体，在眼皮下用淡绿色以示阴面，人物的眉毛、胡须用黑色笔手绘，再用特制硬笔描线。梁平木版年画最有特色处在于，不分男女，在脸颊上涂以腮红，呈椭圆状，层次变化丰富，妙趣横生。

梁平木版年画的品种有水货、托货、清章、花笺四类。水货的印刷最为繁杂精制，多达13道套版，且钩金描银，色彩艳美、富丽堂皇。托货有6～9色套版，给人以质朴、单纯、优雅的感受。清章多为单幅的画，画幅不大，形式活泼，内容多是民间故事、神话传说等。花笺以横幅居多，由各种吉祥图案组成，中间套印“金玉满堂”“吉祥如意”“四季平安”等祝福字样。梁平木版年画的内容多为吉祥富贵，扶正祛邪一类，常见的有门神：“正像杨鞭，歪像、帅幅、立刀、立斧、加官”等，且有《八美图》《盗令出关》《世隆抢伞》《秏子嫁女》等，抗日战争期间，梁平年画制有《钟馗斩妖图》等。

梁平木版年画《师将门神》（1988年摄）

2006年5月20日，梁平木版年画被国务院公布为国家级非物质文化遗产保护项目。

梁平抬儿调

梁平抬儿调是流传于梁平区域内独具地域特色的一种民间音乐形式，它由当地的抬工号子发展演变而来，具体始于何年已无从考证。

梁平抬儿调旋律优美，节奏高亢明快，韵辙严谨，唱词朴实、风趣，内容丰富，是抬脚儿在抬运过程中，通过即兴吼唱来抒发内心情感，缓解疲劳，协调步伐的一种劳作方式。

梁平抬儿调

梁平抬儿调是通过走在前面的尖子领唱，其他抬工和腔的方式吼唱，随性发挥，借物抒情。根据搬运对象，可分为三大类：第一类是抬运重物时吼唱的号调，叫“踏脚调”，其根据地区不同又可分为高山调和平坝调，这也是流传最广，内容最丰富的一种；第二类是抬花轿时所唱的“四轿调”，此调只有吼腔没有唱词，但吼中又带着简洁的音律，风格独特；第三类是抬棺出殡时吼唱的“龙杠调”，此调根据逝者性别又可分为“想郎调”和“十月怀胎调”。

2008年，梁平抬儿调被列入第二批国家级非物质文化遗产保护名录。

梁平癞子锣鼓

梁平癞子锣鼓是梁平劳动人民世代相传、独具巴渝文化特色的一种民间打击乐。它以自然传承、自由组合的方式存在于民间。梁平癞子锣鼓共有6种乐器组合而成。分别有：二鼓、马锣、钹、大锣、钩锣、钗子，最常用的是前4种。打击癞子锣鼓，要求艺人熟记锣鼓引子的曲谱，做到“心合口，口合手，心口手三合一”。在打击过程中，各种乐器不得串位、混杂，需“音韵起翘、轻重缓急、干净洁白”十二字要领。

梁平癞子锣鼓

2006年，梁平癞子锣鼓被列为首批国家级非物质文化遗产保护名录。

土法造纸

梁平土法造纸技术是流传于梁平境内的传统手工技艺，它以梁平盛产的百夹竹为原料，通过斩竹漂塘、煮篁足火、荡料入帘、覆帘压纸、透火焙干等70余道工序，手工制成色泽黄亮、厚薄均匀、绵实韧性、汲水易燃的二元纸、黄表纸等。

2009年，梁平土法造纸技艺被列为重庆市非物质文化遗产保护名录。

梁平土法造纸

蓝印花布

梁平蓝印花布制作技艺是流传于梁平及其周边地区的一种棉织品印染手工技艺。它以兰芷为主要原料，通过打靛取汁、雕版刮蜡、印染漂洗等一系列工序，制作出经洗不褪色的印花蓝布。

2009年，梁平蓝印花布技艺被列为重庆市非物质文化遗产保护名录。

梁平蓝印花布

礼让草把龙习俗

礼让草把龙习俗是源于梁平区礼让镇的祈雨民俗活动，距今已有近千年的历史。礼让镇河川村有一风洞寺，寺庙山下有一泉眼，终年涌泉不断。传说泉眼里藏有卧龙一条，村民为保风调雨顺，求五谷丰登，每到夏季便请通天法师挑选黄道吉日，上山设坛祈雨。仪式中，体魄健壮的成年男子三五一群随性舞动着草把龙，老人、妇女和小孩则挥动木瓢向草龙身上泼水，给草龙润身，意在唤醒藏在风洞泉内的卧龙，祈求卧龙飞天降雨，润洒庄稼，保一方风调雨顺，佑百姓健康平安。这一民俗演变至今，已成为梁平民间祈福娱乐的民俗活动。

礼让草把龙

2009年，礼让草把龙习俗被列为重庆市非物质文化遗产保护名录。

梁平土陶

梁平土陶制作技艺是流传于梁平境内的民间手工制陶技艺，它沿袭古老原始的制作方式，手口传承，至今已有几百年的历史。梁平土陶以当地盛产的白黏土为原料，经过踩泥、拉坯、上釉、烧制等一系列工序，制成质地轻薄的罐、坛、壶等生活日用陶，工艺考究，工序繁杂。

梁平土陶技艺

2011年，梁平土陶技艺被列为重庆市非物质文化遗产保护名录。

区域经济

1950年，梁平（山）县年末，总人口48.63万人，农业牧渔业总产值1.50亿元（1990年不变价），粮食总产量16.10万吨，全部工业总产值0.11亿元（1990年不变价），社会消费品零售总额0.06亿元。

1970年，年末总人口66.02万人，农业牧渔业总产值1.94亿元（1990年不变价），粮食总产量20. 41万吨，全部工业总产值0.403亿元（1990年不变价），社会消费品零售总额0.33亿元。

1980年，年末总人口77.48万人，农业牧渔业总产值2.99亿元（1990年不变价），粮食总产量26. 55万吨，全部工业总产值1.16亿元（1990年不变价），社会消费品零售总额0.68亿元。

1990年，年末总人口83.31万人，农业牧渔业总产值4.86亿元（1990年不变价），粮食总产量30. 17万吨，全部工业总产值3.94亿元（1990年不变价），社会消费品零售总额1.89亿元。

2000年，年末总人口88. 00万人，农业牧渔业总产值11.98亿元（当年价），粮食总产量37.12万吨，全部工业总产值16.63亿元（当年价），社会消费品零售总额8.15亿元，地方财政预算内收入1.00亿元，年末金融机构存款余额28.81亿元。

2010年，年末总人口91.11万人，农业牧渔业总产值29.37亿元（当年价），粮食作物总产量38.16万吨，梁平柚总产值54662吨，工业总产值118.30亿元（现价），社会消费品零售总额37.08亿元，地方预算内财政收入10.17亿元，金融机构各项存款余额144.50亿元。

2020年，实现地区生产总值493.24亿元，比上年增长（下同）3.1%。按产业分，第一产业增加值59.50亿元，增长4.9%；第二产业增加值242.61亿元，增长2.5%；第三产业增加值

梁平区礼让镇川西渔村

191.14亿元，增长3.3%。三次产业结构比为12.1：49.2：38.7。

年末户籍总人口922444人。其中，城镇人口372941人，乡村人口549503人。男女性别比108.42（女性为100）。年内出生7151人，出生率为7.8‰；年内死亡7982人，死亡率为8.7‰。

一般公共预算收入20.94亿元，增长3.0%。其中税收收入13.39亿元，增长1.0 %。一般公共预算支出68.62亿元，下降10.7 %。

新发展各类市场主体13122户。其中，内资企业2056户，个体工商户11028户，农民专业合作社35户。

农林牧渔业总产值达91.43亿元，其中农业、林业、牧业、渔业、农林牧渔服务业产值分别为49.01亿元、3.33亿元、34.17亿元、3.81亿元和1.11亿元。

粮食播种面积64733.33公顷，增长0.1%。油料播种面积8333.33公顷，下降0.06%。蔬菜播种面积20066.67公顷，增长2.7%。水果种植面积10000公顷，增长7.9%。

粮食总产量达35.2万吨，与上年持平。其中，夏粮产量2.6万吨，下降0.38%；秋粮产量32.6万吨，与上年持平。全年谷物产量27.6万吨，下降0.36%；其中，稻谷产量21.9 万吨，下降0.45%；小麦产量0.18万吨，下降10.00 %；玉米产量5.46万吨，下降0.73%。水果产量16.9万吨，增长11.2%。

出栏生猪52万头，下降2.25%；出栏羊3.9万头，增长2.63%；出栏家禽1044.4万只，增长4.18%；出栏牛1.84万头，增长2.22%。

实现工业增加值163.70亿元，增长3.2%，占全区地区生产总值的33.2%，工业对GDP贡献率达37.4 %。规模以上工业企业总产值230.84亿元，增长4.7%，其中工业园区产值178.20亿元，增长5.9%；工业园区规上工业总产值占全区规上工业总产值比重为77.19%，比上年提高0.39个百分点。高技术制造业总产值39.80亿元，增长13.2%，占规上工业总产值的17.2%。集成电路产业产值35.86亿元，增长12.9%；绿色食品加工业产值51.26亿元，增长3.5%；智能家居产业产值45.43亿元，增长9.9%。全年规模以上工业企业利润总额20.33亿元，下降2.9%；产品销售率98.5%，下降0.34个百分点。

实现建筑业增加值78.91亿元，增长0.7%。全区资质内建筑企业实现产值155.33亿元，增长12.4 %。

固定资产投资总额178.35亿元，增长12.2%。其中，第一产业投资10.58亿元，增长208.1%；第二产业投资50.18亿元，增长10.2%；第三产业投资117.60亿元，增长7.0%。

社会消费品零售总额232.78亿元，增长1.9%，城镇消费品零售额213.47亿元，增长1.8%，乡村消费品零售总额19.31亿元，增长3.9%；批发和零售业零售额185.61亿元、增长2%，住宿和餐饮业零售额47.17亿元，增长1.8%。在限额以上法人企业商品零售额中，通信器材类企业下降5.9%，文化办公用品类企业下降0.3%，粮油食品类企业增长13.1%，饮料类企业下降4.5%，烟酒类企业下降13.9%，中西药品类企业增长9.1%，汽车类企业增长24.2%，建筑及装潢材料类企业增长2.9%，家用电器和音像器材类企业增长6.3%，化妆品类企业下降4.1%，日用品类企业增长12.6%，金银珠宝类企业下降46.3%。

横贯梁平境内的渝万高速铁路和渝宜高速公路

全区公路通车里程3981.5千米，其中高速公路通车总里程92.6千米。全区铁路运营里程81.5千米，其中高速铁路运营里程46千米。全年完成公路货物运输量805万吨，增长

10.3%，公路货物周转量97108万吨千米，增长10.3%；完成公路旅客运输量414万人次，下降34.5%；公路旅客周转量22414万人千米，下降32.5%。

全年接待游客1060.4万人次，增长8.04%，其中国内游客接待1060.38万人次，增长8.05%，海外游客162人次，减少81.65%；旅游总收入53.16亿元，增长16.18%。全区AAAA级景区2个，旅行社3家。

年末，金融机构人民币各项存款余额474.69亿元，比年初增长6.8%；人民币各项贷款余额257.13亿元，比年初增长7.9%。

全区常住居民人均可支配收入28475元，增长8.1%。按常住地分，城镇常住居民人均可支配收入39645元，增长5.6 %；农村常住居民人均可支配收入18210元，增长9.1%。全区常住居民人均生活消费性支出17774元，增长6.4%。按常住地分，城镇常住居民人均生活消费支出21821元，增长4.5 %；农村常住居民人均生活消费支出14055元，增长7.1%。

柚业发展

清嘉庆元年（1796），梁平人刁思卓曾任福建省南平县知县、邵武县知县。初食福建柚子，刁思卓就被这独特的美味吸引。后来，刁思卓还乡便把福建柚苗带回梁平培植。在梁平特定的自然气候和土壤环境下，经过200多年的辛勤选培，当年的福建柚逐渐演化成今天的梁平柚。

梁平柚，果实硕大，芳香浓郁，果肉纯甜、细嫩化渣，汁多味美、营养丰富，可食部分占72.2%，每100毫升柚汁含维生素C111.7毫克，果皮富含香精油、果胶等物质，具有消食化气、祛痰利尿、清热通便等多重保健功能；枝叶、果皮均可提取芳香油料，白色海绵层还可制蜜饯，有“天然水果罐头”之美誉，与广西沙田柚、福建文旦柚并称“中国三大名柚”。

梁平柚，清朝嘉庆《梁山县志》物产篇记载“果之属曰：橙…”。20世纪50年代至80年代初期，梁平柚以农民一家一户为主，主要栽种于庭院四旁，房前屋后，零星分散。1985年梁平县第九届人民代表大会常务委员会第10次会议作出了《关于大力发展梁平柚生产的决议》。1996年梁平县第十二届人民代表大会常务委员会第32次会议又作出了《关于推进梁山柚产业化进程的决议》。2001年2月，中共梁平县委、梁平县人民政府印发《关于建设1万公顷优质梁平柚、梁平蜜柚（虎蜜柚）产业化工程的实施意见》。至21世纪，梁平柚进入了高质发展期，实施公司+基地+农民的经营模式，实现了生产专业化、经营规模化、管理规范

梁平柚柚园

化、服务社会化。

梁平柚曾获国家、省（市）多种农特产品奖证。2008年获中华人民共和国农业部“农产品地理标志登记证明”。2010年获中华人民共和国国家工商管理总局商标局“地理标志证明商标”。2018年12月重庆市梁平区第十七届人民代表大会常务委员会第18次会议，审议确定梁平柚树为梁平区树。2020年，全区已发展梁平柚种植面积10500公顷，栽种柚树800万株，年产果量10万吨，遍及全区33个乡镇（街道），畅销全国各地，远销俄罗斯、越南、新加坡、韩国等国家和中国香港、澳门地区。

春季赏花、秋季采果。梁平每年举办两节一会，每年4月柚花盛开，举办柚花节，10月底柚子成熟举办采柚节、柚博会和“柚王”评选等节会活动，持续推动农旅融合发展。中华·梁平柚海是产业融合、农旅融合的典范，这里是梁平柚产业发展的核心区、优质高产精品绿色柚园基地，百年以上柚树2000多株。

2020年3月，中华·梁平柚海景区被正式批准为国家AAA级旅游景区。景区布局为“一环、四区、三中心、多节点”（“一环”即柚海观光慢道环线，“四区”即贡柚古道区、名柚世界区、百年柚惑区、龙滩柚乡区，“三中心”即公共服务中心、产业营销中心、科普研发中心，“多节点”即瑞丰亭、刁家院子、滑草场、七彩柚屋、高架桥等）。

依靠梁平柚产业形成景区，“中华·梁平柚海”已涌现出近20家农家乐，就地取材，创新推出了由柚皮酥、柚子八宝饭、柚子酥肉、柚皮炖腊猪脚、柚子珍珠汤、柚子粉蒸肉等美食组成的全柚宴。从柚花到柚果，再到柚加工品，梁平不断延伸柚产业链，开发出柚汁饮料、柚子蜜饯（柚皮糖）、蜂蜜柚子茶、柚子酒、梁平柚果糕等十余种柚加工产品，培育了奇爽、柚香谷等大型加工企业，现正加快建设闽商食品工业园，推动梁平柚精深加工，提高梁平柚附加值。

中华·梁平柚海一角

梁平柚品种与价值

梁平，史称梁山，西魏元钦二年（553）置县。梁平柚因梁山县名原称梁山柚。1952年梁山县改为梁平县（今梁平区），随后人们逐渐将梁山柚称为梁平柚。梁平柚在梁平栽培已有200多年历史，据史料记载，梁山县人刁思卓于清乾隆五十八年（1793）考取进士，曾任福建省南平县知县和邵武县知县。他初食福建柚子，就被这种独特的美味果深深吸引。清嘉庆元年（1796）刁思卓将福建柚苗带回梁山县种植，初植于梁山镇东门松柏客栈院内。在梁平特定自然条件下，经长期孕育变异、优化培育而成浓烈蜜香、纯甜嫩脆独具特色的梁平柚。梁平柚是中国柚类平顶柚的代表品种，与广西沙田柚、福建文旦柚并称中国“三大名柚”。梁平柚系梁平区独具优势的优质果品资源，是营养丰富、保健功能突出的“水果罐头”，古今皆是馈赠亲朋好友之佳品。中华人民共和国成立以来，特别是改革开放以来，梁平大力发展柚产业，依靠科学技术不断优化果品品质，从资源优势转化为产品优势、商品优势，进而形成经济优势。发展柚产业是梁平区振兴农村经济、脱贫攻坚和全面建成小康社会的重要抓手。截至2020年，全区梁平柚种植面积达到10500公顷，其中标准园110个，800万株，产量10万吨，综合产值达10亿元。梁平的柚子分平顶形柚、尖顶形柚和虎蜜柚三类。

平顶形柚

梁平平顶形柚以“梁平柚”为代表。柚果呈扁圆形至高扁圆形，果形美观，色泽金黄，皮薄光滑，油胞较细，果皮芳香浓郁，易剥离。果肉淡黄晶莹，香甜滋润，细嫩化渣，汁多味浓，略带苦麻味。营养丰富，具有“天然水果罐头”之美誉。单果重一般在800~1500克之间。梁平柚霜降后（10月底）成熟，最佳采收期为11月中、下旬。主要分布在三个生产带：复平—合兴—梁山—双桂—金带—和林—云龙—荫平；星桥—安胜—明达—龙门—新盛—文化；石安—福禄—大观。

梁平平顶形柚

尖顶形柚

梁平尖顶形柚原产虎城乡（今虎城镇），称“梁平虎城柚”。据考证在150多年前，蜀省藩召巡逻过梁，住在下属石德奎家（今虎城大屋基），临行时赠送柚果数个，因其色泽鲜艳，又系上司所赠，故不愿剖食，留在家中，久之腐烂，把它倒在后竹林，后结果，其味甚佳，酸甜适度，果汁特丰。虎城柚属沙田柚品种系列，主要分布在梁平虎城、袁驿、龙

梁平尖顶形柚

胜、碧山、七星等镇乡。柚果呈梨形，果皮橙黄色，耐贮藏。单果重一般在1000～1500克之间。具有外形美观、皮薄肉厚、油胞细腻、汁多化渣、酸甜可口之特点。

梁平虎蜜柚

梁平虎蜜柚系梁平科技人员从虎城镇砂石村孙庭荣家的实生虎城尖柚树中优选培育植出。是虎城柚种子实生繁育优变而成，属柚类新品种选育。该柚树树冠披垂，生长势中等。枳砧虎蜜柚定植后三年能试花挂果，五年丰产，亩产2500千克以上。适应性强，凡柑橘能生长的地方均能种植。抗逆性强，系实生优变，对不良气候环境和病虫危害有较强的抵抗力。单果重800～1100克，多为1000克，果实大小整齐，色泽金黄，鲜艳，果形美观，似“子弹头”状。皮薄且光滑，其果皮厚度只相当于脐橙。果心充实，果瓣大小整齐一致。种子少，单果80粒左右，少于普通沙田柚近40%。果肉翠绿晶莹，似翡翠色。汁胞不溶烂，汁多味浓，酸甜可口，脆嫩化渣，无任何苦麻异味。11月中下旬成熟，极耐贮藏，可贮到翌年6月不粒化，保持固有风味。虎蜜柚综合了优质柚的优点，克服了梁平柚大小年严重、瓣形不齐、微具苦麻味和虎城尖柚早结、稳产性差、汁脆溶烂、酸度过大的缺点，被全国果树界权威专家教授誉为“跨世纪柚类良种”。

梁平虎蜜柚

营养价值

平顶形柚营养价值

品质上等、营养丰富、保健效果显著。据西南农学院检测，梁平柚可食率72.2%，果汁

40.7%，每100毫升果汁中含糖9.8克（其中蔗糖6.4克，还原糖3.4克），总酸0.21克，固酸比45.5：1，糖酸比31.6：1，每100毫升柚汁含维生素C111.7毫克，可溶性固形物14.1%。果实富含维生素、果糖、果胶、香精油等，具有祛除胃中浮风恶气、消食平喘祛痰、利尿生津、治疗便秘等功效。柚子含有丰富的蛋白质及钙、磷、镁、钠等人体需要的元素及胰岛素等成分，有降血糖、降血脂、减肥、美肤养颜等功效。此外，梁平柚还含有生理活性物质“甙”，可降低血黏度，减少血栓的形成，对心脑血管疾病也有预防作用。梁平柚还含有大量的天然叶酸，这种物质可以促进胎儿脑血管发育，能预防胎儿畸形，特别适合孕妇食用。

平顶形柚柚果肉

尖顶形柚营养价值

据西南农学院专家检测，梁平虎城柚可溶性固形物12.5%，总酸每100毫升1.20克，固酸比10.4：1，总糖100毫升7.0克（其中还原糖1.5克，蔗糖5.5克），糖酸比5.83：1，每100毫升柚汁含维生素C50毫克。尖顶柚不但营养丰富，还具有健脾消食、通便、解酒消渴、保健防癌之功效。

尖顶形柚柚果肉

虎蜜柚营养价值

据中国农科院广州分院（第六次全国柚类鉴评）品质分析，可食部分占75.6%，目前高于全国任何柚类品种。果汁48.7%，糖酸比11.75，固酸比18.07，固形物12%。每100毫升果汁中含糖7.8克，酸0.6毫克，维生素C65.7

毫克。该柚具有果形优美、皮薄光滑、可食率高、果肉翠绿、酸甜适度可口等显著优良性状。

经济价值

助农增收

中华人民共和国成立后的计划经济时期，梁平柚的种植以农户房前屋后自发零星种植为主，疏于管理，造成产量低、品质良莠不齐、效益差的状况。再加上农民商品意识淡薄，绝大多数农民种柚只为自给，或者作为走亲访友的馈赠礼品。也有极少数将柚子作为商品交供销社或上集市售卖，但价格偏低。从1950年到1980年间，每个梁平柚售价从0.02元左右上升到0.23元左右，年总产量100万个左右。纵观梁平所有农产品，只有梁平柚是梁平独有和最有名气的资源，发展梁平柚产业是调整农业产业结构、增加农民收入、致富脱贫、全面建成小康的必然选择。改革开放特别是1985年以来，中共梁平县委（现中共重庆市梁平区委，2016年11月国务院批准撤县设区）、梁平县人民政府（现重庆市梁平区人民政府）、梁平县人大常委会（现重庆市梁平区人大常委会）就梁平柚发展规划、梁平柚产业发展、梁平柚种

合兴龙滩村梁平柚名柚园民居

植管理、梁平柚品种改良、梁平柚基地建设、农旅融合发展、延伸产业链、梁平柚产供销等方面，印发了一系列的实施意见、通知、决定、决议。依托龙头企业、专业合作社、家庭农场、种植大户等生产经营主体，实施扩面增量、优选提质、创牌拓市、延链增效。经过长期以来坚持的政策带动、项目推动、创新驱动等发展措施和广大柚农积极主动、科学种植管理，梁平柚的生产规模、品质、知名度、经济效益得到大幅度提升。截至2020年，全区梁平柚种植面积10500公顷（其中标准柚园110个），800万株，产量10万吨，综合产值达8亿元。梁平柚自花结实能力强，栽后3年试花挂果，5年进入丰产期。丰产期可达百年，平均亩产达2吨以上，仅柚果亩产值可达8000～10000元。在农业产出中居于较高的序列。梁平柚收购价普遍在1.3～1.5元/斤，其中合兴镇龙滩村的柚子3～4元/斤，百年老树更达到8～10元/斤。合兴镇龙滩村单户农民柚子收入一般在3万元以上，高的可达20万元。全区收入上万元的达2000多户，收入5000元以上的达5000多户。发展一亩标准柚园相当于0.33公顷水稻的收入。梁平柚已成为重庆柚类产业带中一道靓丽的风景，成为广大果农的“摇钱树”“希望树”，是梁平柚农实现脱贫致富的重要抓手。

2010—2019年梁平柚产量产值一览表

表2

年份（年）	产量（万吨）	产值（亿元）
2010	5.47	1.64
2011	4.78	1.43
2012	4.91	1.47
2013	5.12	1.53
2014	5.56	1.67
2015	6.35	1.90
2016	6.36	1.90
2017	7.01	2.10
2018	8.10	2.43
2019	10.00	3.00

注：产量数据来源于《梁平统计年鉴》，产值按均价3元/千克折算

生态效益

柚类属芸香科柑橘常绿果树，树冠大，根系发达，四季常绿，不论是规模种植还是分散在千家万户，不仅可直接增加绿化面积、防止雨水冲刷和减少水土流失、调节气候、改善生

梁平柚树四季常青

态环境，还可通过调整种植结构，降低面源污染，促进人与自然和谐共生，既美化了环境，促进美丽乡村建设，又增加了农民收入。

产业链效益

梁平柚全身是宝，药用和营养价值兼备。树叶、果皮、囊衣和种子均可开发成不同产品。目前梁平柚开发加工的产品有柚子酒、柚子饮料、冷磨精油、果胶、柚苷、低糖柚皮蜜饯、蜂蜜柚子茶、汁胞原料、即食柚囊瓣、种子油、种子蛋白、柠碱等产品。延长产业链，提高了柚品附加值。通过梁平柚加工，不仅可成倍提高梁平柚的经济价值、增加加工企业收入、增加就业机会，还解决了小果、次果和不合格果的出路，实现梁平柚价值全体现。目前，梁平有柚子深加工企业5家，年产值近2亿元，提供就业岗位1000个。

农旅融合增效益

农旅融合发展，是推动乡村振兴，实现脱贫攻坚、助力全城旅游的重要抓手。梁平旅游格局中，除了万石耕春、百里竹海、滑石古寨、双桂堂景区外，中华·梁平柚海则是农旅融

游客在中华·梁平柚海游玩

合发展的典范。中华·梁平柚海，是一个按照国家AAAA级标准打造的生态旅游景区。景区布局为一环、四区、三中心、多节点。一环，即柚海观光慢道环线。四区，即贡柚古道区、名柚世界区、百年柚惑区、龙滩柚乡区。三中心，即公共服务中心、产业营销中心、科普研发中心。多节点，即瑞丰亭、刁家院子、滑草场、七彩柚屋、高架桥等。公共服务中心。具有游客服务中心、村民服务中心的功能，也是梁平柚产业协会的主要办公场所，提供游客咨询、购票、IP文创产品展售，医疗服务、村民日常咨询，协会交流等服务。产业营销中心作为梁平柚产业展销中心、线下交易中心、电商平台、众创空间、农贸淘宝市场、柚趣小屋等核心功能区，也是梁平乡村产业发展成果和乡村振兴蓝图的重要展示窗口。科普研发中心一方面作为梁平柚品种改良与技术研发中心，另一方面建立校企合作，开展青少年科普教育，打造中小学生研学教育基地，引进文旦柚、坪山柚、沙田柚、琯溪蜜柚、葡萄柚等国内外名柚品种，通过智慧系统导入，提高科普教育和认知度。梁平紧紧围绕“中国名柚之乡”的美誉，以柚树、柚花、柚果为主要载体，以“中华·梁平柚海”为平台，融生态文化、乡村文化、民俗文化，形成了一条以柚子文化展示、体验、游乐、休闲为一体的乡村旅游链。通过举办“柚花节”“采柚节”“柚博会”等活动，进一步提升梁平柚的知名度和美誉度。既顺应了城市消费新趋势，为城市居民提供休闲观光场所，又改变了落后的农业产业模式，致富农村，增收农民。

中华·梁平柚海一隅

梁平柚地位

梁平柚独特的品质、风味和营养保健价值，在国内外享有较高声誉。梁平柚和广西沙田柚、福建文旦柚同称中国三大名柚。1992年春，邓小平视察南方时曾赞誉说“还是四川的柚子好（梁平柚）”。梁平柚曾获全国第五次、第六次柚类评比“金杯奖”“金牌奖”，1999年北京国际农业博览会“名牌产品”奖，2004年梁平县被中华人民共和国国家林业局授予“中国名柚之乡”称号，

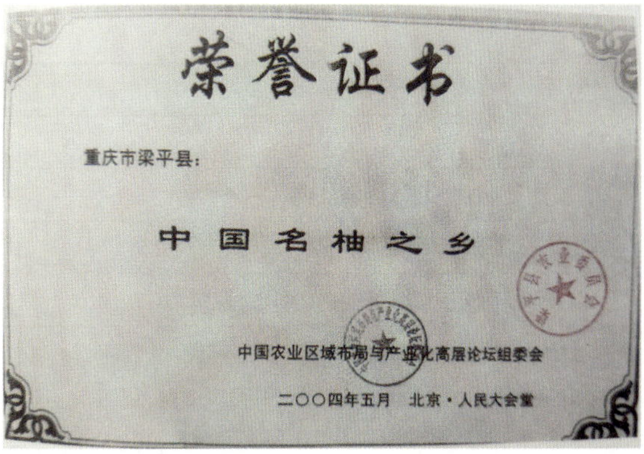

2004年5月，梁平县获中国名柚之乡

2006年中国优质果品流通协会授予“中国优质梁平柚基地”称号，2008年获中华人民共和国农业部“农产品地理标志登记证书”，2010年1月梁平柚获“重庆市名牌产品认定”，是年获中华人民共和国国家工商行政管理总局商标局“地理标志证明商标”，2016年9月，梁平柚获“全国一村一品十大知名品牌”，2017年获中华人民共和国国家质量监督检验检疫总局“生态原产地产品保护证书”，2019年获香港环境保护协会“香港（国际标准）食品安全证书”，12月获重庆市农业农村委、重庆海关“2019年重庆市农产品（水果）出口示范基地”称号。多年来，西南农业大学、中国柑橘研究所、中国农科院区划所、重庆市农技推广总站等高等院所，对梁平柚选优提质、引入试验示范、良种苗木繁育、标准化生产管理、市场营销、贮藏加工等方面提供了极大的帮助，不少专家教授也付出了不少心血。使梁平柚的品质、产量、效益跃上了一个新的台阶。

2016年9月，梁平柚被认定“全国一村一品十大知名品牌”

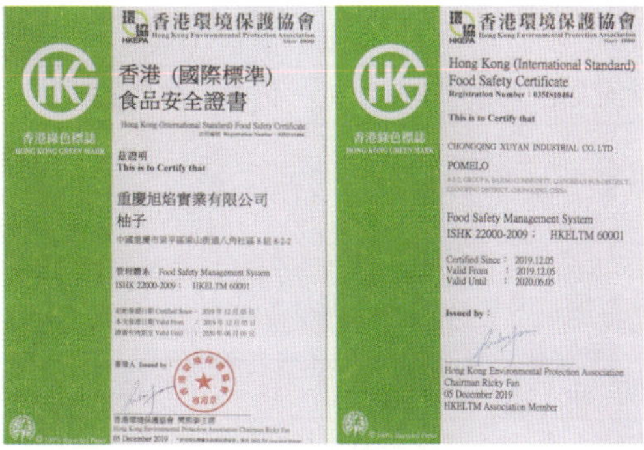

2019年，重庆旭焰实业有限公司的梁平柚获香港环境保护协会“香港（国际标准）食品安全证书”

梁平柚荣誉一览表

表3

获奖（证）名称	授奖（证）单位	授奖（证）日期
1986年优质奖	四川省农牧局	1987年11月
第二届中国农业博览会银奖	中国农业博览会	1995年10月
全国第五次柚类评比金杯奖	全国柚类科研生产协作组	1998年11月18日
'99中国国际农业博览会“名牌产品”	'99中国国际农业博览会	1999年9月
全国第六次柚类科研生产协作会优质柚类商品综合评比“金杯奖”	全国柚类科研生产协作组	1999年11月5日
最受消费者欢迎的产品	重庆市名优农产品展示展览会组委会	2004年1月
最受消费者欢迎奖	第三届中国重庆名优农产品展示展销会组委会	2004年2月15日
梁平县获“中国名柚之乡”荣誉	中国农业区域布局与产业化高层论坛组委会	2004年5月
中国梁平柚之乡	中华人民共和国林业部	2004年12月
中国优质梁平柚基地	中国优质果品基地暨果品产业先进典型评选组委会	2006年11月19日
农产品地理标志登记证书	中华人民共和国农业部	2008年7月1日
地理标志证明商标	中华人民共和国国家工商行政管理总局商标局	2010年2月
“中华名果”称号	中国果品流通协会	2010年9月5日
2012中国・重庆晚熟柑橘节优质柑橘金奖	中国・重庆晚熟柑橘节组委会	2012年2月
虎城尖柚获国家地理标志证明商标	中华人民共和国国家工商行政管理总局商标局	2012年12月
无公害农产品产地认定证书	重庆市农业委员会	2016年7月26日
百万网友心中的“全国一村一品十大知名品牌”	中视金桥国际传媒集团	2016年9月
生态原产地产品保护证书	中华人民共和国国家质量监督检验检疫总局	2017年2月23日
梁平蜜柚获商标注册证（地理标志证明商标）	中华人民共和国国家工商行政管理总局商标局	2017年3月
绿色食品A级产品证书	中国绿色食品发展中心	2017年5月18日
国家级农产品地理标志示范样板	中国绿色食品发展中心	2018年11月
第十六届中国国际农产品交易会参展农产品“金奖”	第十六届中国国际农产品交易会组委会	2018年11月

续表

获奖（证）名称	授奖（证）单位	授奖（证）日期
三峡柑橘十佳名品	三峡柑橘国际交易会组委会	2019年2月
“梁平柚”区域公用品牌	第二届长江三峡（梁平）国际柚博会 中国三大名柚高峰论坛	2019年11月
重庆市农产品（水果）出口示范基地	重庆市农业农村委重庆市海关	2019年12月
重庆优质气候农产品	重庆市气象服务中心等单位	2020年1月

梁平柚四季

春夏赏花叶

梁平柚树叶较大，短椭圆形，叶尖微凹刻至钝尖，叶绿平滑无裂刻，叶片略内卷到平展，叶脉较粗。翼叶较小，心脏形。年抽梢3～4次，2月底抽芽，3月初发梢，4月上旬春梢自剪，5月初—6月上旬抽发夏梢，8月上旬发秋梢。春梢树叶嫩绿光滑，叶质厚，色浓绿。春天，带着父母和孩子，或是亲朋好友走进柚园，漫步在柚树下的林荫小道上，欣赏着春梢绿叶，吸嗅着树叶的清香，享受着春天温暖的阳光，哼着小曲，心情特别的舒畅，欢乐之情无以言表。柚花为总状花序，梁平柚以1～2年生春梢退化无叶枝开花和当年春梢抽发有叶花枝开花结果为主。柚花春发初蕾，4月中旬初花，4月下旬盛花，花瓣乳白色，花蕊黄色，花瓣大，香气浓，花期长。春末夏初的梁平，柚花香飘万里，“坐看满树柚花开，八方游客闻香来”。游客们奔进柚园，只见万绿丛中乳白色的柚花层层叠叠，绽放在绿油油的枝叶间。待放的花好似向游客点头致意，盛开的花笑迎天下客。

梁平柚花

梁平柚花

秋冬赏柚果

5月中旬柚花凋谢，6月幼果挂上枝头，或1个，或两三个，或五六个，像绿色珍珠似的。经过5～6个月的生

秋冬季赏梁平柚

长，霜降后成熟。秋季的早晨，登上柚园最高山顶，但见霞光灿烂，举目四望，海洋般柚树此起彼伏，波澜壮阔，满目葱绿。柚树柚果上的露珠晶莹剔透，空气清新无比，让人心旷神怡，舒服之极。走进柚道，只见柚果或“独子”，或“双胞胎”，或“多胞胎”，一支支，一串串，有的处在“婴幼儿期”，有的“少儿期”，有的“青壮年期”，煞是可爱。霜降后冬季来临，柚子成熟。金黄的柚子挂满枝头。人们踏进柚园，柚香扑鼻而来。游客们走进柚农小院，一边品着香甜可口的梁平柚，一边与柚农商谈购柚事宜。男女老少齐上阵抢采着柚子，尽情享受着采柚的快乐，各显身手，为“柚”而战。最后是游客们空手而来，满载而归。每年11月，梁平都要在中华·梁平柚海（梁平区合兴镇龙滩村，梁平柚柚香广场）举办采柚节或者柚博会，八方宾朋相聚在中华·梁平柚海，欣赏柚海风光，品尝柚果甘甜，感受乡村振兴，体验“柚时尚”“柚生活”，尽享惬意时光，游客们流连忘返，乐不思蜀。

百年老柚树上挂满了黄灿灿的柚子

梁平柚生长环境

地　　质

自中生代开始，海水由贵州浸入四川盆地，梁平沦为浅海。中三叠纪以后，海水变深。到侏罗纪时期，海水西退，梁平成为一片沼泽和淡水湖。燕山运动晚期，大巴内弧褶带及川、鄂、湘、黔相继隆起，梁平也开始抬升，至喜马拉雅山运动早期构造成型。

梁平区的地质构造属新华夏系四川沉降褶皱带之川东褶皱带西北端部分，由铜锣峡背斜一部分、明月峡背斜、假角山背斜、黄泥塘背斜，虎城、任市和梁平三条向斜，以及金鸡向斜的一部分组成。背向斜均呈北东走向，其中背斜紧凑成山，向斜宽张成谷，高低相间，平行排列，是典型的隔挡式褶皱构建。

明月峡背斜（又名明月山或西山）在区境西部，从重庆市垫江县延伸而来，在回龙镇鹞子岩入梁平区境，至新盛镇黄鼓楼进入达州市开江县。在梁平区境内，背斜轴线全长50千米，宽约8.5千米，平直无大弯曲，轴部狭窄，两翼不对称。岩层倾角，东南翼57°～80°，北西翼30°～44°。核部地层为雷口坡组，翼部为须家河组至下沙溪庙组。

假角山背斜（又名中山）在明月峡背斜东北方向，位于复平、合兴、文化镇之间，背斜轴向北东，轴部为上三叠统径家河组，两翼为侏罗系珍珠冲组新田沟组，下沙溪庙组。两翼不对称，东南翼陡，倾角50°～80°，局部直立，西北翼较缓，倾角20°～54°，轴面倾向北西，为狭长斜歪箱状背斜。

黄泥塘背斜（又名东山，或高梁山，或南华山），隆起于重庆市垫江县，由铁门乡黄土垭进入梁平区境，延伸至曲水乡焦炭沟入万州区界。背斜轴线全长50千米，宽约12千米。两翼不对称，常直立倒转，有次生小折曲。岩层倾角，东南翼70°～80°，北西翼15°～40°。核部地层为嘉陵江组、雷口坡组，两翼为须家河组至下沙溪庙组，近似对称。

虎城向斜在明月峡背斜之西，与境外铜锣峡背斜相间构成，由虎城冉家坝至袁驿金华，轴线长20千米。核部地层为上沙溪庙组，两翼对称，岩层倾角3°～26°。

四川省达州市开江县任市镇向斜在明月背斜与假角山背斜之间，由新盛太平至礼让长岭岗倾斜，轴线长23千米。核部地层为第四系遂宁组、上沙溪庙组、两翼基本对称，岩层倾角3°～20°。

梁平向斜在黄泥塘背斜与明月峡背斜、假角山背斜之间，在县境内由荫平镇邓家湾至复平乡祝家老院子，轴线长52千米。核部地层为遂宁组、上沙溪庙组、蓬莱镇组、新生代第四系，地势平缓开阔，岩层倾角3°～15°。

金鸡向斜主要在重庆市忠县境内，梁平区内一段由忠县金鸡场入境至石安镇双河口，轴线长35千米。核部地层为蓬莱镇组、遂宁组。岩层倾角平缓，深切河谷，倾角2°～3°。

全区岩石分布情况为：在背斜翼部和倾没端，分布着三叠系须家河组厚层长石石英砂岩、岩屑长石砂岩，间夹薄层页岩和煤层。砂岩厚度大，坚硬。页岩性软，易风化和崩塌；背斜轴部分布有雷口坡组、嘉陵江组石灰岩、白云岩、角状灰岩和泥灰岩。灰岩坚硬，泥质灰岩和白云灰岩强度较低。在局部地段有溶洞、溶隙、石芽发育，易渗漏和塌陷，但也是地下水的良好通道；向斜轴部和翼部分布着侏罗纪泥、页岩夹砂岩或砂泥岩，泥岩强度低，抗风化能力弱，易滑动和渗漏；平坝和沿河两岸地带第四系冲积，坡残积层为黏质砂土、黏土、砂质黏土和砂卵石层。黏土主要分布在中部平坝，为冲积层，局部类泥炭，泥炭中见有阴沉木分布，排水性能差。砂土和砂卵石多出现在沿河两岸，渗透性强，保水性差。

地　　貌

梁平区的地貌，由于受地质构造、地层分布和岩性的控制，以及受水文作用的影响，形成山、丘、坝兼有，以丘陵为主的自然景观。东山（黄泥塘背斜）和西山（明月峡背斜），因山顶出露的嘉陵江组灰岩和雷口坡组灰岩，被水溶成为狭长的槽谷（西山百里槽和东山扈家槽），两翼顶端须家河组砂岩相对成陡峻的山岭，分别为“一山两岭一槽”型。中山（假角山背斜）顶部求露出嘉陵江灰岩，为须家河组坚硬的砂岩无溶蚀现象，“一山一岭”型。在四条向斜形成的宽谷地带，主要是起伏不平的丘陵，仅在沿河两岸有小块冲积平坝。县境东部和东北部多为深丘，西部和西北部多为浅丘。中部（指东西两山之间），有一古代湖泊沉积而成的平坝，地势平坦而宽敞，素称“巴渝第一大平坝”，因盛产水稻获誉“巴蜀粮仓”。梁平区位于长江干流与嘉陵江支流的分水岭上，地势高于四周邻县（区），宛如一大台地，为邻县（区）溪河发源之地。全县有高滩河、波漩河、新盛河、普里河、汝溪河和黄金河等6条主河道，迂回于平坝、丘陵、低山之间，分别流入垫江县、达州市、开江县、万州区和忠县。全区的地貌因地质构造、地层分布和水文作用的影响，形成山、丘、坝兼有而以丘陵为主的特殊地貌。全区的低山、丘陵和平坝三种类型情况是：

低山

全区的低山包括东山、西山和中山，平行走向，互不衔接。海拔500～1221米，东山主峰窄垭口左峰1221米为全区最高点。低山面积604.37平方千米，占全区面积的31.98%。其中：东山面积302.7平方千米，西山面积223.97平方千米，中山面积77.7平方千米，分别占50.08%、37.06%、12.86%。

丘陵

全区的丘陵面积共1184.9平方千米，占全区面积的62.69%。东南深丘，海拔221～715米，石安镇里程村两河口海拔221米为全县最低点。高丘深谷相对明显，主要分布于福禄镇、柏家镇等地，面积327.9平方千米。东北深丘，海拔315.9～621米，分布于合兴镇、复平乡一带，面积68.5平方千米。中南深丘，海拔450～659.1米，分布于荫平镇、回龙镇之间，面积36.1平方千米。浅丘，海拔400～540米，分布于东、西、中山之间和袁驿镇、虎城镇等地，面积752.4平方千米。

平坝

全区的平坝，主要分布于境内中部，第四系由湖泊沉积而形成，是巴渝第一大平坝，海拔450米左右，相对高差不超过10米，面积1000平方千米，占全区面积的53%。湖积平坝沉积物为第四系更新世到全新世的湖泊相黏土，淤泥类泥炭和河流相粉砂、砂、砾石层交替组成，湖积层厚5～50米。

气　　候

梁平区是东部暖湿亚热带季风气候区域，其气候特点是：气候温和，四季分明，雨量充沛，湿度较大，日照偏少，无霜期较长，春季气温不稳定，初夏多阴雨，盛夏炎热，秋季多绵雨，冬季较暖和。

气温

全区海拔最高处与最低处之间相差1000米，气温具有立体变化的特点，年均气温变幅在14℃～18℃。梁山、仁贤、礼让等平坝地区，海拔450米左右，近10年平均气温16.7℃。曲水、福禄、石安等河谷地带，海拔450米左右，10年平均气温16.6℃。竹山和蟠龙山区，海拔800米以上，10年平均气温15℃。各月气温变化比较明显，8月气温最高，10年平均为39.7℃，1月气温最低，10年平均3.5℃。极端最高气温曾达到40.1℃；极端最低气温曾低至-6.6℃。

降雨

梁平区的降雨量充沛，但时空分布不均。近10年的年均降雨量1216.2毫米。降雨量的季度分布，春季（3月、4月、5月）平均303.6毫米，占全年降雨量的25%；夏季（6月、7月、8月）平均降雨量545.9毫米，占全年降雨量的44.9%；秋季（9月、10月、11月）平均降雨量310.2毫米，占全年降雨量的25.5%；冬季（12月、1月、2月）平均降雨量56.5毫米，占全年降雨量的4.6%。夏、秋两季平均降雨量合计856.1毫米，占全年降雨量的70.4%，是全年的降雨集中季节。降雨量的月度分布，以7月份的降雨量为最多，多年平均194.7毫米，占全年降雨量的16%。2月份降雨量最少，多年平均降雨量18.0毫米，占全年降雨量的1.4%。

日照和太阳辐射能

梁平区处于全国低日照区，年平均日照时间1336.4小时。日照百分率全年为30%，最高的8月为54%，最低的1月为15%。全年太阳总辐射能为83.45千卡/平方厘米，最多的7月为12.48千卡/平方厘米，最少的12月为2.96千卡/平方厘米。生理辐射为42.56千卡/平方厘米，以7月6.37千卡/平方厘米为最大，12月1.51千卡/平方厘米为最小。根据能量转化规律，农作物产量与光能利用率有密切关系。水、热条件及营养物质充裕，光能利用率按理论数计算可达10%，区域内农作物经济产量每亩理论数可达17501.25千克，而农作物单位面积亩产折算光能利用率一般只有2%～3%，最好也不过4%。因此，在低日照区，利用光能提高农作物单产的潜力是很大的。

无霜期和云雾

梁平区的无霜期较长，多年平均无霜期269天，最长的为345天，最短的222天。初霜期，平均为12月2日，最早为11月4日，最晚为12月3日。终霜期，平均为3月5日，最早为1月19日，最晚为4月5日。梁平区属于全国多云地区，年均云量八成以上，夏季较少，冬季较多。在全年中，少于二成的晴天为30天以下，大于八成的阴天为200天以上，多云天气（云量二成至八成）的为140天。雾日较多，常年平均40天以上。

水　　文

河流

梁平区境内有6条主河道，流域面积1892平方千米。河川径流量与地表径流量均为10.563亿立方米。6条主河道的干流长185.8千米，62条支流长691.5千米，合计877.3千米，平均河网密度0.45千米/平方千米，年平均径流量33.5立方米/秒。

高滩河　发源于西山东麓明达镇龙马村文家沟，汇合小沙河、七间河等29条支流，为龙溪河上游，流经明达、礼让、仁贤、和林、云龙、荫平等镇，在荫平镇群乐村陈家沟入垫江县境。干流长60.2千米，流域面积798平方千米。主要支流小沙河，发源于梁山街道东山菩萨顶，经梁山、安胜，在仁贤沙河村周家湾注入干流，长24千米。七间河发源于西山百里槽桐子园，经竹山、屏锦、聚奎、荫平等镇注入干流，长52千米。高滩河是梁平区中部

龙溪河礼让镇福拱桥河段

的主要河流，对梁平县经济社会发展影响很大，年径流总量4.36268亿立方米，年平均流量14.08立方米/秒。

波漩河 发源于四川省大竹县观音镇月城寨，经大竹县石桥镇流入梁平区碧山镇，汇合袁驿河、平滩河等9条支流，向北流入达县境内，干流长16.7千米，流域面积277平方千米。主要支流袁驿河，发源于七星镇双河村大星槽，经袁驿镇和碧山镇境内，在碧山镇庙山村注入波漩河，长26千米。平滩河，发源于大竹观音镇白坝乡前锋村碗厂沟，流经七星镇平滩村、清平村高洞岩，在黄家桥注入波漩河，长17千米。施家河，发源于竹山镇新民村，流经虎城镇大荣村、聂家村，在八林村注入波漩河。波漩河的年径流总量1.5655亿立方米，年平均流量5.0立方米/秒。

新盛河（明月江支流） 发源于西山龙门镇太白村，汇合文化河等4条支流，向北注入新盛镇民安村明月江。主要支流文化河，发源于城北乡横山村，流经城北、文化、新盛等乡镇，于新盛镇联盟村注入新盛河，干流长22千米。新盛河流域面积168平方千米，年径流量1.0445亿立方米，年平均流量3.11立方米/秒。

普里河 发源于梁平区城东乡响鼓岭，汇合白洋河等3条支流，向东在复平乡大公村流入万州，干流长27.2千米，流域面积152平方千米，年径流总量0.9568亿立方米，年平均流量2.76立方米/秒。

汝溪河 发源于东山麓万州分水镇孙家槽，在分水镇流入梁平区曲水镇，经福禄、石安两镇，在石安镇里程村双河口流入忠县境内。干流长35.4千米，支流7条，流域面积281平方千米，年径流总量1.5215亿立方米，年平均流量4.94立方米/秒。

黄金河 发源于东山蟠龙镇石垭村，由“暗河”流出，到同心场为地表径流，在大观镇新尾村流入忠县境内。干流长24.3千米，支流10条，流域面积214平方千米，年径流总量为1.1479亿立方米，年平均流量3.61立方米/秒。

水能

梁平区6条主河道和62条支流总长度877.3千米，主要特征是河流长度短，集雨面积不大，径流量不稳定。其中高滩河干流最长为60.2千米，流域面积最大为798平方千米。其余5条溪河长度在36千米以内，流域面积不超过280平方千米。这些河流发源于低山区，上游比较陡，平时流量小，大雨时山洪暴发易涨易退，流量变化较大，水能蕴藏量不多，可开发量更少。六条河流多年平均径流总量10.563亿立方米，平均流量33.5立方米/秒，水能理论蕴藏量28254.5千瓦，可开发量7410千瓦。到2005年已开发利用5470千瓦，占可开发量的73.8%，但部分水电站因效益不好而停产。其中高滩河水能理论蕴藏量12060.8千瓦，可开发量2012千瓦，分别占全区42.7%和27.2%；新盛河可开发量大于理论蕴藏量，已借用竹丰水库水源、高水头开发利用。

土壤分布及类型

根据《重庆市第二次土壤普查工作分类暂行方案》的规定，梁平区耕地土壤分为水稻土、紫色土、冲积土、黄壤4个土类。水稻土是梁平区的主要土类，无论山区与平坝、浅丘和高丘都有分布，包括冲积性水稻土、紫色水稻土、黄壤性水稻土3个亚类、9个土属、36个土种，占农耕地的62.78%。紫色土分布于区内广阔丘陵地带，是旱地的主要土壤，有棕紫泥土1个亚类、4个土属、16个土种，占农耕地的33.44%。冲积土仅在河流两岸有分布，只有河流冲积土1个亚类，紫色冲积土1个土属、1个土种，占农耕地的0.09%。黄壤土分布于海拔500米以上的低山，有3个土属，7个土种，占农耕地的3.69%。

土壤分布深受地质构造的制约，梁平区属平行岭谷地质构造，土属分布以背斜或向斜轴为中心，呈东西对称，南北星条分布。其顺序规律是：背斜轴部的嘉陵江、雷口坡组石灰岩构成的槽谷分布着矿子黄泥水稻土和矿子黄泥土；背斜两翼由须家河组厚砂岩构成的山岭一带，分布着冷沙黄泥水稻土和冷沙黄泥土；山麓深丘分布着自流井，新田沟组发育的暗紫色水稻土、暗紫泥土，以及扁沙黄泥水稻土和扁沙黄泥土；在向斜丘陵区分布着由沙溪庙组母岩风化发育的灰棕紫色水稻土和灰棕紫泥土，以及由遂宁组、蓬莱镇组母岩风化发育的红棕紫色水稻土和红棕紫泥土、棕紫色水稻土和棕紫泥土；河流两岸零星分布着紫色冲积水土和紫色冲积土；开阔的坝区主要是老冲积黄泥水稻土。土种多为垂直分布：丘陵地区从坡顶到坡脚，从支冲顶部到下部，土壤质地由粗到细，由壤至黏，土层由薄到厚，土性由劣变好，依次为石骨子土（田）、半沙半泥土（田）、大泥土（田），在缓坡或二台地多出现豆瓣泥和黄泥；在深沟落槽处、支冲汇口处、转弯处、宽谷的低洼处则易出现鸭屎泥田；平坝老冲积区台、坝多为黄泥田，低处及场前屋后多为黑夹泥田，接近河流的则多为黄泥沙田或黄沙泥田；近代河流两岸的新冲积，由于流水对沉积物的分选作用，离河岸越远沉积物越细，土种呈半沙半泥和沙土的形式分布，适合柚树生长。

栽培与种植

梁平柚（梁山柚）自清嘉庆元年（1796），时任福建邵武知县的梁山人刁思卓从福建带回梁山县（今梁平区）种植，历经200多年，先后经历了传统种植、规模发展、提质增效等历程，经过梁平历代祖先和多届政府的不懈努力，梁平柚已成为梁平农业中的优势产业，是全区农民发家致富的重要途径。

民国26年（1937）《梁山县志稿》食货篇始有“柚子”之称谓，其记述如下：“柚子，圆形黄色，供生食，（梁山）县之虎城乡、凉水井及附城一带内产，约采拾五六万枚。”民国时期，梁山平顶柚的种植成园专营者较少，除天竺土桥子，城东歪子坪、龙潭（今龙滩）桥、石室佛，城北俞家山钟姓戴姓，金带竹子坪等少数园子年产平顶柚约4万枚外，大都于住房前后余地栽种四五株或七八株。梁山尖顶柚的产地则在虎城与大观两地，产虎城者品质较优，产大观者品质略逊；主要运销万县（今万州）、重庆、成都、汉口等地。抗战期间由于交通受阻及货币贬值影响，柚子不能外销，产品过剩，低价兜售。1951年6月，四川省梁山县人民政府对梁山柚的品类品种、分布情况、运输方式、病虫检验及预计产量进行调查，结果：梁山县1951年预计产柚子12万多枚，产出区域为天竺、城东、城北、合兴、金带、安胜、仁贤、中城、聚奎、和林、新盛、大观、虎城等13个镇乡，金带、仁贤以年产2万枚居平顶柚产出之首，虎城以年产2万枚居尖顶柚产出之首。是年，全县梁山柚（平顶、尖顶）柚树5万余株，产果2260吨。1958年，实施人民公社化运动，梁平在天竺、金带、曲水、仁和等乡建立果园，栽种梁平柚。1973年，为满足国内外市场的需要，梁平县革命委员会生产指挥组决定发展梁平柚，中城、永胜（仁贤）、新胜（新盛）、五星（合兴）、战旗（袁驿）、东升（福禄）6个区（区为建制改革前的小区）集中栽植柚苗6000株，中城、永胜、新胜、五星、红卫（柏家）、东升、红岩（虎城）区和县农场、园艺场繁殖托罐柚苗44000株。1977年10月，梁平县革命委员会印发《关于加强梁平柚子市场管理的通知》，提出在抓好粮食生产的同时，因地制宜，大力发展梁平柚子生产，鼓励农村社员利用房前屋后自留地积极发展。之后梁平柚逐步在复平、云龙、石安、金带、七星、袁驿、虎城、文化、大观、明达、荫平等乡镇发展起来。梁平柚产量765吨。1984年，全县有梁平柚挂果树7万余株，产果2900吨。是年，全县嫁接梁平柚树38760株，定植38000株，假植6400株，在实生苗中，柚子砧木59500株。1984年以前的梁平柚种植是传统的方式栽培，大多数为一家一户分散栽植，虽然部分乡镇建有果园，但管理粗放，种植技术落后，柚果品质优劣混杂，经济价值低，销路不畅。

1984年10月，梁平县成立梁平柚生产领导小组，建立柚子研究所，并以天竺、龙滩等55个乡为柚子重点生产基地。1985年8月，梁平县人大常委会作出大力发展梁山柚生产的决议，中共梁平县委、梁平县人民政府制定出详细的发展规划，规划从1985—1994年10年时间，全县栽植梁山柚500万株，栽植面积6666.67公顷。在宜柚区域的龙滩、合兴、金带、大观等42个乡建成为梁平柚生产基地乡。发展梁山柚生产坚持因地制宜、户营为主的原则，本着“户有园、社连片、村成带、乡成规模，以庭院为主，逐步扩散”的指导思想，大力发展梁平柚。1995年，全县梁平柚种植面积达到7000公顷，柚树540万株，柚果产量8969吨，产值4500万元。1996年10月，梁平县人大常委会作出“关于推进梁平柚产业化建设进程”的决议，使梁平柚生产工作从“重栽”转移到“重管”上来，采取“公司+基地+农户”的生产经营模式，实行规模化、规范化、标准化种植。到2014年年底，全县33个镇乡（街道）有30个镇乡盛产梁平柚。先后建设有20万株以上的基地镇乡20个，有5万株柚树以上的专业村100个，人均有柚树100株以上的科技示范户1000户。实施了“万亩名柚园”“梁平柚标准柚园”示范工程。建设“万亩名柚园”333.33公顷，建设梁平柚标准园1333.33公顷。全县已有100余户公司、专业合作社、家庭农场和种植大户连片承包农民土地，从事梁平柚标准园建设和老果园改造。全县柚子年产量达到5.56万吨、产值1.67亿元。

2015年，中共梁平县委、县人民政府将梁平柚作为“1+3”特色效益农业主导产业（“1+3”即：按照规模化、标准化、品牌化、生态化的发展要求，突出柚子主导产业，大力发展粮菜、水产、畜禽三大优势产业）。围绕“扩面增量、选优提纯、创牌拓市、延链增效”目标，依托梁平柚全程社会化服务，新型农业经营主体，适度规模化经营模式，农村劳动力缺乏和技术力量薄弱等生产矛盾得到有效解决，规范化、标准化的栽培管理技术得到推广，梁平柚产量、质量得到进一步提升，产业链条不断完善发展。经济效益的显著提高，带动大量社会资本投入到梁平柚产业建设。2020年，全区梁平柚种植面积超过10000公顷，柚树800余万株，产量超过10余万吨，产值达到3亿元。

育苗栽植

育苗

1985年以前，梁平柚的苗木繁殖技术采用传统的老旧方式，繁殖方式只有托罐繁殖（即空中压条，由于当时塑料薄膜稀少，空中压条繁殖中土壤保湿用瓦罐或竹筒，故名托罐繁殖）一种方式。托罐繁殖在春季将长得较为粗壮的2年至3年枝条进行环状剥皮，并用瓦罐或竹筒把湿润土壤包裹到剥皮处，以保持土壤在一个较为湿润的状态，经过大约一个半月至两个月的时间，剥皮处便可生出根系，第二年春季发芽前从枝条基部与母树分离，就完成了托罐育苗繁殖，育成了一株梁平柚托罐苗。瓦罐或竹筒育苗方式对土壤保湿效果差，成苗率不高、根系少、数量少。

1985年，中共梁平县委、梁平县人民政府决定以县良种场、园艺场为基地，以县农业局园艺站为技术依托，以梁平县果树良种示范场为良种苗木繁育基地，以合兴、荫平、大观为重点生产示范镇（乡），建立23.33公顷13个母本园。经过科技人员几年的探索、试验和示范，总结出了“四改三步走”的经验，四改：一改习惯性的托罐繁殖为育苗嫁接繁殖；二改小苗定植为培育大苗定植；三改自由种植为计划种植、择优发展；四改稀、大、空的栽培管理为适度密植，使之早结丰产。三步走：第一步，用酸柚籽和枳壳为砧木苗，采用嫁接繁殖，2年至3年出圃；第二步，将嫁接苗密植移栽，时间2年至3年，培育成大苗；第三步，将大苗就近带土定植，建成果园。

1986年，规划在龙滩、荫平等7个乡各建立一片良种母本园，秋季出圃特优嫁接苗3582株，其中龙滩乡510株，荫平乡1352株，云龙乡500株，太平乡600株，天竺乡100株，杨柳乡200株，园艺场300株，文化乡20株。

“七五”期间，县财政每年都拨出2万～5万元作为群众性悬赏选优经费，对选出的优良单株，实行定点定株加速繁育，建立母本园。全县指定42户育苗专业户，生产上规定非良种苗不栽，非指定的育苗户培育的苗木不栽。生产用苗由农业局园艺站统一验收调配。规模发展，本着“统一规划、统一苗木、集中发展”的原则，每年的苗木都安排在基地乡的专业村成片栽植。

“八五”期间，选择42户育苗专业户，建设一批优质苗木繁育基地。全县建立母本园18.67公顷，建立优质良种母本苗圃3.33公顷。每年提供50万株合格的优良柚苗，密植小苗

300万株。定植大苗3万株。

1991年，中共梁平县委、梁平县人民政府《关于继续开发梁山柚的决定》中提出，到1994年年底以前，地区级的5个柚子乡基地，每个乡要建立6.67公顷母本园，县规划的30个柚子基地乡，每个乡建立3.33公顷母本园。凡栽植的梁山柚，必须选用良种苗，围绕良种单株建立丰产片，形成规模。1991—1992年，新建母本园16个，29.53公顷，栽苗10.75万株。

1995—1996年，全县定植优良苗木25.5万株。

2000年，建成虎蜜柚母本园2个，建成虎蜜柚苗圃1个，建成荫平66.67公顷的优质梁平柚母本园1个。完成虎蜜柚嫁接4万株。

2005—2006年，栽植梁平柚、虎蜜柚容器柚1万株，新植枳砧虎蜜柚合格苗木200万株。

2011年，引进福建平和县红肉琯溪蜜柚、广西沙田柚、强德勒柚等全国名柚品种30余个在名柚园中示范栽植。

2015—2016年，重庆天农八部农业开发有限公司聘请中国柑橘研究所专家为技术指导，在合兴镇龙滩村、雨家村流转土地20公顷，以梁平柚优选单株、全国部分名柚品种建设母本园，为全县柚类苗木繁育提供优质接穗。利用全程社会化服务项目支撑，在安宁苗木繁育基地培育梁平柚优选单株容器苗10万株，同时投入50万元在虎城镇五角村、合兴镇龙滩村新建育苗基地2个，购置容器袋10万个，年育苗能力20万株。

2017—2020年，以安宁苗圃为繁育基地，选用枳壳为砧木，梁平柚优选单株枝条为接穗，繁育优良柚类营养袋苗152万株，确保梁平柚苗木品种纯正和梁平柚产业发展苗木需求。

苗木繁育管理

2013年，为保障梁平柚产业健康发展，进一步规范梁平柚育苗及苗木销售市场秩序，全面提高梁平柚果品品质，县农委修订《梁平县柚类苗木繁育管理办法》，规定梁平县农委负责全县柚类苗木繁育的监督与管理，定期或不定期向育苗主体公布、宣传梁平柚产业发展和品种布局规划，提供梁平柚种苗需求信息及规格质量标准，推荐和推广优良品种，提供梁平柚种苗栽培技术报备。各乡镇（街道）负责本行政区域内梁平柚苗木繁育的日常管理工作。

柚类苗木繁育实行申报制度。新柚类苗木繁育主体要具备相应的技术力量和生产经营条件，在繁育前向县农委申报备案认可后方可开展柚类种苗繁育工作。柚类苗木繁育生产申报备案包括以下内容：生产者名称、住所、联系方式、生产地点及隔离培育条件，生产的品种、规模及质量要求，繁殖材料的来源及其他相关情况。

柚类苗木繁育实行质量追溯制度。各育苗主体必须有0.33公顷以上的柚类优良品种采穗园，品种来源清楚，纯度达到100%，实行定点嫁接、定向培育。要建立育苗技术档案和苗木销售档案，育苗主体应对生产、经营的果树苗质量负责，严禁不合格树苗流入市场。

梁平柚柚苗管理

实行育苗、销售统一管理制度。坚持以市场为导向，适时宏观调控的原则，各育苗主体每年必须向县农委上报育苗计划，统一实行订单育苗，严格执行苗木繁育质量规格及价格指导标准。种苗出圃前，必须经梁平县经济作物站检验合格后方可出圃。

品种选育及引种

通过“柚王”评选活动，按照果农或业主初报，乡镇（街道）初选，区级复选的程序选出综合性状优良的品种单株，再经2年至3年观察后将遗传性状稳定的单株确定为母树进行

2011年梁平虎蜜柚柚王

繁育推广，并挂牌保护。

品种的确定。梁平柚必须是经县农业主管部门评选认可的梁平柚选优单株（如福禄64、98-8、98-10、龙滩405、乐英10号等以及近年选优提纯的“柚王树”）；虎蜜柚为近年选育的虎蜜柚母树及在虎蜜柚评比中荣获二等奖及以上的母树；虎城柚为虎城柚树中选育出的优良单株；其他柚类品种为琯溪蜜柚（红心、黄肉、白肉）、东风早、强德勒等品种必须是本县已挂果、优质丰产、性状优良、市场前景好的母树。

砧木选择枳壳或酸柚砧，梁平柚、虎蜜柚、虎城柚砧木为枳壳，其他柚类品种根据特性可选用酸柚砧。

育苗基地选择地势平坦、交通便利、水源充足、灌排方便、土壤肥沃、通风采光良好、远离病原，无环境污染的连片田间地块，面积达到0.67公顷以上。

育苗方式采用容器育苗或露地育苗方式，以容器育苗为主。容器可选用美脂袋或营养桶，口皮直径20～25厘米，高20厘米以上，底部有排水孔，内装营养土保证苗木形成密集须根群；营养土以肥沃的壤土，加上泥炭、锯木屑、适量的有机肥和复合肥配制而成。

育苗技术

砧木苗移栽。砧木苗高10～20厘米时，移栽到育苗器或露地，栽植时防止根系弯曲，移栽后可在露天或棚内培育。

当砧木主杆粗度达到0.5厘米以上时，即可嫁接。嫁接采用“T”字型，芽片嫁接和单芽腹接法，单芽切接法。春季补接可采用切接，嫁接口高度为离土面10厘米以上，嫁接后每株要挂上标签，注明品种和砧木。

苗木管护。适时施肥，进行病虫防治、除草和灌溉工作，确保苗木生长健壮、青枝绿叶、根系发达、无严重病虫害。

苗木质量

两年生柚苗苗木高度40厘米以上（嫁接口起）、分枝数2个以上，粗度0.8厘米，根系发育良好，枝叶健全，叶色浓绿，无检疫性和严重病虫危害的裸根苗。

四年生带泥球大苗苗木高度80厘米以上，粗度1.2厘米（嫁接口起），分枝数5个，泥球直径20厘米以上，泥球不散，稻草包蔸，叶色浓绿，枝叶健全，无检疫性和严重病虫害。

四年生容器大苗苗木高度80厘米以上，粗度1.2厘米（嫁接口起），分枝数5个，容器选用美脂袋（口径直径20～25厘米，高20厘米），营养土采用表土+有机肥+复合肥，根系发达，泥球不散，叶色浓绿，枝叶健全，无检疫性和严重病虫危害。

种植技术

1985年以前梁平柚栽培主要是零星稀植栽培，栽植基础差，托罐根系少，成活率低，生长缓慢，树冠高大，结果迟，管理不方便，产果量低。

2007年，为了使梁平柚种植管理更加规范化，科学化，县农牧局组织科研人员制定了《梁平柚生产技术规程》（以下简称《规程》），并经梁平县技术监督局正式发布，从2007年3月20日正式实施，《规程》对梁平柚园地点选择与规划、砧木与苗木、果园土壤改良、栽植技术、土肥水管理、整形修剪、花果管理、植物生长调节剂的应用、病虫害防治、果实采收、果实贮藏保鲜等作了明确规定。县农牧局将《规程》印制了6万余份，分发到全县各镇乡（街道）果农手中，在梁平柚生产过程中严格执行。2013年10月，县农委再次组织科研人员对《规程》进行修订。主要修订了结果树采果有机肥（基肥）施用量、壮果肥施用量占全年的比例，调整了套袋时间等。先后印发《规程》20余万份发放到果农手中。

园地选择与规划

气候条件　年均气温16℃～22℃，绝对最低气温大于等于-5℃，1月平均气温大于等于5℃，大于等于10℃的年积温大于等于5000℃。

土壤条件　土壤质地良好，疏松肥沃，有机质含量在2克/千克以上，pH值5.5～7.5，土层厚大于等于60厘米，地下水位大于等于1米。

水质和大气质量　按NY/T（农业部推行制定的标准）5016规定执行。

地形地势　坡度小于等于15°的山地和丘陵各个方向坡面均可建园，坡度大于15°小于等于25°山地和丘陵坡地北坡不宜建园。坡度在6°～25°的山地、丘陵时宜修筑水平梯地。

生态环境　柚园距县级以上（含县级）公路50米以外远，周边1500米以内无工矿等直接污染源。柚园边20米内相邻树种、作物与梁平柚无共生性病虫害。

修筑必要的道路、排灌和蓄水、附属建筑等设施　平地及坡度在小于6°的缓坡地采用南北向长方形栽植。坡度在6°～25°的山地、丘陵地采用等高栽植，注意水土保持。梯地水平走向比降3‰～5‰。

砧木与苗木

砧木选择　适宜的砧木有枳、枳橙、酸柚或本砧。

苗木质量　苗木检疫符合GB（国家标准）5040，苗木质量应符合GB/T（国农推行标准）9659规定，提倡栽植脱毒容器苗和壮苗。

果园土壤改良

定植沟（穴）土壤改良　根据设计的行、株距，坡地开挖壕沟宽1.0～1.5米、深0.8～

1.0米，或大穴直径1.0～1.5米，深0.8～1.0米，水田宜采用筑畦栽培，深挖排水沟。丘陵山地梯田等高栽植的定植穴或沟的中心位置，应定在梯田靠外侧2/5，靠里3/5处，便于田间管理。

每立方米沟或穴填入作物秸秆、农家肥、谷壳等30～50千克，矿质元素缺乏的土壤，增加相应的矿质元素。pH值小于等于5.5的土壤，加入石灰1.0～3.0千克，pH值大于等于7.2的土壤，加入硫黄粉0.2～3.0千克。

定植沟（穴）回填时沟内放一层混合物，填一层土翻动，尽量混匀。如此3次至4次填满栽植穴或沟，最后培土成高出地面0.2～0.3米的土墩。待沟（穴）土下沉陷实后，即可定植。

扩穴改土 扩穴改土位置：沿定植沟（穴）或上一次扩穴沟（穴）外侧，向外深翻。有壕沟式、“井”字形和环状沟式深翻。建园时采用壕沟式改土的可用壕沟式深翻，而挖定植穴的可用“井”字形或环状沟式深翻。

扩穴改土时间：秋梢老熟或采果后进行。

填充料：粗肥有秸秆、杂草、谷壳、绿肥等，精肥有厩肥、饼肥、人畜粪料，化肥等。

扩穴改土方法，沿定植沟（穴），深0.5～0.6米，宽度0.5～1.0米，视当时改土材料多寡而定。回填时每立方米分2～3层压埋绿肥，秸秆或杂草20～30千克，土壤pH值小于等于5.5的果园单株加施石灰1～2千克。靠近树冠部位结合施基肥加施饼肥、磷肥或腐熟农家肥，穴内灌足水分。如此逐年外扩，直至全园。

栽植技术

栽植时间 春植：在春芽萌动前（2月—3月）进行。倘若春芽已经萌发，则需将新梢抹除后，再行移栽。冬季有冻害的地方宜在春季栽植。

秋植：于苗木秋梢老熟后（9月—10月）进行。

容器育苗或就地带土移栽，在苗木每次老熟后均可移植。但在11月至次年1月冬季温度过低、水利设施不完善和不能充分保证灌溉的情况下不宜移栽。

栽植密度 平地和无需修筑梯土的缓坡地永久性株行距应大于等于3米×4米-5米，即每667平方米栽植33～45株；丘陵山地梯地种植，梯面宽度大于等于3.5米，株距大于等于3米。用枳作砧木的植株，可适当加密栽植。

定植基肥 苗木定植前的2至3个月，根据栽植规格在测定好的定植点上开挖定植穴，每穴施入腐熟人畜粪肥10～20千克（或饼肥1～2千克），与土充分拌匀填入穴内堆沤，待充分腐熟后即可定植。

定植方法 容器苗（营养袋苗、娄假植苗）的定植：在定植点正中开挖长50厘米，宽50厘米，深30～40厘米穴，将去除容器的苗木置于中央，扶正，用肥土或营养土填于四周，轻轻踏实，然后覆盖松土做成直径1米左右树盘，浇足定根水。

裸根苗（大田苗）的定植：在定植点正中开挖长50厘米，宽50厘米，深30～40厘米穴，将苗木根系和枝叶适度修剪后放入穴中央，将根系分层理顺，充分舒展，在上下层根际间填塞营养土。待全部根系舒展后，覆满细土，用手将苗木稍向上提，轻轻抖动数次，使细土填满根际空隙。轻轻踏实，然后覆松土做成直径1米左右树盘，浇足定根水。

定植深度：栽植深度以嫁接口永久露出地面大于5厘米为宜。

生长管理

土肥水管理

土壤管理

间作与生草：选择不影响梁平柚正常生长结果、无相同病虫害作物，有利于以肥养地，以园养园的浅根性矮生作物。

柚园土壤管理

间作方式：以豆科作物或其他绿肥为主。未实施间作果园可选择生草，适时割草覆盖或化学除草。

间作注意事项

间种作物与幼龄树主干距离应大于等于0.5～1米，随树冠扩大，逐年缩小间作范围（面积），四龄以上果园停止间作，改为生草栽培。

适宜间作的作物和绿肥种类有花生、大豆、绿豆、猪屎豆、肥田萝卜、紫云英、蚕豆等。

不适宜间作的作物种类有烟草、甘蔗、高粱、玉米、刀豆等高秆、藤蔓类作物。

果园生草的草种。自然草种类有霍香蓟、蒲公英、狗尾草等；人工种植类有百喜草、三叶草、意大利多花黑麦草等。

适时刈割翻埋于土壤中或覆盖于树盘。

园地中耕

中耕时间：果园中耕时期视梁平柚生长情况而定。未结果的幼龄树可在每次浇施水肥前进行浅耕，以利肥料的渗透。结果树则在夏秋季或采果后结合清园（12月至次年2月）进行、每年中耕1至2次，保持土壤疏松。忌雨季中耕。

中耕深度：树冠滴水线以内浅耕，以外（幼龄树树盘以外）中耕深10～25厘米。

园地覆盖

覆盖范围：根系密集分布区土壤表面，面积等于或大于树冠投影面积。

覆盖时间：6月下旬至7月上旬干旱来临前覆盖防旱；11月底覆盖防冻。幼龄小树保水防旱防雨水冲刷可全年树盘覆盖。覆盖材料为杂草、稻草及园地绿肥。

覆盖方法：先疏松覆盖区表土，均匀铺上15～20厘米厚覆盖物，其上覆少许薄土压住。覆盖物厚度大于等于15厘米、覆盖物距根颈部主干距离大于等于10厘米。

施肥

施肥原则

按NY/T496-2002规定执行，推行土壤、叶片营养诊断配方施肥，多施有机肥，合理施用无机肥，限制使用含氯化肥和碳酸氢氨肥。

肥料种类

有机肥、微生物肥、氮磷钾复合（混）肥或单一化肥，及硼、锌、锰等微量元素肥料。

施肥方法

土壤施肥 采用环状沟施、条沟施和地面撒施等方法。在树冠滴水线处挖深度20～40厘米的沟（穴）。东西、南北对称轮换。在土壤中易移动的液态有机肥和化学肥料，在树冠滴水线处挖深度10～25厘米浅沟（穴）施肥；在土壤中不易移动的有机肥和矿物肥料，挖深度30～50厘米沟（穴）施肥。氮、钾化肥在穴内撒匀，土壤干燥在穴内灌水后再覆土。速效易溶化肥可在雨前或灌水前在树冠滴水线外侧地面撒施，或用水或液体农家肥料溶解后浇在树冠滴水线外侧地面。有滴灌设施的果园，可进行滴灌施肥。

叶面施肥 选用不同种类的水溶性肥料在养分急需时期进行叶面追肥。春梢叶片展开期、花期可以叶面喷施氮、磷、钾、镁等大量元素和硼、锌、锰等微量元素，其他时期以缺补缺。高温干旱期应按推荐使用浓度范围的下限施用，果实采收前30天内不宜叶面追肥。空气潮湿果园应限制叶面施肥次数。

幼树施肥 以氮、钾肥为主，配合施用磷肥和微量元素肥，少量多次。春、夏、秋梢抽生期施肥为主，一年6至8次，顶芽自剪至新梢转绿前增加根外追肥。有冻害的地区，9月以后应停止施用氮肥，10月底至11月上旬再施1次有机肥为主的越冬肥。1～3年生幼树单株年施纯氮100克到300克，氮、磷、钾比例以1：0.4～0.6：0.6～0.8为宜。

结果树施肥 施肥量：以每产果100千克施纯氮0.8～1.0千克，氮、磷、钾比例以1：0.6～0.8：0.8～1.1为宜，以此计算施肥量。

施肥时间。采果后施足量的有机肥（基肥），施用量占全年的45%～55%，于10月下旬到11月底前进行。花前肥（春肥），施用量占全年的25%～30%，此期为生理落果时期。缺镁、锌、硼的果园可增施硫酸镁或钙镁磷肥、硫酸锌及硼肥，于4月上旬进行。壮果肥施用量占全年的20%～25%，于7月中旬进行。根外追肥常用肥料种类及浓度见表4。高温干旱期，喷施浓度宜低。

根外追肥常用肥料种类及浓度一览表

表4

种类	浓度（%）	种类	浓度（%）
尿素	0.3～0.4	硫酸锌	0.2～0.3
磷酸二氢钾	0.2～0.3	硫酸锰	0.2
硫酸钾	0.3～0.5	钼酸铵	0.05～0.1
硫酸镁	0.2	硼酸	0.1～0.2
硝酸镁	0.2～0.5	硼砂	0.1～0.2

水分管理

灌溉

灌溉水水质按NY/T 5016规定执行。在春梢幼果期和果实膨大期，如土壤干旱，应及时灌水。春梢幼果期应保持叶片在中午不卷，果实膨大期保持叶片在中午不卷或微卷。果实成熟期保持土壤适度干旱，叶片中午微卷而傍晚能恢复可不灌溉。冬季有冻害的地区，要防止土壤干旱，保持土壤适度湿润。

排水

通过沟渠及时排去果园积水，降低土壤含水量。不易成花树，可利用秋冬适度控水，保持一段时间适度的干旱，促进花芽分化，提高果实品质。

整形修剪

幼树整形与修剪

目的：培养丰产稳产树冠结构。

原则：整个营养生长期，除短截主枝、副主枝等延长枝外，应尽量轻剪，适当疏密留稀，多留枝叶，避免过多疏剪和光秃短截，内堂枝和树冠中下部较弱的枝梢一般均应保留，增大植株绿叶层，促春梢，增大树体营养面积；控制夏梢、早秋梢抽生数量，促进夏、秋梢生长粗壮，培养树冠骨架；多留秋梢，迅速形成树冠。注意保留无叶春梢结果母枝，提早结果。

梁平柚全程社会化服务培训现场

定干：一般要求主干高度20～50厘米。密植或计划密植间伐株定干高度在20厘米左右；贫瘠坡地可在20～30厘米高度定干；土层深厚果园或计划密植的永久树定干高度可以在30～50厘米。

苗期已完成定干的则在主干范围内不再任其抽生枝梢。苗期未完成定干的，可将主干范围内的枝梢一次性剪除；也可逐年剪除，逐步提高主干高度。

主枝培养：定干后在离地面30～50厘米范围内选留3个生长势较强、着生角度合理、分布均匀，间隔距离10厘米的新梢作为主枝来培养。生产中遇主枝着生角度、方位、强度不够理想时，采取绑、拉、扶、撑等辅助手段调整主枝着生角度及方位，使其布局趋于合理。

副主枝培养：主枝选定后，在每个主枝上距主干30厘米处开始逐年向外培养3至4个间隔40厘米左右，节位互相错开（但不直立和下垂），并与主干成60°～70°角的副主枝。

蓄留侧枝：在主枝、副主枝上，按适当方位、距离选留配置足够侧枝（结果枝组），尽可能多配置辅养枝，促使幼树尽早结果投产。

生长结果期修剪

目的与原则　及时适量结果和加速高产稳产树冠的形成。采取两促（促春梢和早秋梢）、两控（控夏梢和晚秋梢）技术。

修剪技术 短截：春梢萌动前对主枝、副主枝延长枝进行短截，促进树冠的扩大。秋梢萌发前，短截强壮春梢、春夏二次梢或多年生枝，促发数量足够的秋梢结果母枝。

促春梢：主要疏去同一节位的齐生枝和纤弱枝，适当疏删过强的直立春梢营养枝以利于调整植株营养生长与生殖生长（即生长与结果）的梢果矛盾。

控夏梢：5月—6月，为调和梢果矛盾，提高坐果率，抹除所有零星抽发的夏梢，或留1至2片叶摘心控制夏梢生长。6月中、下旬到7月，酌情适量放一次晚夏梢以加速树冠的扩展。

促秋梢：7月下旬至8月上旬，进行夏季短截修剪，配合抹芽，统一促发足够量的立秋至处暑抽生的优质秋梢，确保来年有足够数量的优质结果母枝。

控晚秋梢：9月份以后抽发的晚秋梢，及时抹除。

回缩复壮：采果后及时回缩结果枝组，下垂枝组，选择有抬头强枝部位回缩复壮。

盛果期修剪

修剪的目的 及时更新侧枝和枝组，保持梢果的相对平衡，最大限度的延长盛果期。

修剪原则 保持树体营养生长与生殖生长相对平衡，叶果比控制在50～80∶1，树冠覆盖率控制在75%～85%。强树：轻度疏剪，少短截，尽量保留能开花结果的弱结果母枝，最大限度的获得产量。中庸树：逐步加大小枝和枝组的疏删量，及时回缩更新结果枝组。弱树：设法控制结果量，恢复树势。疏删密弱春梢，保留粗壮结果枝，短截足量的粗壮基枝，最大限度的促发健壮营养枝。

大年树修剪 适量疏删花枝：剪除较弱的无叶花枝，保留有叶花，以减少花量，增加营养枝。大年增加修剪量，促发预备枝，避免大小年结果现象的发生。

春梢母枝的处理：长度4厘米以下弱春梢母枝，采取去密留匀，去弱留强的方法处理。保留4～8厘米中弱春梢母枝作结果母枝，大于8厘米春梢作营养枝。

春夏、春秋二次梢母枝处理：一般需短截，保留春梢段。若一个枝上有2枝二次枝可短一留一，若有3枝可疏一、短一、留一。

回缩衰弱枝组、落花落果枝，结果枝组，形成更新枝组。

疏删交叉枝、干枯枝、病虫枝和过密纤弱枝。适当疏剪拥挤枝组即开天窗，保留内膛绿枝，改善树体通风透光条件。

小年树修剪 上年结果过量造成树势衰弱，梢少质劣，或是受病虫害和旱、涝、冻害严重造成的新梢短而纤弱、叶色浅的小年树。此类植株花量少或花量枝多而花质差、产量低。修剪的主要目的是恢复树势。参照弱树修剪方法进行，短截、回缩结果枝组和二次梢，尽量保留叶片，重删无叶枝组。

营养生长过旺造成少花的小年树修剪目的是抑制树势，提高坐果率，确保产量。操作上参照强修剪方法进行。以疏删强枝为主，尽量多留弱枝，少短截，提高坐果率，以果压梢，减缓生长势。

稳产树修剪 参照中庸树进行，轻度修剪，结合疏花疏果，回缩结果母枝、枝组，及时更新衰退枝组。尽量保留无叶健壮春梢和有叶春梢。对夏秋梢实行短强、留中、去弱的“三三制”处理，对于树势较强的稳产树，应及时抹除夏秋梢，有利果实膨大。

衰老期修剪 修剪时期：早春萌芽前15～30天进行。

修剪方法：枝组更新。适应主枝、副主枝长势较好的一类树，将树冠外围衰弱枝组进行重短截，保留强或中等枝组，促发健壮营养枝梢，恢复树势，露骨更新。适应高度衰弱类型。锯除不合整形要求的原有主枝、副主枝，调整树形，重回缩保留的主枝，副主枝及枝组，促发新梢重新形成树冠，恢复产量。

花果管理

控花控果

控花 抑花。春季短截、回缩修剪；花前复剪，强枝适当多留花，弱枝少留，有叶单花多留，无叶花少留。促花。秋季（9—10月）采用扭枝、拉枝、剪除夏秋枝，控水或叶面喷施促花剂等措施促进幼、旺树花芽分化。

控果 保花保果。适当抹除春梢营养枝。初花期喷施硼肥、磷酸二氢钾等，谢花后1～4周用赤霉素、6-苄基腺嘌呤等进行幼果喷施或涂果1至2次。人工疏果。当年花果量较大时，进行疏果。第一次疏果在第一次生理落果后，6月份进行，疏除小果，病虫果、畸形果、密生弱果；第二次疏果在第二次生理落果结束后，7月上旬进行，根据叶果比进行疏果。适宜叶果比为40～60∶1。弱树叶果比适度加大。

果实套袋 套袋时间：7月上旬至7月下旬结合疏果进行。

果袋材质要求。抗风、抗雨水冲刷、透气性好的单层避光纸袋（选择套袋专用纸袋）。

套袋方法。套袋前根据果园病虫发生情况全园喷杀虫杀菌剂1～2次。喷药后3天内选择生长正常。健壮果实进行套袋。套袋宜在露水（或药液）干后进行，操作时扎紧袋口。果实采收前15～30天摘袋。

防止裂果

在果实膨大期（5月—9月）遇干旱时及时灌水，并进行树盘覆盖。土壤增施钾、钙肥、或初夏对树冠喷施磷酸二氢钾、腐植酸钙等。

植物生长调节剂应用

使用原则

允许有限度使用能改善树体生长状况，提高果实产量，改善品质，并对环境和人体健康无害的植物生长调节剂。

允许使用植物生长调节剂及技术要求

主要种类。有赤霉素类、乙烯剂、矮壮素、苄基腺嘌呤等。

技术要求。严格按照规定的浓度、时期使用，每年可使用1至2次，安全间隔期在20天以上。

禁止使用的植物生长调节剂，如比久、萘乙酸等。

病虫害防治

主要病害的防治

炭疽病

危害叶片、枝梢、果实。叶片、枝梢在连续阴雨潮湿天气，表现为急性型症状：叶尖现淡青色带暗褐色斑块，如沸水烫状，边缘不明显；嫩梢则呈沸水烫状急性凋萎。在暂短潮湿而很快转晴的天气，表现为慢性型症状：叶斑圆形或不定形，边缘深褐色，稍隆起，中部灰褐色至灰白色，斑面常现轮纹；枝梢病斑多始自叶腋处，由褐色小斑发展为长梭形下陷病斑，当病斑绕茎扩展一周时，常致枝梢变黄褐色至灰白色枯死。幼果发病，腐烂后干缩成僵果，悬挂树上或脱落。成熟果实发病，在干燥条件下呈“干疤型”斑，黄褐色、稍凹陷、革质、圆形至不定形，边缘明显；湿度大时则呈“泪痕型”斑，果面上现流泪状的红褐色斑块；贮运期间，现“果腐型”斑，多自蒂部或其附近处现茶褐色。传播方式：病菌以菌丝体在病部组织内越冬，病枯枝梢是病菌主要的侵染来源，次年春天产生分生孢子，由风雨或昆虫传播。高温多雨的季节发生严重。冬季冻害较重及早春气温低、阴雨多的年份发病也较重。

农业防治　加强栽培管理，适时施肥、灌水，及时防治其他病虫害，增强树势是防治本病的关键措施。

化学防治　在发病初期，选用0.5%石灰硫酸铜等量式波尔多液，50%退菌特可湿性粉剂500～700倍液，50%托布津可湿性粉剂800倍液，50%多菌灵可湿性粉剂1000倍液。每隔

15天喷一次，连续2至3次。

脚腐病

一般发生在柚树根颈部的皮层。在高温高湿条件下，7月至8月份柚树根颈部常会出现不定形的病斑，病部皮层腐烂呈褐色，有一股明显的酒糟气味，并流出胶液；在条件适宜时病斑会迅速蔓延，致使柚树主干基部腐烂，严重时可使根颈部皮层全部坏死，导致整株枯死。

农业防治 选用抗病砧木，如枳、枳橙。加强土壤排水，即时防治天牛、吉丁虫危害，减少机械伤口，可有效防治脚腐的发生。

化学防治 每年5月间，逐株检查发病情况，发现病斑，用刀刮除病皮，然后纵刻病部，深达木质部，刻条相间0.5厘米，然后涂25%甲霜灵可湿性粉剂200倍液，90%三乙膦酸铝可温性粉剂100倍液。

主要虫害的防治

螨类

桔全爪螨（红蜘蛛）、始叶螨（黄蜘蛛）、锈螨（锈壁虱）。桔全爪螨、始叶螨在开春后平均2头/叶，锈螨在5月以后1个果出现被害状（火烧柑）及时进行防治。一年发生16代以上，世代重叠。适温干旱是螨类猖獗发生的重要因素。最适气温24℃～28℃，相对湿度60%～85%，高于34℃、低于11℃，不利繁殖。以卵、成螨在树冠内膛、中下部的叶背越冬。喜荫蔽环境，多在树冠内部和中下部生活，只在叶背为害。卵多产于叶背主脉、支脉两侧，叶片受害后畸形。为害：吸食汁液，叶片失绿变灰白色，造成大量落叶、落花、落果，树势衰退。一年发生16代左右，全年3月—6月为第一次高峰期，部分年份9月—11月有第二次盛发期。锈螨（锈壁虱）为害状：果实受害后果皮呈黑褐色），称为“锈果” 或“火烧柑”，降低外观品质。发生规律：每年20代左右，积温高发生代数多。25°～32°是适宜温度，夏秋季高温干旱有利发生。久旱后下雨，最易上果为害。

诱捕大实蝇

农业防治 加强柚园肥水管理，做到适时灌溉，排除积水与合理施肥，使柚树生长壮，增强抵抗力和恢复能力。修剪时剪除病虫枝和潜叶蛾危害的晚秋稍，减少越冬虫口。

化学防治 在5月—6月，9月危害高峰期，选用5%尼索朗乳油1500～2000倍液，1.8%

阿维菌素乳油4000～6000倍液，73%克螨特乳油2000倍液，50%螨代治乳油1000～1500倍液，20%速螨酮可湿性粉剂3000倍液喷雾防治。建议应用尼氏钝绥螨和胡爪钝螨等天敌防治。

蚧壳虫类

矢尖蚧、褐圆蚧、糠片蚧、吹绵蚧。危害较重的是矢尖蚧、吹绵蚧。以成虫、若虫群集在柑橘枝梢、叶片、果实上危害。一年发生3至4代，每年气温达19℃时，越冬雌成虫开始产卵，卵产在雌成虫介壳下，经过数小时后便孵化出若虫，第一代若虫高峰期为5月中下旬，第二代若虫高峰期在7月中旬，大部分寄生在新叶片、枝条上，一部分在果实上，危害果实。主要危害柑橘叶片枝梢，严重时大部分叶片卷缩，枝条干枯，诱发煤烟病甚至引起整个植株死亡，影响柑橘产量和果品质量。

农业防治 结合修剪，重剪虫枝，减少虫源，集中烧毁，增强树冠通风透光性。宜应用日本方头甲等天敌进行防治。

化学防治 对危害较重的果园，在5月中下旬，7月中旬，9月上旬若虫高峰期，25%喹硫磷乳油，40%毒死蜱乳油，40%杀朴磷乳油1000倍液；95%机油乳剂100～200倍液，松脂合剂16～18倍液，洗衣粉烧碱1：0.1：100～200倍液。宜使用苦·烟水剂等生物农药防治，以利保护害虫的天敌。

卷叶蛾

常危害的有拟小黄卷叶蛾，拟后黄卷叶蛾等。拟小黄卷叶蛾，一年发生5代至6代；一般在3月至4月危害柚树春芽和花蕾，4月下旬至5月上中旬危害柚树幼果。拟后黄卷叶蛾一年发生4代至6代，有世代重叠现象；一般以幼虫在柚树上吐丝将一叶摺合或3叶至5叶缀合，并在其中越冬；第一代幼虫4月下旬至5月中下旬危害柚树嫩叶和幼果，常常造成幼果脱落；6月后又转害成年树，常将一叶摺合或3叶至5叶缀合在一起，躲在其中为害；8月下旬至9月初又转害近成熟果实。

农业防治 开展果园冬季中耕，减少虫口基数。宜幼果生长期中用杀虫灯诱杀或用松毛虫赤眼蜂进行生物防治。

化学防治 在6月中旬后，发现有幼虫危害果时，选用80%敌敌畏乳油或90%敌百虫晶体800～1000倍液。2.5%溴氰菊脂乳油3000倍液。10%氯氰菊脂乳油3000倍液。青虫菌800～1000倍液。

天牛

危害梁平柚主要有星天牛、褐天牛。星天牛一年发生1代。以幼虫在树干或主根内越冬第二年春继续危害树干、树基部，幼虫长达10月的危害期。成虫5月—6月羽化，5月底—6月中旬为产卵盛期，卵产在树干离地面5厘米处，少数产在30~70厘米处，产卵处先把树皮咬成L形或T形口，将卵产在其中，表面湿润或有泡沫状。卵孵化后先在附近蛀食主干基部及达地平线后在绕基干周围迂回。褐天牛2年完成1代，幼虫期长达20至23个月，以成虫和幼虫在树干内过冬，幼虫蛀害柚树主干、根茎部。采用“一抓、二管、三钩、四毒”的办法防治。天牛喜闷热的晴天夜晚外出活动，常栖在枝干分叉伤口处，可在夜间捕捉。在成虫未出洞前，掏尽洞内虫粪，用棉花或布条沾上80%敌敌畏乳剂10倍塞入洞内筑紧，再用泥土封住洞口，毒杀天牛。清刷树干，进行杆干刷白。在清除枯枝残桩时，力求断面光滑整齐，使伤口愈合良好。对失去结果能力的衰老树，宜及早砍伐减少虫源。

农药种类选择

常用农药种类

主要病虫害防治常用农药种类一览表

表5

病虫害种类	常用农药
柑橘红蜘蛛、四斑黄蜘蛛	噻螨酮、哒螨灵、炔螨特、三唑锡、溴螨酯、苯丁锡、季酮螨酯、双甲脒、单甲脒
锈壁虱	双甲脒、哒螨灵、苯丁锡、季酮螨酯
矢尖蚧	噻嗪酮、毒死蜱、喹硫磷、烟·参碱、乐果、机柚乳剂
红蜡蚧	喹硫柄、毒死蜱、烟·参碱、乐果
吹绵蚧	噻嗪酮、毒死蜱、烟·参碱
黑刺粉虱	敌百虫、敌敌畏、噻嗪酮、啶虫脒、吡虫啉
蚜虫	啶早脒、乐果、丁硫克百威、氰戊菊酯
潜叶蛾	阿维菌素、啶虫脒、杀螟丹、吡虫啉、丁硫克百威
花蕾蛆	辛硫磷、敌百虫、二嗪农、氯氰菊酯
柑橘大实蝇、柑橘小实蝇	中西杀来菊酯、敌百虫、氯氰菊酯、甲氰菊酯
柑橘木虱	敌百虫、中西杀灭菊酯、溴氰菊酯、敌敌畏、乐果
溃疡病	氢氧化铜、王铜、络安铜、链毒素
炭疽病	百菌清、松脂酸铜、波尔多液、甲基硫菌灵、多菌灵、代森锰锌
脚腐病	甲霜灵、三乙磷酸铝
黑斑病	代森锰锌、波尔多液、多氧霉素、甲基硫菌灵、多菌灵

梁平柚生产中禁止使用的农药种类

六六六、DDT（双对氯苯基三氯乙烷）、毒杀芬、二溴氯丙烷、杀虫脒、二溴乙烷、除草醚、艾氏剂、狄氏剂、汞制剂、砷铅类，敌枯双、氟乙酰钠、甘氟、氟乙酸钠、毒鼠强、毒鼠硅等18种高毒、高残留和三致（致畸、致癌、致突变）农药禁止使用。磷胺、甲拌磷、对硫磷（1605）、甲基对硫磷、久效磷、甲胺磷、内吸磷（1059）、甲基异柳磷、特丁硫磷、甲基硫环磷、治螟磷、克百威（呋喃丹）、涕灭威、灭线磷、硫环磷、蝇毒磷、地虫硫磷、氯唑磷、苯线磷等19种农药禁止在果树、茶和蔬菜上使用。农业部194号文件规定，停止受理农药还有：氧化乐果、水胺硫磷、来多威（万灵）等11种高毒农药的新增登记。

农药使用

对主要虫害防治，建议在适宜时期（低龄虫期）施药。病害防治在发病初期进行，防治时期，严格控制安全间隔期，施药量和施药次数，注意不同作用机理的农药交替使用和合理混用，避免产生抗药性，可按NY/T 5015规定执行。

采摘贮藏

果实采收

鲜销果在果实正常成熟，表现出梁平柚固有色泽、香味、风味和口感的品质特征时采收。每年11月中旬至12月为最佳采果期。用圆头果剪采果，要求一果两剪，果蒂平齐。忌人为、机械损伤果体，采收后72小时内洗果。

果实贮藏保鲜

防腐处理

鲜果采收后72小时内进行。通过洗果去掉果实表面尘埃、污物、达到洁净鲜艳，提高商品质量。洗果采用小苏打及其他洗涤剂，人工擦洗后用清水清洗，洗净的柚果随即用药剂处理。方法是将柚果浸没于药剂中60秒钟后捞起晾干。常用药剂配方为100毫克/千克2.4_D+1000毫克/千克甲基托布津或100毫克/千克2.4_D+1000毫克/千克特克多液。

柚子自动清洗生产线

预贮处理

一般3～5天，以失水2%～3%为度。

果实分组与包装

按照NY/T 699进行分级，禁止非法染色和使用未经国家许可的蜡液进行打蜡，用0.01毫米厚聚乙稀膜袋单果包装，提倡纸箱包装。

热收缩包装机塑封梁平柚

入库贮藏

果实入库前需进行库房消毒，果实入库后保持库内适宜的湿度和温度，定期检查，剔除感病果和伤果。贮藏期限以果实品质和损耗无明显下降为准。打蜡果不宜长期贮藏。

技术培训

梁平柚产业技术培训，主要是县农业局、县科委、市科协邀请相关科研院所的专家教授和县农业局果树专业技术人员，以专题讲座、现场讲解、以会代训等形式，对果技干部和果农开展柚苗培育、柚树栽植、柚树施肥、病虫防治、整形修剪、土壤管理等方面的技术培训。使梁平柚产业达到规模化、规范化、标准化种植、科学化管理，柚品质量不断提升，柚产业快速发展。

1986—1988年，全县以各种方式开展梁平柚育苗、栽植、施肥、病虫防治等技术培训，参培人数达到48000人次，其中县级培训132人次，区级培训2400人次，乡级培训4.5万人次，村级培训468人次。

1989—1991年，全县举办各种方式的梁平柚技术培训人数共达29118人次，其中县级培训150人次，区级培训2500人次，乡级培训2万人次，村级培训6468人次。

1992年，县集中培训两次，培训人员250人次，受训对象：基地区乡党政干部、果技干部、技术员、专业户、示范户。区培训35000人次，受训对象：村、组干部、种果专业户、规划区果农。放映科教录像230场次，观看人员20000余人，发放技术资料1500份，发放《万州果树》400份，《柑橘技术教材》100份。

县科协、科委组织长达两个月的科技支农赶场活动，将果树生产技术和果树配套物资及时送到果农手中。活动中，咨询人数达2万余人次，进行了梁平柚栽培管理技术专题讲座10次，培训人数2000人次，组织发行《中国柑橘》等业务杂志1000余份。

1993—1997年，梁平柚技术培训一是普及推广“密植栽培技术、配方施肥技术，保花保果技术，翻耕覆盖技术，病虫综合防治技术”五大技术。二是常年坚持梁平柚选优提纯工作。三是强化产品基地建设和产品质量管理。四是全力提高实用技术入户率。每年都分季度不定期的集中举办培训班3至4次，每年3月的科技活动月，都组织科技人员下乡镇科技赶场，进行实用技术宣传，每年印发实用技术资料5000～10000余份。

1998—2002年，利用每年冬季农田基本建设机遇，加强对梁平柚冬管技术培训，分别在合兴、荫平、和林、云龙、虎城、石安、回龙、屏锦等镇乡进行整形修剪、柚树施肥、病虫防治、土壤管理等生产技术培训。5年共培训近20万人次，通过科技下乡送发技术资料达30万份，印发梁平县人民政府关于《加强梁平柚质量管理通告》5000份。

2003年，举办梁平柚销售专题培训，大力推广果树生产栽培管理技术，全年培训农户5000余人次，印发技术资料20000余份，培训种柚大户1000余户。

2004—2006年，结合梁平柚生产实际情况，重点开展梁平柚施肥、病虫害防治、整形修剪、保花保果、果实套袋等技术培训。3年共组织科技赶场20余次，到合兴、明达、石安、城东、荫平、虎城、碧山、新盛、梁山等镇乡开展专题技术培训40余次，培训人员2万人次，发放技术资料5万余份。实施少数民族项目，开展梁平柚管理实用技术培训。2006年10月—12月，按照县政府统一部署，县农牧局会同县民宗委组织实施梁平县少数民族项目——梁平柚管理实用技术培训。利用3个月时间，对合兴、和林、荫平、新盛、回龙、城东、梁山，明达8个乡镇开展梁平柚管理实用技术专题培训12期，每期培训3天，共培训950人。培训对象有乡镇领导、村组干部和种植大户、少数民族同胞等。培训由具有丰富实践经验和较高水平中、高级技术职称的专业技术人员担任老师。采取理论讲解、生产实习、操作示范、现场参观等方式，对广大果农从施肥、病虫害防治、整形修剪、果实采收、商品化包装、市场销售、疏花疏果、保花保果、低劣品种改造等全方位学习培训。培训期间，对参加培训的每个镇乡选择示范户，共选择95户规模在0.33公顷以上的种柚大户作为联系户，在梁平柚生产的各个关键技术环节，进行重点指导，认真解决他们生产中存在的技术问题，力争通过1～2年的生产管理，从产量、品质、效益上有一个根本性的转变。

梁平柚生产技术培训会现场

2007—2009年，开展科技赶场6次，举办合兴、云龙、明达、大观、袁驿、新盛镇等果树专题技术培训55次，培训果农、村干部、示范户等11600人次，印发《梁平柚生产技术规程》等技术资料5万余册。

2008年，组织合兴镇村组干部、果农代表到忠县三峡建设集团柑橘示范园进行了参观学习。

2010—2011年，梁平区经济作物站聘请西南大学柑橘研究所、果树所的专家，在合兴、明达、大观、袁驿等梁平柚生产重点镇开展梁平柚无公害标准化技术专题培训40余次，培训果农、村组干部等9000人次，印发“梁平柚生产技术规程”资料2.7万份。组织龙滩柚子专业合作社、大观柚子专业合作社、福德柚子专业合作社的负责人，到福建平和县琯溪蜜柚基地进行生产、加工、商品化包装参观学习。

2012—2020年，梁平区经作站的科研技术人员在合兴镇龙滩村、明达镇新益村、荫平镇乐英村、大观镇梅花村、云龙镇同心村、金带镇双桂村等地，利用柚子专业合作社平台，开展梁平柚春季保花保果、施肥、整形修剪、高接换种、病虫害防治、树杆刷白、休闲观光生态示范园建设等专题培训210场次，培训村组干部、果农等54万余人次。印发“梁平柚标准化生产技术规程”等资料27万余份。培训中为参训果农免费赠送修枝剪、手锯等27500把，赠送西洋牌复合肥、保果剂等350吨。

种植大户

2019年，梁平全区有柚树100株以上的科技示范户1000户，种植面积6.67公顷以上的有100余户，3.33公顷以上的有300余户。

张文辉：男，汉族，重庆市梁平区合兴镇龙滩村4组村民，62岁。重庆龙滩梁平柚开发公司董事长、梁平区龙滩柚子股份合作社理事长、党支部书记、梁平区梁平柚协会会长、梁平区农产品流通协会副会长，梁平县梁平柚产业科技特派员。

1987—1989年，身为柚树技术员的张文辉，不仅通过自家的柚子树先后育苗40多万株，收入20多万元，还在龙滩、天宝等村发展40户育苗大户，培育柚树苗500余万株，增收近300万元。1998年，张文辉组建成立“梁平县合兴镇龙滩柚子股份合作社”，注册社员5户，服务社员1320户，基地面积333.33公顷。后改为“梁平县龙滩柚子专业合作社”入股社员124户。2004年，张文辉成立“重庆市龙滩梁平柚开发公司”并在龙滩、雨家两村建设66.67公顷梁平柚精品观光旅游农业示范园，挑选500户生产示范户，按梁平柚标准化生产技术种柚子。2019年，张文辉所在的梁平龙滩柚子股份合作社入股社员达1300余户，有柚园面积333.33公顷，年产果8000余吨，产值4000余万元。公司示范基地已通过无公害认证，注册了“梁平柚地理标志”和“双桂牌”商标，公司商标获重庆市著名商标，梁平柚产品获“重庆市名牌农产品”称号。

“双桂牌”梁平柚获“重庆名牌农产品”称号

张文辉发展销售梁平柚，不但自己依靠科技致富，还带动数千户农民走上增收致富的道路，赢得了社会各界和广大柚农的一致好评。他先后获得科学技术部“星火科技致富能人”“重庆市杰出青年农民”“重庆市劳动模范”“重庆市优秀共产党员”“梁平县十佳合作社理事长”等荣誉。

唐晓东：男，汉族，梁平区梁山街道双桂社区居民，46岁。重庆旭焰实业有限公司总经理。

2013年4月，唐晓东成立“重庆市澎湃农林发展有限公司”，专门从事梁平柚生产、销售、加工等业务。先后在金带镇、明达镇等地承包种植梁平柚133.33公顷，建立起梁平柚种植基地，2017年4月18日，重庆市工商行政管理局梁平区分局同意变更为“重庆旭焰实业有限公司”。2019年，重庆旭焰实业有限公司梁平柚种植基地种植面积达146.67公顷，年产优质商品果3000余吨，产值2400余万元。

2016年9月，重庆旭焰实业有限公司申请注册“刁老爷”梁平柚商标，11月“刁老爷”梁平柚参加第十四届中国国际农产品交易会获“农产品地理标志展团优秀参展单位”奖，

2017年6月重庆旭焰实业有限公司获评“梁平区区级龙头企业”。12月“刁老爷”梁平柚通过绿色认证；2018年5月“刁老爷”梁平柚通过重庆海关认证获出口资质，8月“刁老爷”梁平柚获“重庆名牌农产品”称号，11月，“刁老爷”梁平柚获第十六届中国国际农产品交易会参展农产品“金奖”。2019年12月，重庆旭焰实业有限公司金带柚园获“2019年度重庆市农产品（水果）出口示范基地”称号，“刁老爷”梁平柚获香港环境保护协会颁发的“香港（国际标准）食品安全证书”。重庆旭焰实业有限公司梁平柚产品在北京、上海、湖北等地都有销售市场，还远销韩国、新加坡、俄罗斯等地。

重庆旭焰实业有限公司：

你单位“刁老爷”梁平柚荣获第十六届中国国际农产品交易会参展农产品金奖。

特颁此证

第十六届中国国际农产品交易会组委会

“刁老爷”梁平柚获第十六届中国国际农产品交易会参展农产品“金奖”

文华成：男，汉族，梁平区梁山街道大众社区居民，47岁。有多年梁平柚产销经历，曾参与创建“重庆市天农八部农业科技有限公司”，2020年组建“重庆市金柚美农业科技有限公司”，主要从事梁平柚品种基因改良和品系优选繁育推广等科学研究和试验工作，以及梁平柚生产、加工、贮藏、销售。现有直营合作社（梁平区农门阵专业合作社）1个，品种繁育育苗基地1个，合作基地5个。年生产销售优质梁平柚1000余吨，年培育优质梁平柚10万余株。

孟邦谦：男，汉族，梁平区虎城镇水口村1组村民，59岁。2013年引进栽植红心蜜柚，并成立“梁平县虎城镇水口红心蜜柚种植股份合作社”，入股社员100户，种植面积492公顷，年销售收入近200万元。

吴天兴：男，汉族，梁平区明达镇新益村1组村民，75岁。2001年开始规模种植发展梁平柚，并成立“梁平县天权果树种植专业合作社”，入股户数6户，有梁平柚种植面积66.67公顷，年销售收入60余万元。2012年在梁平柚王评比中，吴天兴获三等奖。

刘家云：男，汉族，梁平区袁驿镇清顺村7组村民，51岁。2015年开始规模种植柚子，并成立“梁平县华云蜜柚股份合作社”，入股户数100户。有柚树面积33.33公顷，其中梁平柚20公顷，虎蜜柚13.33公顷。该合作社邹正金种的柚子在2012年梁平柚王评比中，被评为虎蜜柚二等奖。2017年5月11日，华云蜜柚股份合作社选送的“华云蜜柚”经中国绿色食品发展中心审核认定，获“绿色食品A级产品”证书。

周明：男，汉族，梁平区双桂街道皂角4组居民，50岁。1991年开始种植柚子，2010年成立“梁平县益农柚子专业合作社”，入股户数60户，现承包种植梁平柚基地4个，总面积86.67公顷，其中明达镇13.33公顷，礼让镇6.67公顷，碧山镇清平村46.67公顷，和林蔡家20公顷。

姚正勇：男，汉族，梁平区大观镇梅花村8组村民，46岁。2007年开始规模种植梁平柚，并成立“梁平县大观镇柚子专业合作社”，入股户数6户，种植面积20公顷，年销售收入40余万元。

文汝权：男，汉族，梁平区虎城镇砂石村6组村民，56岁。2012年成立“梁平县虎城柚柚子专业合作社”，入股户数260户，带领村民进行标准化、规模化种植柚子。2012年，在梁平柚王评比中，文汝权选送的柚子获虎蜜柚“二等奖”。2019年，专业合作社柚子种植面积53.33公顷，年销售收入100万余元。

孙自友：男，汉族，梁平区虎城镇砂石村7组村民，51岁。孙自友家从20世纪80年代初开始发展柚子产业。2014年成立“梁平县友友蜜柚股份合作社”，入股户数67户，带领村民进行标准化，规模化种植柚子。1998年，梁平县科委、农业局科技人员在梁平柚选优提纯中，发现他家（父亲孙庭荣）1株有着60多年历史的老柚树上的柚子味道纯正、品质优良，便对此树进行研究开发，培育出新品种“蜜柚1号”，1998年11月，“虎蜜1号”柚子被评为“重庆市十大名柚”，被专家誉为“跨世纪柚类良种”。1999年在全国第六次柚类评比会上，“虎蜜柚”获“金杯奖”。在梁平“柚王”评比中，孙自友家选送的柚子曾5次获虎蜜柚“柚王奖”。2019年，孙自友所在的专业合作社种植面积6.67公顷，他还以专业合作社为平台，帮助虎城镇和新盛镇部分村民管护柚子树73.33公顷。

黎万书：男，汉族，梁平区荫平镇乐英村3组村民，68岁。黎万书家原有2株柚子树，1990年发展到460株，年收入3000余元。2015年成立“梁平县乐英柚树种植专业合作社”，入股户数190户。2015年，在梁平柚王评比中，黎万书选送的柚子获“三等奖”。2019年，专业合作社柚子种植面积133.33公顷。

蔡明峰：男，汉族，梁平区回龙镇杨柳村3组村民，30岁。2015年成立“梁平县坤峰柚子种植专业合作社”，入股户数15户，种植面积20公顷。2019年梁平柚产量800余吨，产值80余万元。

严官无：男，汉族，梁平区合兴镇龙滩村4组村民，54岁。2009年开始承包土地种柚子，成立“梁平县清雅果树种植基地”和“清雅农家乐”。近年来，他的清雅农家乐利用柚子创意，做成“柚皮酥”“柚子珍珠汤”“柚子粉蒸肉”“金蝉恋柚”等18道梁平柚菜系，大力宣传梁平柚的品质。2018年12月14日，中央电视台《味道》栏目组专程到梁平柚海严官无的种植基地，对严官无的柚品美食进行了实地采访报道。2019年，严官无的梁平柚种植面积5.6公顷、3000多株，年销售收入40余万元。

唐思文：男，汉族，梁平区合兴镇龙滩村3组村民，61岁。20世纪90年代初开始种植梁平柚，种植面积1.33公顷柚树1000余株，年产量20余吨，销售收入10万余元。2012年11月20日，在“中国·双桂堂旅游盛典暨中国·梁平采柚节”上，被组委会表彰为“种柚能手”，合兴镇党委表彰为“致富能人”。

石安浪：男，汉族，梁平区虎城镇波漩村村民，52岁。1994年开始种植柚子，以红心柚为主，开始只有800余株。1995年成立“梁平县虎城镇睦兴柚子种植专业合作社”，入股户数130户。柚子种植面积13.33公顷，年产量20多吨。在2019年虎城镇“柚王”评比中，获红心蜜柚“二等奖”。

石思学：男，汉族，梁平区虎城镇波漩村2组村民，59岁。2011年开始规模种植柚子，2012年成立“梁平县波漩柚树种植专业合作社”，入股户数130户。柚树种植面积20公顷，梁平柚、虎蜜柚、琯溪蜜柚各占三分之一，年产量500余吨。2016年，“梁平县波漩柚树种植专业合作社”被评为“重庆市市级示范合作社”。

朱朝碧：女，汉族，梁平区虎城镇永和村村民，51岁。2011年成立“梁平县能友柚树种植专业合作社”入股户数120户，虎蜜柚种植面积13.33公顷，年产量25吨左右。

张志红：男，汉族，梁平区福禄镇河西街居民，48岁。2015年5月12日，注册成立“重庆恒顺农业开发有限公司”，主要从事果树种植、销售、柚产品加工等。同年，投资100万元在合兴镇龙滩、银恒等村承包梁平柚种植8公顷，建立梁平柚种植基地。在四川省食品研究院等单位的技术指导下，公司成功开发出柚子酒、柚皮糖、柚子蜜饯等产品，开办了以柚乡阳光餐厅为主的柚乡钓鱼城、竹园休闲区、柚林步道、休闲亭等柚项目。2019年，张志红的恒顺农业开发公司有梁平柚种植地20公顷，其中标准化种植10公顷，年产柚子500余吨。还有柚乡酒业、柚子蜜饯车间、水果冷冻库、保鲜库等企业和设施。2017年1月7日，在中华人民共和国国家工商行政管理总局商标局成功注册“柚韵”牌商标。

袁永慰：男，汉族，梁平区双桂街道太和社区居民，43岁。2018年8月成立“重庆市路路通柚博专业合作社”，入股户数3户，在合兴镇龙滩村1组承包梁平柚种植面积5.33公顷，现正陆续挂果。

雷文刚：男，汉族，重庆市铜梁区土桥镇人，39岁。2015年成立“重庆市奇霖农业开发有限公司”，租赁梁平区合兴镇龙滩村2、3组土地种植柚子和药材。2019年梁平柚种植面积13.33公顷。

王万成：男，汉族，梁平区合兴镇雨家村2组村民，61岁。他家从20世纪80年代种植梁平柚20株，发展到1.33公顷，年销售收入3万余元。

朱高建：男，汉族，梁平区荫平镇光华村3组村民，53岁。2016年开始规模化种植梁平柚，种植面积8.67公顷。

欧建国：男，汉族，梁平区荫平镇太坪村村民，53岁。2017年开始规模化种植梁平柚，柚树种植面积8公顷。

周照厚：男，汉族，梁平区大观镇庙坝村4组村民，55岁。2015年10月成立“梁平县万德柚子种植专业合作社”，入股户数3户，梁平柚种植面积8.67公顷。年产果30余吨。

钟家志：男，汉族，梁平区大观镇梅花村11组村民，44岁。2015年12月开办“钟家志农场”，入股户数2户，种植柚子和柑橘，梁平柚种植面积16.67公顷。

文其超：男，汉族，梁平区大观镇庙坝村6组村民，56岁。2015年开办“玺恩农场”，种植梁平柚，种植面积9.73公顷。

牟亚平：男，汉族，梁平区礼让镇玉石村村民，38岁。2019年12月成立“雨家山生态农业发展有限公司”，在合兴镇雨家村种植梁平柚8.47公顷。

夏开川：男，汉族，梁平区合兴镇雨家村6组村民，55岁。2019年成立“梁平区鸿诺雨家生态农业有限公司”，种植梁平柚4公顷。

李勇：男，汉族，重庆市渝北区龙塔街道居民，52岁。2015年12月成立“重庆山贡科技农业发展有限公司”，入股户数5户，在梁平区虎城镇大兴村1～6组种植柚子33.33公顷，其中虎蜜柚20公顷，琯溪红心柚13.33公顷。预计盛产期年产柚果800吨左右。

苟应德：男，汉族，梁平区金带镇双桂村4组村民。2014年成立“梁平县金带镇金柚子股份合作社”。入股户数5户。种植梁平柚33.33公顷。

石群艺：女，汉族、梁平区虎城镇八林村村民，48岁。2018年以来组织八林村5、6、8、9组300多户村民种植梁平蜜柚33.33公顷，并成立“梁平区虎城镇八林村集体经济股份联合社”，实施成片种植、规模经营。

营销与管理

经营主体

1950—1965年，梁平柚的经营主体主要分为两种形式，一种是梁平柚种植户自产自销，另一种是由当地供销合作社收购销售。供销合作社实行统购、派购、认购、定购、调拨等方式经营梁平柚，坚持以计划为主，市场调节为辅。

1977年10月4日，梁平县革命委员会印发《关于加强梁平柚市场管理的通知》，强调“梁平柚”属国家管理物资，在梁平县由县供销合作社统一收购、计划调拨、安排市场、组织供应。自梁平柚采摘之时起，至当年12月31日，为国家收购时间。这期间，不准梁平柚进入集市贸易，不准任何机关、工矿、团体、部队、企事业等单位和个人进入集市、农村社队及国营农场、林场、园艺场与生产单位进行采购，更不准以物易物，乱搞协作，变相收购。国家收购梁平柚期间，国营农场、林场、园艺场等生产单位，按规定留足自食部分外，应将产品全部交给当地供销合作社；公社、大队、生产队集体生产的产品（梁平柚），要按合同任务交售给当地供销合作社；社员自留地生产的产品（梁平柚），自食有余部分，要动员积极交售给当地供销合作社，为国家和社会主义多作贡献。经国家批准经营梁平柚等水果的行业，要在当地党委领导下，遵守政府政策、法令，服从工商行政部门和主管业务部门的领导和安排，对非法经营和大量套购，倒买倒卖，长途贩运，居间牟利的投机倒把分子，要坚决予以取缔和打击。

1985年8月13日，梁平县人大常委会通过《大力发展梁山柚生产的决议》，提出发展梁山柚就是要坚持因地制宜，户营为主。

1990年，全县各区、乡所在地的农副产品经营部门配备专兼职多种经营干部，将梁平柚列为大力发展的重点项目之一来抓。

1991年8月21日，中共梁平县委、梁平县人民政府印发《关于继续开发梁山柚的决定》，建立梁平县果品开发服务公司，具体负责全县梁平柚的种植，技术培训、管理和销售工作。

1992年，梁平县果品开发服务公司紧密配合供销社、外贸等商业流通部门，实行主辅渠道结合，国家、集体、个人一起上，面向国际、立足国内市场，积极拓展外销市场。

1996年，贯彻县人大常委会《关于推进梁山柚产业化进程的决议》，对梁平柚产业化发展在保持农村家庭联产承包责任制稳定不变的前提下，按照产供销、贸工农一体化要求，实行多层次、多形式、多元化的优化组合，逐步达到布局区域化、生产专业化、开发一体化、经营集约化、服务社会化、管理企业化的格局，形成以市场引导龙头企业，龙头企业带动基地，基地连接农户的经济运行机制。

2001年2月6日，中共梁平县委、梁平县人民政府印发《关于建设1万公顷优质梁平柚、梁平蜜柚产业化工程实施意见》，对梁平柚、梁平蜜柚的经营，提出建设流通队伍，构筑市场网络、创造良好的销售环境。一是建设流通队伍，发展各种形式的流通组织。发展壮大梁平县果品有限责任公司，充分发挥龙头企业作用，建立“公司+基地+农户”联结市场的产业化经营模式，培育成梁平柚销售的龙头公司；积极发展专业合作社、种植大户、个体运销户和外来客商组成销售流通大军；鼓励全县干部、职工，包括下岗职工、外来客商，积极从事梁平柚生产销售工作。二是构筑市场网络，建立多层次销售网点，由县果品公司牵头在各大中城市设立窗口，发动各专业合作社、种植大户、个体运销户在全国各中小城市设立批发点，建设梁平柚批发市场。

2020年11月6日，龙码购梁平运营中心，商家向顾客介绍梁平柚加工食品

2003年，鼓励各行各业人员从事梁平柚销售工作，各专业合作社、果品协会、营销大户、大批下岗职工投入到梁平柚销售工作中。

2004年5月，由梁平县供销合作社联合社牵头联合龙滩、虎城、大观、荫平、袁驿、清顺6个梁平柚专业合作社，1个果品协会，30户梁平柚运销户组建成立“梁平柚专业合作社联合社”，入社社员2552户，把从事同类产品的生产者或经营者组织起来，实行自主经营、自负盈亏、自我服务、民主管理，维护成员利益的一种集体合作经济组织。

至2018年，重庆市梁平区已建成梁平柚经营公司16家。

2020年，新增良治天奇、龙码购、幼贝舒等梁平柚销售企业20余家，拓展线上线下营销体系，累计发展线上商铺1200余家、线下商铺3万余家。

2020年度重庆市梁平区梁平柚经营、加工公司情况表

表6　　　　单位：万元

序号	企业名称	法定代表人	主营产品	总资产	成立年份	企业地址
1	重庆市龙滩梁平柚开发有限公司	张文辉	梁平柚	350	2004	梁平区合兴镇龙滩村
2	重庆明乾农业开发技术有限公司	毛国乾	梁平柚及加工产品	2000	2014	梁平区双桂街道创业路商投世纪中心
3	梁平县俊媛生态农业有限公司	谭吉兴	梁平柚	750		梁平区云龙镇
4	梁平县益农供销有限公司	向长平	梁平柚	40	2002	梁平区福禄镇拱桥街
5	重庆市梁平区奇爽食品有限公司	陈健英	梁平柚及加工产品	800	2009	梁平区竹海大道5号
6	重庆旭焰实业有限公司	唐晓东	梁平柚及加工产品	2000	2013	梁平区合兴镇护城村9组
7	重庆市夸克生态农业发展有限公司	潘德云	梁平柚	150	2012	梁平区金带镇
8	重庆市梁平县成渝生态农业发展有限公司	蒋文	梁平柚	500	2013	梁平区回龙镇
9	重庆市柚神酒业有限责任公司	冉隆昌	梁平柚及加工产品	200	2013	梁平区曲水镇
10	重庆市金柚美农业科技有限公司	文华成	梁平柚及加工产品	200	2020	梁平区梁山街道顺城路
11	重庆山贡科技农业发展有限公司	李勇	梁平柚	500	2015	梁平区虎城镇

续表

序号	企业名称	法定代表人	主营产品	总资产	成立年份	企业地址
12	重庆恒顺农业开发有限公司	张志红	梁平柚及加工产品	200	2015	梁平区合兴镇
13	重庆良治天奇科技开发有限公司	王勇	梁平柚	200	2015	梁平区安胜镇金平村
14	重庆市奇霖农业开发有限公司	雷文刚	梁平柚种植及产品加工	200	2016	梁平区合兴镇
15	梁平区合兴镇雨家山生态农业发展有限公司	牟亚平	梁平柚种植	50	2015	梁平区合兴镇
16	梁平区鸿诺雨家生态农业有限公司	夏开川	梁平柚种植	30	2019	梁平区合兴镇

重庆市龙滩梁平柚开发有限公司，是产销梁平柚的“区级龙头企业”，成立于2004年9月7日，时间最早，种植梁平柚树规模最大，年产梁平柚最多的一家农业支柱产业公司。公司目前拥有无公害梁平柚树种植基地800公顷，有机梁平柚树种植基地33公顷。主要经营范围：生产、销售梁平柚及柚树苗，并开展技术咨询和配套服务等工作。公司配备有可容纳500吨梁平柚的保鲜贮藏库，在梁平区机场路设有100余平方米的梁平柚商品化处理包装车间和100余平方米的定点销售门市。公司下设财务部、市场营销部等4个部门。公司拥有百年及以上树龄的梁平柚树达2000余株，柚果品质上乘、品牌响亮。10余年来，合作社的柚果在每年的12月底基本销售至95%以上。自2007年2月28日在中华人民共和国国家工商行政管理总局商标局注册“双桂”牌梁平柚后，其产品走势好，声誉高，公司获取各级和行业授予的荣誉接踵而至。其中：2013年1月中国西部（重庆）国际农产品交易会组委会对“双桂”牌梁平柚，授予第十二届中国西部（重庆）国际农产品交易会“消费者喜爱产品”称号。2014年1月“双桂”牌商标被重庆市工商行政管理局审定为“重庆市著名商标”。2020年，重庆市龙滩梁平柚开发有限公司经销的梁平柚线上销售占30%，线下销售占

合兴镇梁平柚保鲜库

70%。

重庆旭焰实业有限公司于2013年4月成立，注册资金2000万元，梁平柚种植基地146.67公顷，年产优质商品柚果3000吨，产值2400万元。2016年9月，“刁老爷”梁平柚荣获第十六届中国国际农产品交易会参展农产品金奖。

营销方式

传统方式销售

1950年，梁山柚基本为零星种植散户经营，自给自足未形成产业，少量柚果逢赶场进入集市售卖，场镇无专门店铺售卖，属原始型自由买卖的传统方式销售。

邮政公司上门快递梁平柚

1951年10月，组建成立梁山县供销合作社联合社，组织购销梁山柚，采用传统的运销、代销方式销往长寿、万县、重庆等地。

1955—1965年，梁平县供销合作社认真执行“利用、限制、改造”农村小商贩的机会，在营销梁平柚业务上，小商贩全力配合县供销合作社参与代购、代销、经销、统购统销、贩运等经营方式销售梁平柚，为积极推销发展梁平柚起到了较好作用，成为发展社会主义经济的补充。

1977—1979年，梁平县在推进“以粮为纲、全面发展”的方针指导下，梁平县供销社成为管理营销梁平柚的主要力量，保质保量完成国家收购、派购、定购梁平柚的任务。

1980年7月，梁平县革命委员会印发《关于改进农副产品收购工作的通知》，自1980年起，对国家收购的部分二类农副产品（含梁平柚），实行按三年收购平均基数确定质量比例，实行三、七开的办法，即国家派购7成，生产单位留3成，一定3年不变。

1989年，梁平供销合作社和下设企业与农民签订农副产品购销合同和收购梁平柚。

1992—1995年，梁平县果品开发服务公司同梁平县供销合作社、外贸等部门首先在南方各大中城市建立业务联系，设立梁平柚批零窗口或建立销售网点。在成都、重庆、武汉等地建立专销点，派专人常驻办事处，及时加强市场预测，收集市场动态信息，搞好意向性销售协议。同时，配合县工商、城建等部门，加强梁平县市场的筹建和管理，在城区建立梁平柚专销市场。在生产基地设立果品开发服务分公司，上连县销售部门，下连农户，组织购销。坚持专业队伍与群众性推销相结合的办法销售梁平柚。销售形式，产销联合，销售环节联合、购销松散联合，对代办代销的个体运销户和个体零销户从政策上鼓励，物资、资金上予以支持。

从1992年开始，梁平县城形成“卖柚子一条街”，东正街（今人民东路）、西大街（今人民西路）、关庙街均设有梁平柚销售门市。梁平火车站外、渝宜高速公路、张南高速公路梁平服务区内设有梁平柚销售专位。梁平县城机场路建有1000余平方米的梁平柚等水果批发市场。重庆市龙滩梁平柚开发有限公司在水果市场旁设有100余平方米的梁平柚销售门市。

1996—1998年，梁平县各界人士利用各种机会广泛宣传推销梁平柚，梁平柚销售由原成都、重庆市场远销到武汉、上海、广州、深圳、海口等大城市，梁平柚销售市场得到扩展。

2006—2007年，梁平县果品服务公司及全县梁平柚产业组织，积极参加重庆市“农产品购销对接会”，与重庆市内外商家业务洽谈，签订梁平柚订购合同30余份。

2011—2014年，梁平柚除在本地销售外，还销往北京、上海、香港、澳门等7个省151个城市，年销售量达到5万多吨，销售总额上亿元。

2015年11月采柚节期间，梁平县城人民东路一梁平柚零售大户，每天发送梁平柚1.5～2.5吨。该零售商户经营10余年，年销售梁平柚上百吨、销售收

2018年1月19日，西部（重庆）国际农产品交易会，现场销售梁平柚

入上百万元。

2016年10月30日，成都“梁平柚”展示展销窗口，在成都市金牛区万达广场写字楼A座16楼开业，展厅展销场地面积430平方米，其经营模式采用“定制服务+线下实体配送”销售，开业当天签订销售合同1200吨，截至11月8日实现订单销售3000吨。

2017—2018年，积极探索现代营销方式，构建“线上”+“线下”互动销售网络。通过重庆天农八部农业科技开发有限公司、重庆旭焰实业有限公司、重庆市龙滩梁平柚开发有限公司等产销公司的带动，先后发展5家产加销农业企业，产销一体的农业企业、专业合作社和种植大户60余家，营销大户50余个，按照“六统一”专业从事梁平柚市场销售工作。

2019年，成立以梁平区供销社联合社、商务委为主体的市场营销团队，及时分析了解市场行情建立线上线下销售平台。同时，建立各部门联动机制，构建梁平特色经济作物宣传体系，与重庆网易、重庆移动等新闻媒体签订宣传协议广泛宣传梁平柚及梁平区特产，使梁平柚品牌形象和社会效应得到进一步增强。

2020年，在全国柑橘类水果受新冠肺炎疫情、天气等因素影响而普遍滞销的情况下，梁平柚商品果仍销售9万余吨，销售率超95%。梁平柚销售价格稳中向上，其中龙滩村产的梁平柚销售均价较上年增长近30%。

2020年11月6日，中华·梁平柚海营销中心前，抖音直播介绍梁平柚及加工食品

电商方式销售

2013年，梁平县供销合作社建成梁平柚电商超市，利用“淘宝网”开展网上销售梁平柚500余吨。

2014年，梁平柚线上销售5600多吨，创收5100余万元。其中重庆天农八部农业科技开发有限公司通过电子商务平台交易梁平柚41万件，实现线上销售3400吨，交易额达到3700余万元。梁平柚专业合作社通过电商 推动销售梁平柚1400吨。

2015年，梁平柚网络热销形成梁平电商产业的发展路径。通过淘宝、天猫、京东第三方电商平台以及鼓励企业自建网上销售平台，大力发展电子商务促进梁平柚产业发展。至11

月底，收到梁平柚网上订单9万余单，销售额达2800余万元，全年梁平柚线上线下销售额突破3亿元。

2016年，根据《梁平县2016年梁平柚产业营销方案》规定，梁平县商务局对线上销量达到50吨以上（新开梁平柚网店销量达1吨以上）至100吨的营销主体和网店，分别给予奖励，见下表：

梁平县商务局2016年度梁平柚线上销售奖励公示一览表

表7　　单位：吨、元

序号	营销主体/网店	认定线上销售数量	奖励金额
1	重庆天龙八部电子商务有限公司	240	72000
2	重庆兴东农业开发有限公司	200	60000
3	邮政梁平分公司	93.4	28020
4	卿召凯	63.5	19050
5	博昱商贸有限公司	61	18300
6	重庆农本味电子商务有限公司	56	16800
7	悠然人家	39.98	11994
8	梦雅兰诗销售部	19.41	5823
9	阙太祥	10.56	3168
合计		783.85	235155

2018年，重庆市龙滩梁平柚开发有限公司通过淘宝网，接到湖南、安徽等地客商订购梁平柚的订单122个。

2019年，重庆市梁平区实施国家电子商务进农村综合示范项目，利用淘宝、天猫、京东、微商城、邮乐购等第三方电商平台，将农村电商发展成为区域经济的新增长点，脱贫攻坚的新切入点，乡村振兴的新支撑点。全区实现电子商务交易34.3亿元，同比增长43.7%。电商主体总数达到4100余个。

2020年11月6日，第三届长江三峡（梁平）国际柚博会采用线上线下模式举行。客商通过扫描或者识别二维码进入柚博会会场，再通过梁平三维空间地图导航目录进入云柚海、云柚展、云柚趣三大板块浏览体验。“云柚展”嵌入分销小程序，实现梁平柚售卖、分销、互动和传播等功能，全国用户在线上逛展的同时购买梁平柚。“云签约”柚果3万余吨。到12

月底，累计发展线上商铺1200余家。其中：重庆旭焰实业有限公司聚力打造拼多多（上海寻梦信息技术有限公司第三方社交电商平台）旗舰店，3个月销售梁平柚的订单14.6万单；重庆良治天奇科技开发有限公司首次进入梁平柚销售市场并成功入驻盒马鲜生（阿里巴巴旗下卖生鲜食品的子公司），上线仅30天，销售梁平柚鲜果300余吨。

2020年11月6日，龙码购梁平运营中心向游客介绍百年老树的梁平柚

营销市场

1950—1955年，梁平柚的营销市场主要是在县内销售。

1956年5月28日，梁平县供销合作社转发万县专区土产站文件《土特产品经营分工意见》，对调剂范围较小的农副土特产品列为四川省管物资经营。其中，梁平柚因产量大需要外调，经万县专区办事处研究，确定由专区土产站经营，内销与县外调剂部分由梁平县供销合作社经营。

1980年7月，梁平县革命委员会印发《关于改进农副产品收购工作的通知》，自1980年起，对国家收购的部分二类农副产品（含梁平柚）实行三七开的办法，即国家派购7成，生产单位留3成，一定3年不变。

1990年，袁驿供销社和县土产部门通过重庆外贸部门组织2.3万个梁平柚子试销香港。

1992年，梁平县城形成“卖柚子一条街”，人民东路（原东正街）设两个“正宗龙滩柚”门市，30余年，已形成规模，现年销售梁平柚350余吨，销售收入150余万元。

1993年，梁平县国营果品开发服务公司开拓市场，在县内外逐步建立起梁平柚专销市场、专销点。

2004年，重庆龙滩梁平柚开发有限公司，组织批量的梁平柚销往武汉、沙市、宜昌、成都等市场，扩大梁平柚市场范围。

2013年，拓展梁平柚销售市场，梁平各经销商在重庆、成都、武汉、宜昌、沙市等城市设立销售网点。

2019年11月14日，第二届国际柚博会现场，国外游客正在购买梁平柚

2014年11月25日，由梁平县人民政府和重庆天农八部农业科技开发有限公司在甘肃兰州举办梁平柚西北五省新闻发布暨品鉴会，现场签约销售梁平柚5000吨。

2018年，全面开拓梁平柚市场空间，在兰州、重庆、成都、贵阳、湖北武汉、宜昌等大中城市设立了梁平柚销售网点。

2019年11月，在第二届长江三峡（梁平）国际柚博会现场，梁平区共与国内外、区内外15家经销商集中签约5000吨梁平柚销售协议，主要销往上海、北京等全国大中城市，还有50吨梁平柚销往俄罗斯、新加坡、越南等国家。

商标管理

证明商标

证明商标由对某种商品或者服务具有监督能力的组织所控制，而由该组织以外的单位或者个人使用于其商品或者服务上，用以证明该商品或者服务的原产地、原料、制造方法、质量或者其他特定品质的标志。

2009年9月，梁平县人民政府向中华人民共和国国家工商行政管理总局商标局呈报《关于划定梁平柚原产地理标志范围的函》。“梁平柚”原产地的地理标志范围是：位于北纬30°25′～30°53′，东经107°24′～108°05′，东西横跨60千米，南北纵贯52千米，属暖湿亚热带季风气候区，全县辖区面积1892平方千米，分布在境内海拔高度600米以下的河谷、平坝、丘陵地区的16个镇乡、90个基地村。

梁平柚原产地域范围行政区划包括重庆市梁平县以下镇（乡）、村：

梁山镇：太和村、安宁村、响水村、张桥村、上八村、大福村、沙坝村、土桥村、白沙村、东明村、罗汉村。

仁贤镇：凉水村、白鹤村、五一村、广福村。

金带镇：牛头村、千明村、黄泥村、千河村、仁和村、滑石村、石龙村、石燕村、金城村、双桂村。

礼让镇：同河村、新拱村、河川村、玉石村、凤凰村、新华村。

合兴镇：合兴村、银恒村、南普村、天龙村、龙滩村、雨家村、护城村。

福禄镇：光荣村、月亮村、青桥村、辣坪村、天塔村、福禄村、四安村、和平村、乐元村、紫龙村、陆坪村、九龙村。

石安镇：荷叶村、莲花村、南溪村、牌楼村、龙坪村、骆马村、联丰村、里程村、翟溪村。

柏家镇：桂花村、中心村。

七星镇：七星村、平滩村、马梁村。

安胜乡：梁盐村、龙印村、高峰村、井坝村。

复平乡：小山村、永和村、安平村、大龙村。

城东乡：云佛村、梦梁村、蓼叶村、龙磨村。

城北乡：星桥村、双桥村、狮子村、河井村。

曲水乡：曲水村、中丰村、三合村、聚宝村、长榜村、中鹿村。

紫照乡：先进村

龙胜乡：龙胜村、公平村、双凤村。

9月2日，制定《梁平柚证明商标使用管理规划》（以下简称：证明商标管理规划），由总则、使用“梁平柚”证明商标的条件和程序、“梁平柚”证明商标被许可使用的权利、证明商标的管理、“梁平柚”证明商标的保护、附则共6章20条构成。证明商标管理规划规定，梁平县经济作物站是“梁平柚”证明商标的注册人，对该商标享有专用权。申请使用梁平柚证明商标的，按照本规则规定的条件、程序提出申请，由梁平县经济作物站审核批准后方能使用。

9月8日，重庆市农业委员会向中华人民共和国国家工商行政管理总局商标局出具《关于对“梁平柚”证明商标有关情况的证明》，梁平县是中国柚类的重要生产区之一，主产梁平柚。在历届县委、县政府的重视下，梁平柚的知名度和其产业规模都得到推进发展，梁平柚商品生产基地面积达8000公顷，种植梁平柚树540万株，年产柚果超过6500万个。梁平柚产业已成为梁平县农村经济增收的支柱产业。梁平柚分布在县境内海拔高度600米以下的河谷、平坝、丘陵地区的33个镇乡、街道。2008年产柚果6.50万吨以上，销售收入突破1.3亿元。培育了一大批梁平柚种植专业大户、专业村、专业镇以及专业市场和流通大户、产品远销泰国、新加坡、俄罗斯等十多个国家和中国香港地区。梁平柚的特定品质与其自然因素和人文因素之间存在着非常密切的关系。梁平县经济作物站是经梁平县人民政府登记的事业单位法人，非盈利性组织，长期以来承担着“梁平柚”基地发展以及提供产前、产中和产后服务等工作；常年对柚农提供市场信息、开展技术指导、项目科研开发以及知识产权保护，督促柚农按绿色无公害的生产技术标准进行柚类生产管理；并配有相应的梁平柚质量检测设备、水分、成分含量测定仪、天平、水果无损检测精度仪、柚子表面农药残留检测仪等；对梁平柚特定品质进行检测，具备对“梁平柚”证明商标进行监督和梁平柚产品进行检测的能力。

2009年12月1日，以“梁平柚”命名的地理标志证明商标通过初审并进行公示，“梁平柚”进入到全国200多件地理标志序列中。

2010年2月21日，梁平县经济作物站作为注册人，由中华人民共和国国家工商行政管理总局商标局颁发“中国地理标志G1”《地理标志证明商标·梁平柚》证书。注册证号为：7689572。

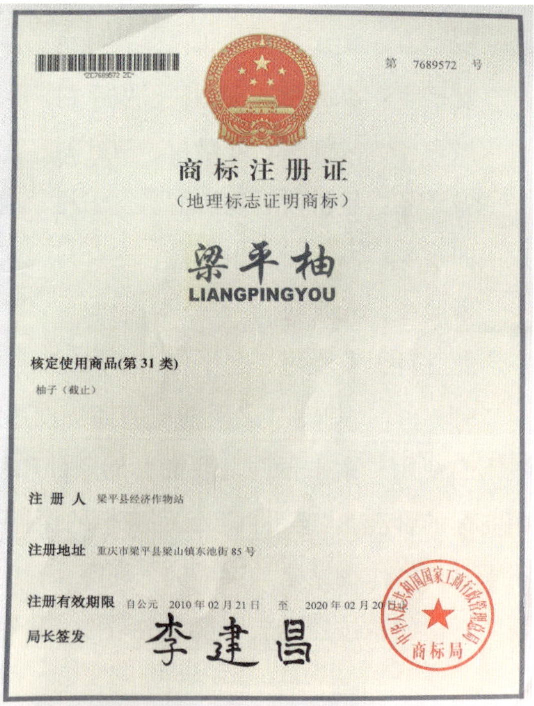
第 7689572 号

商标注册证

（地理标志证明商标）

梁平柚

LIANGPINGYOU

核定使用商品(第31类)

柚子（截止）

注册人 梁平县经济作物站

注册地址 重庆市梁平县梁山镇东池街85号

注册有效期限 自公元 2010年02月21日 至 2020年02月20日止

局长签发 李建昌

2010年，梁平柚获商标注册证

2011年至2014年7月，梁平县经济作物站重点检查梁平县龙滩柚子股份合作社、梁平县大观柚子专业合作社、梁平县果树协会、梁平县荫平柚子专业合作社、梁平县袁驿清顺柚子专业合作社等柚子专业合作社在使用地理标志证明商标三年来显示的效果。梁平柚通过实施贴地理标志证明商标使得销量逐年扩大。消费者认可梁平柚地理标志证明商标，梁平柚贴上地理标志证明商标后其销价高出未贴标柚果的30%～50%。2014年7月11日，梁平县经济作物站决定以“重庆天农八部农业科技开发有限公司”为梁平柚产业销售龙头企业，下辖各梁平柚专业合作社、生产大户实施梁平柚标准化生产管理，对梁平柚树佩挂电子标签，建立产品质量溯源制度和电子商务平台，梁平柚远销全国各地。梁平柚地理标志证明商标，全权委托重庆天农八部农业科技开发有限公司使用，并加强监管。

2012年12月7日，梁平县虎城镇农业中心作为商标注册人，其“虎城尖柚”，经中华人民共和国国家工商行政管理总局商标局注册为地理标志证明商标，注册证为第“11083213”号。核定使用商品（第31类）。注册地址，重庆市梁平县虎城镇新街虎柚路66号。

2017年3月28日，梁平县经济作物站作为商标注册人，其“梁平蜜柚”，经中华人民共和国国家工商行政管理总局商标局注册为地理标志证明商标，注册证为第“17925056”号。

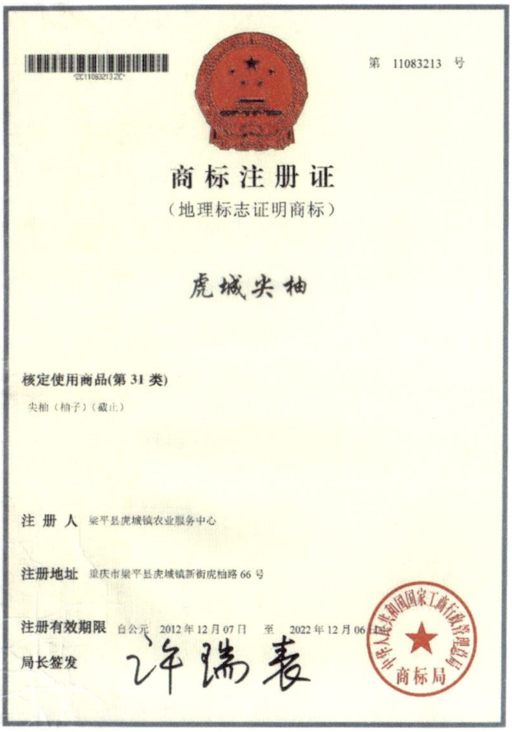
第 11083213 号

商标注册证

（地理标志证明商标）

虎城尖柚

核定使用商品(第31类)

尖柚（柚子）（截止）

注 册 人 梁平县虎城镇农业服务中心

注册地址 重庆市梁平县虎城镇新街虎柚路66号

注册有效期限 自公元 2012年12月07日 至 2022年12月06日

局长签发

中华人民共和国国家工商行政管理总局 商标局

2012年，虎城尖柚获商标注册证

第 17925056 号

商标注册证

（地理标志证明商标）

该商标使用管理规则详见第1545期《商标公告》

梁平蜜柚

核定使用商品/服务项目（国际分类：31）

第31类：柚子（截止）

注 册 人 梁平县经济作物站

注册人地址 重庆市梁平县梁山镇迎宾路134号

注册日期 2017年03月28日 有效期至 2027年03月27日

局 长 发证机关

中华人民共和国国家工商行政管理总局 商标局

2017年，梁平蜜柚获商标注册证

2019年6月18日，重庆市梁平区人民政府《关于同意转让“梁平柚”地理标志证明商标的批复》，经重庆市梁平区人民政府研究，决定将梁平县经济作物站注册的第“7689572”号，梁平柚地理标志证明商标，转让给重庆市梁平区农业技术服务中心。由重庆市梁平区农业技术服务中心，负责“梁平柚”地理标志证明商标转让工作，妥善办理此证明商标转让事宜。

同日，梁平柚地理标志证明商标代理转

让事宜，委托四川鼎宏商标代理有限公司代理。6月19日，中共重庆市梁平区机构编制委员会办公室出具说明，“梁平县经济作物站”已注销，其公益职责，并入新组建的重庆市梁平区农业技术服务中心，原梁平县经济作物站持有的“梁平柚”“梁平蜜柚”两个地理标志证明商标的续展手续，由重庆市梁平区农业技术服务中心办理。同日，重庆市梁平区人民政府《关于以重庆市梁平区农业技术服务中心为主体管理“梁平柚”证明商标的函》告知，国家知识产权局商标局、重庆市梁平区决定以重庆市梁平区农业技术服务中心为主体，管理梁平柚地理标志证明商标；制定梁平柚证明商标使用管理规则；承担梁平柚证明商标注册后的管理、使用、监督等具体事项；其检测人员和检测设备按照梁平柚使用管理规则的规定，独立完成梁平柚证明商标的品质监督检验。10月25日，重庆市梁平区农业技术服务中心制订《“梁平柚”地理标志证明商标使用管理规则》，由总则、梁平柚地理标志证明商标的使用申请程序、梁平柚地理标志证明商标被许可使用者的权利和义务、梁平柚地理标志证明商标的管理、“梁平柚”地理标志证明商标的保护、附则共7章24条构成。梁平柚是经国家知识产权局商标局核准注册的地理标志证明商标，用于证明梁平区柚子的原产地域和特定品质；重庆市梁平区农业技术服务中心是梁平柚地理标志证明商标的注册人，对该商标享有专用权；申请使用梁平柚地理标志证明商标的，应当按照本规则的规定，经重庆市梁平区农业技术服务中心审核批准。

对使用梁平柚地理标志证明商标的条件和规定是：使用“梁平柚”地理标志证明商标产品的产地范围为北纬30°25′～30°53′，东经107°24′～108°05′，东西横跨60千米，南北纵贯52千米，全县辖区面积1892平方千米，2020年辖33个镇乡、街道，343个村（社区），海拔高度221～1221米。梁平柚分布在境内海拔高度600米以下的河谷、平坝、丘陵地区的梁山街道、双桂街道、合兴街道、仁贤街道、金带街道、礼让镇、明达镇、聚奎镇、云龙镇、和林镇、荫平镇、屏锦镇、回龙镇、袁驿镇、大观镇、碧山镇、虎城镇、新盛镇、龙门镇、文化镇、蟠龙镇、福禄镇、石安镇、七星镇、安胜镇、柏家镇、竹山镇、复平镇、星桥镇、曲水镇、紫照镇、铁门乡、龙胜乡。

商品商标

梁平柚（商品）果上贴上各专业合作社、公司或经营者经国家商标局注册的有效标志的商标，商品商标的图形简明易记易辨识。

1992年10月15日，梁平县果品办公室制定《梁平柚开发规划》（1990—2020年），梁平县果品开发服务公司的作用和职责明确，建设梁平柚专销市场，通过在外设立窗口，建立梁平柚专销点和批发市场，打通流通渠道，逐步完善以县果品开发服务公司为主的流通服务体系，充实力量，真正建成引导生产，开拓市场，搞好配套服务的果品专业“龙头”公司，解除果农担心卖果难的顾虑。梁平县工商、城建等部门协力配合，在梁平县城和主产区建立梁平柚专销市场，使果农有较好的交易场所。梁平县果品开发服务公司抓紧抓好商标注册工作，力争在1993年柚子上市时全部贴上商品商标销售，保护好梁平柚信誉，保持柚产品流通渠道畅通。

1997年9月4日，梁平县虎城镇人民政府规范虎城柚采销环节，实行产地检疫和柚果贴上商标出售，个体户、集体外销虎城柚、每个柚果必须贴上“川虎”商标。非虎城镇内出产的“虎城柚”绝不允许窃用“川虎”商标。柚子外运时必须在果品办公室办好产地检疫手续并粘贴好商标。凡滥用“川虎”商标，追究当事人的经济和声誉责任。

2004年5月20日，梁平县人民政府办公室印发《关于梁平柚产业发展的专题办公会议纪要》，“梁平牌”梁平柚商标注册费用由县政府从农业产业化发展基金中安排资金解决。

2007年2月28日，重庆市龙滩梁平柚开发有限公司的“双桂”牌梁平柚，经中华人民共和国国家工商行政管理总局商标局注册为商品商标，注册证为第“4270053”号。核定使用商品（第31类）。注册地址：重庆市梁平县梁山镇群益村5组。

2014年1月，“双桂”牌商标，经重庆市工商行政管理局审定为“重庆市著名商标”。

2017年11月21日，重庆旭焰实业有限公司的“刁老爷”梁平柚，经中华人民共和国国家工商行政管理总局商标局批准注册，商标注册证为第“21410228”号。核定使用商品为梁平柚共10类。

截至2020年12月，重庆市梁平区专业合作社、公司、经营者，经销柚子及其他农副产品注册的商标达81个。详见下列一览表：

2020年梁平柚子及其他农副产品注册商标一览表

表8

序号	注册号	商标	申请日期	注册日期	截止日期	申请人	申请人地址	使用商品	法律状态
1	4270053	双桂	2004年9月15日	2007年2月28日	2027年2月27日	重庆市龙滩梁平柚开发有限公司	重庆市梁平县合兴镇龙滩村4组	柚子，柑橘，鲜水果，枇杷，苹果，梨，樱桃，甘蔗，鲜葡萄，杏	已注册
2	7642629	梦香，MX	2009年8月24日	2010年11月28日	2020年11月27日	梁平县大观柚子专业合作社	重庆市梁平县大观镇梅花村8组	柑橘，鲜水果，鲜葡萄，西瓜，枇杷，柚子，桃，梨，杏	已注册

续表

序号	注册号	商标	申请日期	注册日期	截止日期	申请人	申请人地址	使用商品	法律状态
3	7689572	梁平柚，LIANG-PINGYOU	2009年9月11日	2010年2月21日	2020年2月20日	梁平县经济作物站	重庆市梁平县梁山镇东池街85号	柚子	已注册
4	7696673	青都，QINGDU	2009年9月14日	2011年1月21日	2021年1月20日	梁平县梁山镇丰胜果品专业合作社	重庆市梁平县梁山镇群益村2组	柑橘，鲜水果，西瓜，甜瓜，柚子，梨，新鲜蔬菜，南瓜，鲜土豆，食用植物根	已注册
5	7702919	久八八，JIUBABA	2009年9月16日	2011年1月21日	2021年1月20日	重庆市金带柚子专业合作社	重庆市梁平县金带镇双桂村6组	植物，鲜水果，柚子	已注册
6	7729940	景绣球	2009年9月27日	2011年1月28日	2021年1月27日	梁平县胜名果树种植专业合作社	重庆市梁平县袁驿镇胜名村4组	鲜水果，西瓜，柚子	已注册
7	7730121	知青大院	2009年9月27日	2011年7月7日	2021年7月6日	梁平县袁驿镇清顺柚树种植专业合作社	重庆市梁平县袁驿镇清顺村委办公室	鲜水果，西瓜，柚子	已注册
8	8270562	月平山，YPS	2010年5月5日	2011年9月21日	2021年9月20日	梁平县土门柑橘种植专业合作社	重庆市梁平县曲水乡曲水村3组	柑橘，坚果（水果），鲜水果，鲜葡萄，花生（果品），枇杷，樱桃，柚子，桃，梨	已注册
9	8306984	插旗山	2010年5月18日	2011年9月28日	2021年9月27日	梁平县碧山镇小河柑橘种植专业合作社	重庆市梁平县碧山镇小河村委办公室	柑橘，新鲜草莓，鲜水果，鲜葡萄，西瓜，苹果，枇杷，柚子，桃，梨	已注册
10	8363952	果博士	2010年6月4日	2011年10月7日	2021年10月6日	梁平县康庄果品专业合作社	重庆市梁平县梁山镇群益村3组	植物，新鲜草莓，鲜水果，鲜葡萄，西瓜，枇杷，樱桃，柚子，梨，新鲜蔬菜	已注册
11	8401663	平都，PINGDU	2010年6月18日	2011年9月21日	2021年9月20日	梁平县平都柚子专业合作社	重庆市梁平县和林镇平都村8组	鲜水果，花生（果品），柚子	已注册

续表

序号	注册号	商标	申请日期	注册日期	截止日期	申请人	申请人地址	使用商品	法律状态
12	8524565	寿竹	2010年7月29日	2012年7月14日	2022年7月13日	重庆市梁平竹子研究所	重庆市梁平县梁山镇北外街107号	种家禽，活鱼，活家禽，鲜水果，西瓜，樱桃，柚子，鲜食用菌，植物种子，菌种	已注册
13	9670095	尚臣，POME-LO，SHANGCHEN	2011年7月1日	2013年1月21日	2023年1月20日	重庆市知易科技有限公司	重庆市梁平县梁山镇北正街豆牙巷106号	柚子（被驳回商品/服务：柑橘，甘蔗，橘，鲜葡萄，芒果，西瓜，枇杷，荔枝，杨梅）	已注册
14	9707817	曲丰	2011年7月12日	2012年8月21日	2022年8月20日	梁平县曲农辣椒种植场	重庆市梁平县曲水乡曲水村5组	籽苗，辣椒（植物），柑橘，鲜水果，柚子，猕猴桃，桃，梨，新鲜蔬菜，鲜食用菌	已注册
15	9942108	油赖，YOULAI	2011年9月7日	2012年11月14日	2022年11月13日	梁平县江斌水果种植园	重庆市梁平县文化镇永远村4组	柑橘，鲜水果，西瓜，柚子，桃，新鲜蘑菇，黄瓜，新鲜蔬菜，青蒜	已注册
16	10059047	波漩	2011年10月12日	2012年12月7日	2022年12月6日	重庆市梁平区波漩柚树种植专业合作社	重庆市梁平区虎城镇波漩村2组	鲜水果，柚子	已注册
17	10353149	惠梁	2011年12月26日	2013年2月28日	2023年2月27日	梁平县渝惠农产品批发市场有限公司	重庆市梁平县工业园区A区	坚果（水果），鲜水果，鲜葡萄，西瓜，枇杷，柚子，新鲜蘑菇，新鲜蔬菜，自然花，植物	已注册
18	10999390	梁川	2012年5月31日	2013年9月28日	2023年9月27日	张小静	重庆市梁平县回龙镇鹞子村1组	新鲜水果，橘，新鲜葡萄，新鲜花生，枇杷，樱桃，柚子，猕猴桃，桃，新鲜蔬菜	已注册
19	10999391	毅川	2012年5月31日	2013年9月28日	2023年9月27日	廖晓会	重庆市梁平县屏锦镇龙河村1组28号	新鲜水果，橘，新鲜葡萄，新鲜花生，枇杷，樱桃，柚子，猕猴桃，桃，新鲜蔬菜	已注册

续表

序号	注册号	商标	申请日期	注册日期	截止日期	申请人	申请人地址	使用商品	法律状态
20	11083213	虎城尖柚	2012年6月18日	2012年12月7日	2022年12月6日	梁平县虎城镇农业服务中心	重庆市梁平县虎城镇新街虎柚路66号	尖柚（柚子）	已注册
21	11366232	文全	2012年8月17日	2014年1月21日	2024年1月20日	梁平县虎柚柚子专业合作社	重庆市梁平县虎城镇砂石村6组51号	柚子，新鲜水果，坚果（水果），柑橘，新鲜蔬菜，食用植物根，树木，植物，籽苗，酿酒麦芽	已注册
22	11586117	虎蜜	2012年10月10日	2014年3月14日	2024年3月13日	重庆拉土拉现代农业有限公司	重庆市梁平县袁驿镇叶岩村5组	燕麦，玉米，大麦，豆（未加工的），藤本植物，活动物，柑橘，柚子，新鲜蔬菜，未加工谷种	已注册
23	11621128	菲图	2012年10月18日	2014年3月21日	2024年3月20日	梁平县虎城柚子股份合作社	重庆市梁平县虎城镇虎柚路146号	柚子，新鲜水果，柑橘，坚果（水果），新鲜葡萄，新鲜蔬菜，食用植物根，鲜食用菌，植物，谷（谷类）	已注册
24	12117248	庆碧	2013年1月29日	2014年7月21日	2024年7月20日	梁平县庆碧果树种植基地	重庆市梁平县梁山街道八角村6组	新鲜水果，坚果（水果），柑橘，新鲜葡萄，柚子，猕猴桃，新鲜蔬菜，食用植物根，树木，谷（谷类）	已注册
25	14802489	罗权	2014年6月5日	2015年7月14日	2025年7月13日	梁平县海元现代农业开发有限公司	重庆市梁平县仁贤镇白鹤村8组	树木，新鲜的园艺草本植物，杨梅，猕猴桃，新鲜橘，樱桃，新鲜水果，新鲜葡萄，西瓜，柚子	已注册
26	15499831	月牙黄	2014年10月13日	2015年11月28日	2025年11月27日	重庆拉土拉现代农业有限公司	重庆市梁平县袁驿镇叶岩村5组	新鲜柑橘，坚果（水果），新鲜水果，新鲜橘，柚子，新鲜蔬菜	已注册

续表

序号	注册号	商标	申请日期	注册日期	截止日期	申请人	申请人地址	使用商品	法律状态
27	15523792	阳光甜蜜佳果，HONEY-POMELO	2014年10月16日	2015年12月7日	2025年12月6日	重庆市知易科技有限公司	重庆市梁平县梁山镇北正街豆芽巷106号	新鲜橘，樱桃，新鲜柠檬，新鲜葡萄，新鲜水果，西瓜，苹果，香蕉，柚子，新鲜蔬菜	已注册
28	16096657	其臻	2015年1月6日	2016年3月7日	2026年3月6日	重庆琪臻生态农业专业合作社	重庆市梁平县荫平镇乐英村1组	新鲜栗子，新鲜浆果，坚果（水果），新鲜水果，桃，新鲜柑橘，香蕉，苹果，柚子，新鲜蔬菜	已注册
29	16235626	孙友娃	2015年1月26日	2016年4月21日	2026年4月20日	重庆市梁平区友友蜜柚股份合作社	重庆市梁平区虎城镇聂家村3组（仅限用于行政办公、通信联络）	树木，豆（未加工的），植物，活动物，柚子，新鲜水果，新鲜蔬菜，未加工谷种，酿酒麦芽，动物栖息用干草	已注册
30	16356668	纠之酸	2015年2月10日	2016年4月7日	2026年4月6日	重庆市都梁实业有限公司	重庆市梁平县袁驿镇邵兴村3组	新鲜花生，苹果，柚子，猕猴桃，可乐果，新鲜柑橘，坚果（水果），新鲜柠檬，新鲜橘，酿酒麦芽	已注册
31	16983342	长久村，CHANGJIUCUN	2015年5月19日	2016年7月21日	2026年7月20日	梁平县金山花生种植股份合作社	重庆市梁平县安胜乡高峰村6组	谷（谷类），未加工的稻，新鲜水果，柚子，西瓜，新鲜花生，新鲜柑橘，新鲜葡萄，新鲜蔬菜，新鲜土豆	已注册
32	17089847	妍戈	2015年6月1日	2016年7月28日	2026年7月27日	梁平县双建种植专业合作社	重庆市梁平县屏锦镇万年村7组	树木，豆（未加工的），植物，新鲜水果，柚子，新鲜浆果，新鲜蔬菜，未加工谷种，酿酒麦芽，动物栖息用干草	已注册

续表

序号	注册号	商标	申请日期	注册日期	截止日期	申请人	申请人地址	使用商品	法律状态
33	17152328	吴顺友	2015年6月8日	2016年8月21日	2026年8月20日	梁平县顺友蓝莓种植家庭农场	重庆市梁平县安胜乡井坝村7组	坚果（水果），新鲜水果，新鲜橘，新鲜柑橘，西瓜，香蕉，柚子，杨梅，新鲜葡萄	已注册
34	17925056	梁平蜜柚	2015年9月18日	2017年3月28日	2027年3月27日	梁平县经济作物站	重庆市梁平县梁山镇迎宾路134号	柚子	已注册
35	18354184	柚韵	2015年11月17日	2017年1月7日	2027年1月6日	重庆市恒顺农业开发有限公司	重庆市梁平县合兴镇龙滩村4组	自然花，植物，籽苗，活家禽，活动物，活鱼，孵化蛋（已受精），新鲜水果，桃，柚子	已注册
36	18914362	富宜	2016年1月18日	2017年2月21日	2027年2月20日	梁平县富义李子种植园	重庆市梁平县合兴镇合兴街道社区3组83号	西瓜，甜瓜，苹果，樱桃，柚子，桃，梨，新鲜柑橘，新鲜水果，新鲜浆果	已注册
37	18931896	芳峰	2016年1月19日	2017年2月21日	2027年2月20日	梁平县防风李子种植园	重庆市梁平县合兴镇合兴街道社区2组111号	新鲜水果，鲜枣，西瓜，甜瓜，枇杷，樱桃，柚子，桃，新鲜浆果，甘蔗	已注册
38	18932372	碧昕	2016年1月19日	2017年2月21日	2027年2月20日	梁平县夏开碧李子种植园	重庆市梁平县合兴镇合兴街道社区2组105号	西瓜，甜瓜，樱桃，荔枝，柚子，桃，梨，杏，新鲜水果，新鲜浆果	已注册
39	18957216	铭恩	2016年1月21日	2017年2月28日	2027年2月27日	梁平县铭恩李子种植家庭农场	重庆市梁平县合兴镇合兴街道社区5组61号	新鲜水果，新鲜浆果，西瓜，香蕉，樱桃，柚子，桃，梨，杏，新鲜葡萄	已注册
40	18970293	天农八部	2016年1月22日	2017年6月14日	2027年6月13日	重庆天农八部农业科技有限公司	重庆市梁平县双桂街道迎宾路134号B栋105室	树木，花粉（原材料），植物，培育植物用胚芽（种子），果渣（被驳回商品/服务：豆（未加工的），谷（谷类），活家禽，柚子，新鲜蔬菜）	已注册

续表

序号	注册号	商标	申请日期	注册日期	截止日期	申请人	申请人地址	使用商品	法律状态
41	19064800	煌平	2016年2月2日	2017年3月7日	2027年3月6日	梁平县黄平李子种植家庭农场	重庆市梁平县合兴镇合兴街道社区2组35号	新鲜水果，新鲜浆果，西瓜，苹果，枇杷，樱桃，柚子，桃，梨，杏	已注册
42	19064240	元芷	2016年2月2日	2017年3月7日	2027年3月6日	梁平县元志李子种植家庭农场	重庆市梁平县合兴镇合兴街道社区2组38号	新鲜水果，新鲜浆果，西瓜，苹果，枇杷，樱桃，柚子，桃，梨，杏	已注册
43	19064657	冬晶	2016年2月2日	2017年3月7日	2027年3月6日	梁平县二娃李子种植家庭农场	重庆市梁平县合兴镇合兴街道社区2组131号	新鲜水果，新鲜浆果，鲜枣，苹果，枇杷，樱桃，柚子，桃，梨，杏	已注册
44	19065942	红任	2016年2月2日	2017年3月7日	2027年3月6日	梁平县红任李子种植园	重庆市梁平县合兴镇合兴街道社区2组129号	西瓜，苹果，枇杷，樱桃，柚子，桃，梨，杏，新鲜水果，新鲜浆果	已注册
45	19060680	琉珊	2016年2月2日	2017年3月7日	2027年3月6日	梁平县刘珊李子种植园	重庆市梁平县合兴镇合兴街道社区2组132号	新鲜水果，新鲜浆果，西瓜，苹果，樱桃，柚子，猕猴桃，桃，梨，杏	已注册
46	19074565	瑭华	2016年2月3日	2017年3月14日	2027年3月13日	梁平县唐华李子种植家庭农场	重庆市梁平县合兴镇合兴街道社区2组37号	新鲜浆果，新鲜水果，西瓜，苹果，枇杷，樱桃，柚子，桃，梨，杏	已注册
47	19074725	噪哚	2016年2月3日	2017年3月14日	2027年3月13日	梁平县杨芬李子种植园	重庆市梁平县合兴镇合兴街道社区3组50号	新鲜水果，新鲜浆果，西瓜，苹果，枇杷，樱桃，柚子，桃，梨，杏	已注册
48	19074441	闻武	2016年2月3日	2017年3月14日	2027年3月13日	梁平县黄斌李子种植家庭农场	重庆市梁平县合兴镇合兴街道社区3组25号	鲜枣，苹果，枇杷，樱桃，柚子，桃，梨，杏，新鲜浆果，新鲜水果	已注册
49	19076747	丽郡	2016年2月3日	2017年3月14日	2027年3月13日	梁平县李均李子种植园	重庆市梁平县合兴镇合兴街道社区2组123号	新鲜浆果，新鲜水果，西瓜，苹果，枇杷，樱桃，柚子，桃，梨，杏	已注册

续表

序号	注册号	商标	申请日期	注册日期	截止日期	申请人	申请人地址	使用商品	法律状态
50	19076507	礼宜	2016年2月3日	2017年3月14日	2027年3月13日	梁平县昌国李子种植家庭农场	重庆市梁平县合兴镇合兴街道社区3组57号	新鲜水果，新鲜浆果，西瓜，苹果，枇杷，樱桃，柚子，桃，梨，杏	已注册
51	19076585	安骋	2016年2月3日	2017年3月14日	2027年3月13日	梁平县谷成李子种植家庭农场	重庆市梁平县合兴镇合兴街道社区3组39号	西瓜，苹果，枇杷，樱桃，柚子，桃，梨，杏，新鲜水果，新鲜浆果	已注册
52	19076611	红秉	2016年2月3日	2017年3月14日	2027年3月13日	梁平县红兵李子种植园	重庆市梁平县合兴镇合兴街道社区2组171号	西瓜，苹果，枇杷，樱桃，柚子，桃，梨，杏，新鲜水果，新鲜浆果	已注册
53	19181241	十里灌	2016年3月1日	2017年4月7日	2027年4月6日	梁平县康源农业专业合作社	重庆市梁平县柏家镇桂花村6组1号	辣椒（植物），新鲜黄瓜，新鲜蔬菜，新鲜土豆，鲜食用菌，动物食品，谷（谷类），活鱼，西瓜，柚子	已注册
54	19199265	黎氏百年柚园	2016年3月2日	2017年4月7日	2027年4月6日	重庆市梁平区乐英柚树种植专业合作社	重庆市梁平区荫平镇乐英村3组	柚子，桃，新鲜蔬菜，新鲜水果，活家禽，坚果（水果），活鱼，树木，植物，活动物	已注册
55	19712300	野鸭池	2016年4月21日	2017年6月7日	2027年6月6日	梁平县华云蜜柚股份合作社	重庆市梁平县袁驿镇清顺村村民委员会办公室	树木，豆（未加工的），植物，活动物，新鲜水果，柚子，坚果（水果），新鲜蔬菜，植物种子，酿酒麦芽	已注册
56	21063070	碧柚源，BYY	2016年8月22日	2017年10月14日	2027年10月13日	重庆柚香谷科技有限公司［2019年4月27日第1645期转］	重庆市梁平区工业园区威特嘉厂房	谷（谷类），植物，甲壳动物（活的），新鲜柑橘，新鲜水果，新鲜葡萄，西瓜，柚子，新鲜蔬菜，牲畜饲料	已注册

续表

序号	注册号	商标	申请日期	注册日期	截止日期	申请人	申请人地址	使用商品	法律状态
57	21193532	刁思卓	2016年9月2日	2017年11月7日	2027年11月6日	重庆旭焰实业有限公司	重庆市梁平区梁山街道八角社区8组8-2-2（仅限用于行政办公、通信联络）	新鲜蔬菜，新鲜水果，活动物，谷（谷类），植物种子，树木，植物，饲料，酿酒麦芽，柚子	已注册
58	21410228	刁老爷	2016年9月26日	2017年11月21日	2027年11月20日	重庆旭焰实业有限公司	重庆市梁平区梁山街道八角社区8组8-2-2（仅限用于行政办公、通信联络）	新鲜蔬菜，新鲜水果，活动物，谷（谷类），植物种子，树木，植物，饲料，酿酒麦芽，柚子	已注册
59	21707874	刁老爷的柚	2016年10月27日	2018年2月7日	2028年2月6日	重庆旭焰实业有限公司	重庆市梁平区梁山街道八角社区8组8-2-2（仅限用于行政办公、通信联络）	新鲜水果，柚子[被驳回商品/服务：树木，谷（谷类），植物，活动物，新鲜蔬菜，植物种子，饲料，酿酒麦芽]	已注册
60	22060924	渝福来	2016年11月28日	2018年1月14日	2028年1月13日	梁平县福川李子种植园	重庆市梁平县合兴镇社区3组37号	新鲜水果，新鲜柑橘，新鲜柠檬，柚子，杏，新鲜槟榔，鲜花，植物种子，植物，未加工的谷物	已注册
61	22063493	悋韵	2016年11月28日	2018年1月14日	2028年1月13日	梁平县天云李子种植园	重庆市梁平县合兴镇合兴街道社区3组32号	新鲜蔬菜，新鲜柑橘，新鲜浆果，新鲜水果，柚子，自然花，植物，未加工的谷物，酿酒麦芽，农作物种子	已注册
62	22063992	蜜琼	2016年11月28日	2018年3月7日	2028年3月6日	梁平福家湾李子种植园	重庆市梁平县合兴镇合兴街道社区3组19号附1号	未加工的谷物，植物，柚子，新鲜水果，杏，新鲜浆果，新鲜柑橘，新鲜蔬菜，植物种子，酿酒麦芽	已注册

续表

序号	注册号	商标	申请日期	注册日期	截止日期	申请人	申请人地址	使用商品	法律状态
63	22061615	唐茗	2016年11月28日	2018年2月14日	2028年2月13日	梁平县唐明李子种植园	重庆市梁平县合兴镇街道社区3组94号	酿酒麦芽（被驳回商品/服务：未加工的谷物，自然花，新鲜柑橘，新鲜浆果，柚子，新鲜水果，杏，新鲜蔬菜，植物种子）	已注册
64	22434613	琪坤	2016年12月28日	2018年2月7日	2028年2月6日	梁平县奇奇李子种植园	重庆市梁平县合兴镇合兴街道社区2组70号	未加工木材，未加工的谷物，植物，活动物，新鲜水果，柚子，新鲜蔬菜，植物种子，水果渣，酿酒麦芽	已注册
65	22433594	圣地合	2016年12月28日	2018年2月7日	2028年2月6日	梁平县地合李子种植园	重庆市梁平县合兴镇合兴街道社区3组108号	未加工木材，未加工的谷物，植物，活动物，新鲜水果，柚子，新鲜蔬菜，植物种子，酿酒麦芽，动物栖息用泥炭	已注册
66	25276232	荫平七斗古寨	2017年7月12日	2018年7月21日	2028年7月20日	梁平县国富果树种植专业合作社	重庆市梁平县荫平镇七斗村村级公共服务中心	新鲜柑橘，新鲜水果，新鲜柚子，新鲜蔬菜，活家禽，未加工木材，小麦，未加工谷种，渣滓（饲料），辣椒（植物）	已注册
67	26927551	蜜沁福，MIQINFU	2017年10月1日	2018年9月21日	2028年9月20日	重庆市梁平区蜜汁柚子销售有限公司	重庆市梁平区虎城镇虎柚路193号	新鲜水果，新鲜柚子，新鲜橘，新鲜枇杷，新鲜樱桃，新鲜蔬菜，新鲜土豆，农作物种子，树苗，活动物	已注册
68	26930054	红爽	2017年10月17日	2019年5月14日	2029年5月13日	梁平县虎城镇水口红心蜜柚种植股份合作社	重庆市梁平县虎城镇水口村办公室	新鲜水果，新鲜柚子，新鲜橘，新鲜枇杷，新鲜樱桃，新鲜蔬菜，新鲜土豆，农作物种子，树苗，活动物	已注册

续表

序号	注册号	商标	申请日期	注册日期	截止日期	申请人	申请人地址	使用商品	法律状态
69	27751319	图形	2017年11月28日	2018年11月14日	2028年11月13日	重庆来夫子企业孵化器有限公司	重庆市梁平区蟠龙镇青垭村3组	大麦，豆（未加工的），新鲜柑橘，活动物，藤本植物，未加工谷种，新鲜蔬菜，燕麦，新鲜水果，新鲜柚子	已注册
70	27760092	智慧的餐桌	2017年11月28日	2018年11月21日	2028年11月20日	重庆拉土拉现代农业有限公司	重庆市梁平县袁驿镇叶岩村5组	大麦，豆（未加工的），新鲜柑橘，活动物，藤本植物，未加工谷种，新鲜蔬菜，燕麦，新鲜水果，新鲜柚子	已注册
71	27746297	三棵柚	2017年11月28日	2018年12月7日	2028年12月6日	重庆拉土拉现代农业有限公司	重庆市梁平县袁驿镇叶岩村5组	新鲜柚子，大麦，豆（未加工的），藤本植物，新鲜柑橘，活动物，未加工谷种，新鲜蔬菜，燕麦，玉米	已注册
72	27749168	可金甜甜葡萄	2017年11月28日	2019年1月28日	2029年1月27日	梁平县碧山镇可金葡萄种植基地	重庆市梁平县碧山镇水岩村3组13号	新鲜南瓜，新鲜葡萄，新鲜蔬菜，植物，新鲜柚子，树木，新鲜柠檬，未加工谷种，植物种子，新鲜水果	已注册
73	31167643	土包寨	2018年5月25日	2019年3月7日	2029年3月6日	重庆市梁平区乐仁农业开发有限公司	重庆市梁平区袁驿镇清顺村1组	坚果（水果），新鲜柚子，活动物，新鲜蔬菜，植物种子，植物，新鲜水果，树木，新鲜槟榔，谷（谷类）	已注册
74	35190797	涛成富鹏	2018年12月10日	2019年7月28日	2029年7月27日	重庆市梁平区涛鹏柑橘种植专业合作社	重庆市梁平区仁贤镇长龙村10组	树木，植物，籽苗，活动物，新鲜橘，新鲜水果，新鲜柚子，新鲜柑橘，新鲜蔬菜，水果渣	已注册

续表

序号	注册号	商标	申请日期	注册日期	截止日期	申请人	申请人地址	使用商品	法律状态
75	36073908	升银珍珠	2019年1月22日	2019年9月21日	2029年9月20日	重庆市梁平区升银珍珠米业有限责任公司	重庆市梁平区聚奎镇敬老院旁	新鲜水果，谷（谷类），辣椒（植物），小麦，树木，新鲜蔬菜，新鲜柚子，酿酒麦芽，新鲜槟榔，植物种子	已注册
76	40208009	浏兵	2019年8月7日	2020年8月28日	2030年8月27日	重庆市梁平区传兵水果种植家庭农场	重庆市梁平区仁贤镇仁贤村2组	新鲜水果，新鲜梨，树木，新鲜李子，籽苗，活动物，新鲜蔬菜，水果种子，玉米，新鲜柚子	已注册
77	10168228	虎城	2011年11月9日	2012年12月28日	2022年12月27日	梁平县淘鑫畜禽养殖专业合作社	重庆市梁平县屏锦镇和睦村6组	树木，玉米，植物，种家禽，鲜水果，柚子，新鲜蔬菜，植物种子，饲料，动物栖息用品	已注册
78	10263398	柚园	2011年12月2日	2013年2月7日	2023年2月6日	梁平县柚香果园	重庆市梁平县合兴镇龙滩4组	种家禽，鲜水果，植物，燕麦，树木，新鲜蔬菜，植物种子，动物饲料，酿酒麦芽，动物栖息用品	已注册
79	18957438	三侨	2016年1月21日	2017年2月28日	2027年2月27日	梁平县三星桥李子种植园	重庆市梁平县合兴街道社区3组74号	新鲜柑橘、新鲜水果、新鲜桨果、西瓜、苹果、樱桃、猕猴桃、桃、梨、柚子	已注册
80	18957833	夏桦	2016年1月21日	2017年2月28日	2027年2月27日	梁平县夏华李子种植家庭农场	重庆市梁平县合兴镇合兴街道社区2组115号	鲜枣、苹果、樱桃、柚子、猕猴桃、桃、梨、新鲜水果、新鲜浆果、新鲜柠檬	已注册
81	37540714	渝梁和清	2019年4月16日			梁平县和清柚子专业合作社	重庆市梁平县和林镇和林村11组	新鲜水果，谷（谷类），辣椒（植物），小麦，树木，新鲜蔬菜，新鲜柚子，酿酒麦芽，新鲜槟榔，植物种子	已初审

销售价格

1950年至1956年，梁山柚由个体散户农民自行栽种经营，柚果自由进入场镇集市交易，互相调剂余缺。销售价格由买卖双方自行议定，单果重量达1000克以上的每个卖0.06元至0.08元；1000克以下的每个卖0.03元至0.05元。

1957年至1984年，梁平柚属二类农副产品由国家管控，其收购价格属国家统购、派购任务的必须执行国家统一收购价格。甲级（果形正单果重量1000克以上的）每个售价0.11元至0.12元；乙级（单果重量1000克以下的）每个售价0.09元至0.10元；低于600克的不收购。完成统购任务后剩余的柚果允许议购议销，但必须执行上级主管部门规定的议购议销价格和有关规定，每个柚子议销价为0.10元至0.13元。1980年4月18日，梁平县供销合作社贯彻执行梁平县革命委员会《关于加强市场物价管理的通知》，不得借口“把生意做活”自行提价、变相涨价影响市场秩序，以确保市场物价稳定。

1985年至1997年，梁平柚允许上市自由贸易。梁平柚在梁平县人大常委会通过的《大力发展梁山柚生产的决议》推动下，农民努力种植发展梁平柚，柚产量逐年递增，柚果大量涌向国内市场，销往重庆、四川、湖北、贵州等省市。从1998年起，梁平县梁平柚销售实

合兴镇龙滩村的中华·梁平柚海一角

行“分等定级、优质优价”销售，重视和开展商品化处理。

2000年，名气小的产区1000克以下的下树果每个柚子售价0.30元至0.80元。

2002年，梁平县合兴镇龙滩村产的1000克以上的树上果每个售价2.00元至2.50元。集市交易梁平柚实行以质论价，每斤售价0.50元至2.00元。

2003年至2013年，实施柚果包装销售策略，梁平县经济作物站组织批量生产中高档柚果礼品盒，提升商品品质以满足各类消费者的需要，并举办梁平柚销售专题培训，指导柚农把握好销售时机和价格定位。自2007年起，对百年树龄的柚树实行挂牌保护，是年对老树柚果高出市场价30%的保护价收购，以调动保护人的积极性。2013年推行以质论价销售，树上挂果销售，分级售果，贴上商标或标签上市卖果，采取“四高四低”的办法把握梁平柚的销售市场走势。即：现场采摘树上柚果价格高、下树果价低；果形正、色泽好、味道好、单果重量达1000克以上的价格较高，1000克以下的果价低；经商品化处理了的柚果价高，散装（麻袋）果价低；知名产区的柚果价高，名气小的产区柚果价低。“中华·梁平柚海”的龙滩村、护城村、雨家村是梁平柚的核心产区名声大，信誉度高。所在核心产区的“区级龙头产销企业”重庆市龙滩梁平柚开发有限公司为维护其信誉度，采取最低保护价（2.00元/斤）收购本社社员柚果，每斤柚子售价高出其他产区的2至3倍。为4.00元至6.00元。其他产区的每斤柚子售价为2.00元至2.50元。

百年柚树挂牌保护

2011年和2014年，梁平县举办柚王争霸比赛，举办的目的，举全县之力围绕梁平柚支柱产业打造好“致富果”“振兴果”，以调动柚农种植发展优质梁平柚的积极性，实现农民增收，推进共同致富奔小康。争霸比赛规则：比整树柚子产量高、果实大小匀称、果皮薄、香气浓、果形正、色泽鲜、甜度好、果汁含量充足为标准。2011年11月12日，在梁平县合兴镇龙滩名柚园举行“采柚节柚王评选暨拍卖”活动。经过角逐评选，梁平县合兴镇龙滩村4

组村民黄国华，选送的柚子获得梁平柚柚王称号。梁平柚王以每个350元的售价拍卖成功。黄国华的整树柚王共有80个，单果重量均在0.75公斤以上，现场由重庆市梁平县奇爽食品有限公司以总计2.8万元的拍卖价，拍得整树柚王。

2014年11月8日，举行“2014《乡约》梁平·乐跑柚乡‘柚王’拍卖竞买”活动。梁平县虎城镇砂石村7组村民孙自友，以虎蜜柚果单果重0.65公斤以上，整树果形较端正，果实重量均衡，果面无严重病虫危害和无机械损伤，获得“虎蜜柚王”称号。以竞买价每斤200元，卖给刘仁君，孙自友的整树柚王共107.5公斤，价值4.3万元。孙自友另获县里奖金5000元。

2014年11月8日，中央电视台CCTV-7《乡约》栏目在梁平合兴镇“中国名柚”广场拍摄制作《乡约柚乡》节目

是年12月起，重庆市梁平区各产销企业着力以梁平柚农产品地理标志和品牌证明商标为基础，采取多措并举、多管齐下、线上销售与传统方式销售相结合，各自发挥自己的优势开通畅销渠道营销梁平柚，获得可喜市场效应。

同年，重庆天农八部农业科技开发有限公司，实行在本公司的柚树和柚果上贴上电子标签，在二维码上标明所产柚果的产地、树龄、何时施肥等内容，体现产品原产地的真实性。此柚果在高端卖场，重庆观音桥远东百货精致超市销售，单果重量达到1000克的每个售价为15.00元。

2015年，梁平县明达村、新盛村、红八村、字库村柚园柚树，实施梁平柚全程社会化（对柚农提供修枝、施肥和病虫害防治等）服务后，梁平柚品质产量得到提高，每斤柚子售价1.40元至1.80元，售价翻了一番。

2018年，重庆旭焰实业有限公司围绕注册商标“刁老爷的柚”实施销售策略，将梁平柚单果按所产柚果的树龄售卖：百年树龄的盒装3个卖198.00元；50年树龄的盒装3个卖98.00元；20年树龄的盒装2个卖29.80元。是年线上销售达200万元。

是年，重庆市梁平区利农果树种植专业合作社，在柚园内建立“猪—沼—果”（猪粪产沼气、沼渣作为有机肥、施入柚树产有机柚果）的生态循环发展模式，优质果率达70%，果实的优良品质经检验提高20%，市场售价每1000克达8.00元至10.00元，提高40%，销售价格较去年涨了一倍。

2019年，梁平柚核心产区（龙滩村、护城村、雨家村）的重庆龙滩梁平柚开发有限公司，柚子售价大幅提升。单果达到1000克以上重量的其不同树龄的售价为：百年树龄的每斤售价38.00元；50年树龄的每斤售价20.00元；20年树龄的每斤售价15.00元；20年以下树龄的每斤售价10.00元至13.00元。

是年，除核心产区外的其他产柚区，每斤柚子售价也得到提升。单果重量达到1000克以上的，每1000克售价6.00元至8.00元；1000克以下的每1000克3.00元至5.00元。

2020年11月至12月底，全区销售商品柚果9万吨，商品果销售率达95%以上，销售同期较2019年缩短60余天，销售量增长超过1万吨；11月至12月上旬销售价格与2019年基本持平，12月中旬后，销售价格比2019年同期增长近30%，鲜果销售实现价量同升。

营销质量管理

梁平柚质量管理，主要从柚果品质提升、品牌保护、严格采收期和商品化处理等方面开展。

品质提升

1996年10月30日通过的梁平县人大常委会《关于推进梁山柚产业化进程的决议》提出，把梁平柚生产工作从“重栽”转移到“重管”“重效”上来，全面提高梁平柚品质。

梁平柚“柚王”

2000—2020年，提高梁平柚品质主要抓了以下方面的工作：建立梁平柚品种选优提纯机制，县政府每年举办一次梁平柚采果节，开展梁平柚选优鉴评活动，对果大形正、瓣型整齐、无核、优质丰产的单株评为“柚王”，实行挂牌保护，实行优质优价。加大劣质柚树品种改造力度，对产量低、苦麻味重、商品性差的柚树，利用选优单株枝条进行高接换种改造。

制订并颁布梁平柚鲜果标准。2003年12月1日，中华人民共和国农业部发布梁平柚鲜果标准，对梁平柚果品质量、检验方法、标志、包装、运输和贮藏等作出了明确规定。在梁平柚经营销售中严格按鲜果标准执行，确保梁平柚品质。

品牌宣传，梁平柚、梁平蜜柚先后注册了“麦豪牌”“双桂牌”“虎蜜牌”等商标，要求在出售柚子时，必须在柚子上贴上商标，无商标的柚子不准上市销售，同时利用报刊、广播电视、网络媒体等各种宣传平台大力宣传梁平柚品牌。

建立梁平柚品牌评价标准体系。制定《梁平柚品牌管理办法》，发布《梁平区人民政府关于进一步规范梁平柚销售市场秩序的通告》，严格执行“统一采摘时间、统一品牌、统一包装、统一质量标准、统一最低保护价、统一溯源和开拓市场”六统一标准，形成规模优势、扩大品牌效应，提高市场占有率。

建立梁平柚品质评价标准体系。规定梁平柚的单果重量、外观、分级、理化指标、卫生指标等质量要求和检验方法、检测规则、标志、包装、运输和贮存等相关内容，并配套《梁平区梁平柚质量监督管理办法》形成独立的梁平柚质量管理评价标准体系。

实施梁平柚无公害的产地、产品认证工作。取得梁平柚无公害产地认证，获得了证书，并批量印制了梁平柚无公害标志，用于产品销售，提升了梁平柚品质形象。

严格采收期，整治销售市场

1991年，梁平县人民政府印发《关于规范梁平柚销售市场的通告》，规定梁平柚的采收期定在每年的10月23日（霜降节）以后，在此之前，任何单位和个人不得采收销售，违者，工商部门予以严肃处理。坚决打击以假充真，对以假充真者，尤其是从县外调进柚子冒充梁平柚者，工商部门有权没收并处以罚款，严把梁平柚出县质量关，凡批量运出县外的梁平柚，必须经梁平县果品办公室核验合格后贴上梁平柚标志。凡无此标志者，有关部门必须阻止外运，工商部门予以经济处罚。

1997年9月4日，梁平县虎城镇人民政府印发《关于加强虎城柚质量管理的通知》，针对少数柚子贩子贩运户不顾果农利益，出现早采早收降低虎城柚声誉的情况，成立“虎城柚质量管理领导小组”，由虎城镇镇长任组长，1名副镇长任副组长，工商所、地税所、派出所、农技站、农业办公室主要负责人为成员，负责全镇虎城柚的开发与采收管理工作。规定采销时间：平顶柚在每年的霜降节后采摘，尖顶柚在每年的立冬节之后采摘。凡在规定的采摘期前进行采摘销售的，一律视为劣质产品，就地销毁。

2001年10月10日，梁平县人民政府印发《关于加强梁平柚质量管理的通告》，梁平县农牧局印制3000份，分发到全县各镇乡张贴，并在梁平电视台、《梁平报》进行长时间的宣传。梁平县农业综合开发办公室组织宣传车辆，会同梁平县工商局、中城派出所、梁平报社、梁平电视台工作人员，在梁平县城和国道318线的福禄镇至七桥镇段沿线进行宣传、巡查。是年开展巡查整治活动10次，共收缴销毁劣质柚20余吨。

2002年，重点开展梁平柚早采上市管理，印制《梁平县人民政府关于加强梁平柚质量管理的通告》2000份，分发到各镇乡张贴，并在梁平电视台、《梁平报》广泛宣传。会同梁平县公安、工商、广播电视局等单位人员一道，于9月下旬至10月23日（霜降节前），对国道318沿线的早采上市劣质柚进行收缴、销毁，共开展整治活动12次，收缴销毁劣质柚子20余吨。

2003—2006年，每年梁平柚采摘期，都将梁平县人民政府梁平柚质量管理通告印发张贴，并组成执法队伍对早采上市行为进行整治、收缴早采上市的劣质柚果。4年共组织整治活动50次，收缴销毁劣质柚果55吨。

2007—2019年，每年到梁平柚子采收期，县农委都将《梁平县人民政府关于加强梁平柚质量管理通告》印发到各镇乡张贴宣传，并会同公安、工商、广播电视台等单位工作人员一道，沿境内国、省、县道及梁平柚销售市场，对梁平柚早采行为进行整治，对霜降节前采摘上市销售的柚子，进行没收销毁，10多年来共收缴销毁早采劣质柚150多吨，净化了梁平柚市场，确保了梁平柚品质形象。

2020年10月13日，重庆市梁平区人民政府再次发布《关于进一步规范梁平柚销售市场秩序的通告》。

梁平柚是梁平区名特农产品，国家地理商标保护产品，全国三大名柚之一。近年来，一些商贩片面追求短期利益，提前采摘并以“梁平柚”名义上市销售，对梁平柚市场和信誉造成恶劣影响，严重侵害了广大柚农和消费者的合法权益。为进一步规范梁平柚销售市场秩序，维护梁平柚品牌形象和信誉，现就有关事项通告如下：

梁平柚成熟采摘期为霜降节（10月23日）梁平蜜柚成熟采摘期为11月15日后，严禁任何单位和个人在采摘期前采摘并以“梁平柚”名义售卖，扰乱梁平柚销售市场。

梁平柚合格商品果为扁圆金黄，芳香浓郁，皮薄光滑，单果重量900克以上（梁平蜜柚800克以上），无严重机械损伤和病虫危害。梁平柚销售主体要依法经营，杜绝以次充好，做到保质保量，有序销售。

各乡镇（街道）、区级各部门要加强宣传教育，坚决制止因早采早卖等有损梁平柚信誉和品牌形象的行为，切实维护广大柚农、柚商和消费者的合法权益。

凡违反上述规定的，按相关规定予以处理，并通过新闻媒体进行曝光。

梁平柚商品化处理

1998年，梁平县对梁平柚销售实行“分等定级、优质优价”销售，重视和开展商品化处理包装和市场营销工作的研究开发，促使柚果商品性上高档次，用优质果加高档次的商品包装和注册商标，稳定、开拓、扩大市场。

2000年，梁平县果品办公室开展梁平柚的商品化处理，组织生产经营批量的梁平柚高档礼品盒、纸箱和印制的包装袋，对礼品柚进行单果包装、纸箱运输，解决过去散装果，麻袋果的问题。梁平县合兴镇梁平柚专业合作社开展果实商品化处理，制作包装袋、保鲜袋，提高梁平柚的档次和商品性，并积极推进树上挂果、树上销果、分级销果、优质优价。

2001年，中共梁平县委、梁平县人民政府在《关于梁平蜜柚产业化开发实施意见》中规定：凡进入全国各大中城市销售的梁平蜜柚，必须经过商品化包装处理，900克以上的柚果为合格果，严禁麻袋果，散装果出县上市。统一使用梁平县果品有限责任公司注册的“虎蜜牌”商标，贴标上市。

2002年，推进树上挂果、销果、分组售果、贴标上市、优质优价。合兴镇龙滩村柚树上的柚果，每500克售价高达2～2.5元。对梁平柚、梁平蜜柚使用统一的设计图案的标志，明确纸箱质量、规格标准，满足不同层次消费者的需求。

2009年，梁平柚实施商品化包装，新购置了食品包装机4台，对梁平柚实行洗果、分级、贴标、保鲜膜包装，装箱后上市销售。大力推广使用“双桂牌”梁平柚商标和“无公害农产品”标志，提升了梁平柚市场形象。

2011年，新购置柚果洗果机、包装机生产线2条，对梁平柚果实行洗果、分级、贴标、保鲜膜、装箱后上市销售。

2013年，重新设计制作了梁平柚包装箱，年包装能力达到5000吨以上。

2014年，梁平县龙滩柚子股份合作社投资100万元，建成1000立方米的梁平柚保鲜库投入使用，能

柚果智能无损糖度分选

自动清洗生产线

贮藏保鲜柚子500吨。起到了缓解市场压力，延长销售时间，提高梁平柚价值的作用。

2016年，重庆天农八部农业科技开发有限公司，重庆明乾农业科技服务有限公司，龙滩柚子专业合作社、大观柚子专业合作社等购买洗果机、塑封包装机械12台（套），年包装能力达到20000吨以上。梁平县农委协助重庆天农八部农业科技开发有限公司在荫平、明达、虎城、合兴、袁驿等镇开展梁平柚溯源系统建设，共为20万株梁平柚挂佩电子标签。梁平柚溯源：指梁平柚基地的每一棵柚树都有标志牌，包括二维码和数字编码芯片，记录了柚树的户主、经纬度、海拔高度、树龄、产量，以及何时施肥、何时修枝，治虫的次数等信息。从柚树采摘下的每只柚子也都有二维码，这相当于每一棵柚树、每只柚果都有自己的电子身份证。

2017年，建成梁平柚产品溯源系统1个，安装柚树电子标签40余万株。

2020年，全区梁平柚商品化包装自动生产线共12条，年洗果能力达到40000吨，有梁平柚贮藏库3座，贮藏能力达到2000余吨。

两节一会

柚花节

第一届柚花节　2010年4月20日开幕，全称“2010浪漫柚乡之旅——梁平柚花”乡村特色旅游节。此届柚花节由梁平县人民政府主办，活动时间4月20日至5月10日，柚花节期间，主办方举办了六场重点活动：柚乡风情文艺演出、游园赏花、认种名柚树、品宴猜谜活动、中国名柚园旅游观光建设项目合作签字仪式、柚园经济发展研讨会等活动。

第二届柚花节　2011年5月6日，由县农委、文广新局、旅游局、合兴镇联合主办，合兴镇承办的“浪漫柚香”第二届柚花节在合兴镇龙滩村中国名柚园开幕。柚花节期间，举办了“浪漫柚香”专场文艺演出，“浪漫之旅·追赶柚香”环园健身长跑、谜语竞猜、名柚赏花、“定格浪漫柚乡”摄影、品农家宴等活动。县级部门和部分乡镇负责人及社会各界群众上千人参加。

梁平县第二届柚花节庆祝活动

第三届柚花节 2015年4月22日，“兴茂2015梁平第三届柚花节”在梁平县合兴镇中国名柚园开幕。本届柚花节以“柚花飘香·相约梁平”为主题，由重庆市兴茂产业发展集团有限公司主办，合兴镇人民政府、县旅游局、县商务局、县文化委员会协办。春光明媚柚花开，八方游客闻香来。本届柚花节，主办方举办了一系列以柚为媒、以花聚人、以花扬名的活动。此次柚花节以柚花为依托，凸显厚重的柚乡文化沉淀，推出“中国名柚园”生态赏花旅游线路、柚乡风情文艺演出、柚乡非遗文化展、柚乡特色商品展销、柚香情摄影展、柚乡美滋味书画展、柚花树下猜谜等。这既是推进梁平生态涵养发展的举措，更是提升梁平柚的知名度和梁平旅游的美誉度，促进梁平农旅融合发展、助力柚农脱贫攻坚的重要举措。

第四届柚花节 2016年4月13日，第四届重庆·梁平柚花节在梁平县合兴镇中国名柚园开幕。本届柚花节以“柚花飘香·相约梁平”为主题。柚花节期间，举办了赏柚花、品特色美食、欣赏非物质文化遗产项目展演以及极具梁平地方特色的民俗表演（梁平抬儿调、梁山灯戏、梁平木版年画、高台狮舞、梁平土陶、《福禄酒令》等）。

第五届柚花节 2017年4月28日，重庆·梁平第五届柚花节在梁平合兴万亩柚园开幕。本届柚花节期间举办了赏花闻香、特色柚子产品展销、柚乡风情演出（包括国家级非物质文化遗产项目梁山灯戏、癞子锣鼓等）、招商引资项目签约仪式（共签约项目37个，协议总投资达43.84亿元。其中：生态塑料项目23个，集成电路项目4个，不锈钢制品项目3个，旅游、农业、林业、工业地产、物流等项目7个）。

第六届柚花节 2018年4月27日，重庆·梁平第六届柚花节在梁平区合兴镇龙滩中华名柚园广场启幕。本届柚花节以“春归田园·柚见花开”为主题。柚花节期间，开展了多项涉柚推介活动：柚花瓶全国首发500个柚花瓶，向网友和前来参加节会的宾客免费赠送；直播网友线上互动问答，数万网友和游客纷纷加入“线上预售梁平柚、线下认养梁平柚”活动；贴合柚乡生活气息的文艺表演；特产展示展销；重庆巴渝书画院副院长、当代知名书画家官玉安现场在巨幅宣纸上书写“千家竹叶翠·百里柚花香”，献礼柚花节；荫平镇乐英村百年柚园广场“赏花捉鱼·相约荫平”等。梁平区以花为媒，以节聚人，通过柚花节的举办打响了梁平柚品牌，擦亮了梁平旅游文化名片，促进梁平农旅融合发展，助推乡村振兴战略落地见效。

重庆·梁平第六届柚花节在合兴镇龙滩村中华·梁平柚海广场举行

第七届柚花节　2019年4月19日，重庆·梁平第七届柚花节在合兴镇龙滩村中华·梁平柚海开幕。本届柚花节以“春归田园·柚见花开”为主题。推广梁平特有的旅游资源、民俗风情、文化底蕴、提升梁平柚品牌形象，推动梁平柚产业的发展壮大，助力实施乡村振兴战略，全力打造美丽乡村。柚花节期间，主办方举办多项亮点纷呈、内容丰富的节会活动：抖音拍摄推广活动。4月19日至20日，合兴镇政府、区文化旅游委组织抖音团队拍摄精美简洁的短视频上传至抖音平台宣传，展示梁平万亩柚花之美、名优特产之丰，广邀游客共赴梁平春日盛会；2019年中国·梁平田园自行车邀请赛活动，4月19日7时30分，一场颜值与实力并存的田园自行车赛事在双桂大道（七得林农庄门前）开赛，200名骑行爱好者乘着和煦春光，从双桂城区双桂大道出发，途经“一环路”、文峰塔、双桂田园·万石耕春景区、“二环路”星桥镇观景台等地，既欣赏了梁平独有的田园自然风光，又感受到了全民健身运动的魅力，用行动为柚花节开幕加油助威；春日芳华·旗袍秀，4月19日至20日，以弘扬中华传统礼仪和文化为宗旨的春日芳华·旗袍秀把美的风韵洒满春日大地，通过舞蹈、走秀等展现出知性优雅、婀娜多姿的女性之美；柚海童声·千人花姿——儿童国学表演+汉服秀，4月20日，数十名儿童身着汉服，诵读国学经典、文艺舞蹈等，演绎中华传统文化精髓，展现当代少年的精神风貌。

第八届柚花节 2020年4月25日，第八届重庆·梁平柚花节在合兴镇龙滩村中华·梁平柚海开幕。本届柚花节以“春归田园·柚见花开”为主题。设置了“美丽乡村·柚海集市”展区、爱心助农区等，开展了“春归田园·乐动柚海”——“梁平微友惠”、抖音APP现场直播、“泡泡乐跑”、柚子美食制作等活动。本届柚花节以花为媒，以节会友。常开常新的柚花，化为友谊的纽带，搭建起沟通的桥梁，完美展示了梁平开放的窗口。

采柚节

梁平柚子文化节 主题：团结、协作、拓展、开放、繁荣，目的：拓展梁平柚消费市场，促进农业产业化发展，加强经贸合作交流，提高梁平知名度。1999年11月7日在梁平县城北门体育场开幕。主要活动：“柚乡颂”书法、摄影展览；以“种优质柚、采成熟果、卖成熟柚、品成熟果”为主题的万人签名活动；柚子节趣味活动比赛；柚子鉴评选优单株样品果选优赛；柚子盛产园区考察参观；经贸洽谈；名优特产品展销等。此次活动，以柚子为题，文化搭台、经贸唱戏，开展丰富多彩的文化、经贸活动，梁平以崭新的面貌跨入新世纪。

第一届采柚节 2009年11月14日，由中共梁平县委、梁平县人民政府主办的首届采柚节“2009中国·梁平采柚节”在梁平县城人民广场隆重开幕。市级部门嘉宾、县四大班领导、重庆、万州、达州等地旅行社嘉宾和新闻媒体以及各地游客参加开幕式。开幕式上，举行了剥柚子、吃柚子PK大赛和“柚王”评比活动；县旅游局与来自重庆、万州、达州旅行社相关负责人签订了旅游发展协议，标志着梁平县旅游与跨区县旅游交流合作推向了深入。本届“采柚节”是旅游文化产业发展与地方特色农产品相结合的一次演练。以节造势，以节聚人，以节促销，促进了梁平经济社会发展。

第二届采柚节 活动名称：2010中国·梁平采柚节。10月25日，由梁平县人民政府主办，县文广新局、县旅游局承办的“2010中国·梁平采柚节”在双桂堂海明广场开幕，来自县内外的数千名游客、嘉宾、观众参加了开幕式。采柚节期间，主办方举办了9场重点活动：竹禅大和尚圆寂110周年纪念活动、双桂堂祈福大典、纪念竹禅大和尚圆寂110周年古琴演奏会暨禅茶茶艺表演、竹禅书画展、竹禅法师佛学艺术研讨会、追思竹禅大和尚法会、名柚采摘仪式、吃剥柚子大赛、柚王评比。

第三届采柚节 2011年11月11日，由梁平县人民政府主办，县文广新局、县旅游局、县国土房管局、县城乡建委、县农委承办，隆鑫地产集团出资协办的“2011梁平·隆鑫花漾城采柚节暨房地产展示交易会”在梁平机场盛大开幕。开幕式上，梁平县委书记，县长相继致辞，重庆市供销社领导将梁平柚获“中华名果”称号的匾牌交到梁平县政府领导手中，并举行了大型演唱会。采柚节期间，主办方举办了15场重点活动：开幕式及大型演唱会；梁平柚采摘仪式（11日上午在合兴镇万亩名柚园启动）；“柚王”评比及拍卖活动（合兴镇龙滩村3组村民石富学家选送的柚子摘得“柚王”桂冠，梁平奇爽食品公司以每千克380元的价格拍得“柚王”柚子，一棵树74千克，拍出28120元的高价）；“食神”选拔赛（冠军：福禄镇代表队3.23千克，亚军屏锦镇代表队3.065千克，季军金带镇代表队2.77千克）；“酷哥辣妹”运柚赛；“柚乡仙子”选拔赛；柚园采柚活动；“镖神”擂台赛；猜谜语活动；柚乡风情摄影比赛及展览；现场书画展演；名柚园建设汇报展；市级非物质文化遗产合兴土陶展演；特色商品展销；招商引资项目签约仪式，共签约涉及机械制造类、农副产品加工项目6个，协议投资额达10亿元。

第四届采柚节 活动名称：“2012中国·梁平采柚节”。主办单位：重庆市旅游局、重庆市文化广播电视局、重庆市农业委员会、重庆市商业委员会、梁平县人民政府。承办单位：梁平县文广新局、县旅游局、县农业委员会、县商务局、梁平县合兴镇人民政府。策划单位：东莞市雄视企业品牌策划有限公司。执行单位：重庆红太阳文化演出公司。本届采柚节成立了组委会，下设综合协调组、市容整治组、宣传活动组、演出活动组、采柚活动组、啤酒节筹备组、招商引资组、安全保卫组、接待服务组、后勤保障组。2012年11月9日晚7点30分，在重庆市梁平中学举行“2012中国·梁平采柚节”开幕式。采柚节期间，主办方举办了四场大型活动：2012中国·梁平采柚节开幕式及“奇爽·柚子茶之夜”大型综艺晚会，梁平啤酒节（“亿联杯”山城啤酒竞饮大赛、梁平风味美食大赛、地方名特产品及美酒展销、惠农产品及摩托车下乡产品展销），梁平采柚节系列活动（梁平柚“柚王”评选、梁平柚采摘仪式、“柚王”竞拍、种柚能手评选等），梁平文化旅游活动（柚乡竹海休闲二日游、双桂堂祈福养心一日游）。本届采柚节进一步提高了梁平知名度和美誉度，发挥了以节聚集人气、以节招商引资、以节推动发展的作用，促进了梁平旅游业的发展，梁平柚的销量和品牌知名度得到进一步提升。

第五届采柚节 活动主题：农秋采柚·游玩梁平。主办单位：重庆市旅游局、重庆市文化广播电视局、重庆市农业委员会、重庆市商业委员会。承办单位：梁平县人民政府，梁平县文化广电新闻出版局、梁平县旅游局、梁平县农业委员会、梁平县商务局。2013年11月9日，第五届梁平采柚节在梁平县东门体育馆开幕。采柚节期间，承办单位举办了5场重点活动：梁平采柚节开幕式，梁平柚柚王评选活动（按柚子评选标准评出梁平柚、虎蜜柚柚王），吃柚子大赛，梁平柚采摘仪式（采摘仪式，开展采柚、剥柚、品柚比赛及“柚王”竞拍，种柚能手评选等）。梁平文化旅游活动，柚乡竹海休闲二日游（联合知名旅行社拓展渠道，以百里竹海、合兴名柚园为主要营销点，宣传梁平旅游主题形象，增加梁平旅游游客量，提高旅游经济收入）。

第六届采柚节 活动名称："2014《乡约》梁平·乐跑柚乡"。2014年11月8日，中央电视台CCTV-7《乡约》栏目在梁平县合兴镇"中国名柚"广场拍摄制作《乡约柚乡》节目。"中国第一农民之友"、全国金话筒奖获得者肖东坡担任节目主持。县领导和3000余名游客群众一起观看、参与节目制作。采柚节期间，主要活动："柚王"竞拍活动，100多位竞拍者参与竞争，来自重庆天农八部农业科技有限公司的2号竞拍者文华成，以每千克360元的价格拍得梁平柚"柚王"（得主是合兴镇龙滩村四组黄国华），来自广东佛山市的90号竞拍者刘仁军，以每千克200元的价格拍得虎蜜柚"柚王"（得主是虎城镇砂石村七组孙自友）；在梁平平野园林酒店举行2014《乡约》梁平·乐跑柚乡招商推介会暨签约仪式，来自广东、浙江、福建、重庆等省市的180余家企业齐聚梁平共话合作发展；11月25日，梁平县人民政府和重庆天农八部农业科技开发有限公司共同主办的梁平柚西北五省新闻发布暨品鉴会在甘肃兰州皇冠假日酒店成功举办，100余家果品经销企业出席活动，现场签约梁平柚5000余吨。

第七届采柚节 2015年11月14日，2015重庆·梁平采柚节在梁平县合兴名柚园广场开幕。文旅搭台、经济唱戏，采柚节成为推广梁平柚品牌的重要舞台。开幕式上，极具梁平本土文化色彩、浓郁现代气息歌舞表演《摘柚欢歌》《梁平之歌》逐次登台，精彩的表演赢得现场观众热烈的掌声。采柚节期间，主办方举办了多个形式多样、内容丰富、特色鲜明的主题活动：《摘柚欢歌》文艺演出；签订项目投资协议（本次采柚节成功引进中国光能集团、重庆泽通管业、苏州强优塑料模具、重庆新海交通工程材料等企业12家，合同引资10.88亿元）；"2015年梁平采柚节"暨柚产业发展新闻发布会，《重庆日报》《重庆晚报》、华龙网等10余家媒体参会；"柚王"评选活动（来自合兴镇龙滩村4组的伍明光家种植的柚子摘得梁平柚"柚王"桂冠，虎城镇砂石村七组村民孙自友种植的柚子摘得虎蜜柚"柚王"桂冠）；梁平柚推介签约仪式（京东、淘宝等知名企业与重庆天农八部农业科技开发有限公司签署梁平柚战略合作协议，引进电商平台）；特色商品展销；"最萌柚娃"和"最美柚仙子"评选活动。

第八届采柚节 活动名称："2016重庆·梁平第八届采柚节"。活动时间：2016年11月1日至12月31日，活动主题：创品牌、拓市场、抓销售。主办单位：重庆百里竹海旅游开发建设有限公司。指导单位：县委宣传部、县农委、县商务局、县国土房管局、县文化委、县旅游局、工业园区管委会、县投资促进中心、合兴镇党委政府。本次采柚节设立活动指导组和活动执行组，全面负责活动的组织并实施。活动指导组下设综合协调组、宣传报道组、市政及环境整治组、安全保卫组、后勤保障组。2016年11月2日，2016重庆·梁平第八届采柚节在合兴镇名柚园广场开幕。本届采柚节期间，活动主办方共举办了10场重点活动：欢迎晚宴；柚乡迎宾晚会；采柚节开幕式；采柚活动（评定“柚王”、举行“一口准”游戏、品柚采柚活动、猜谜活动）；参观工业园区；“竹海禅城·重庆梁平”2016年采柚之旅；房交会；特色商品暨美食展销周；人文风俗摄影展；招商引资项目签约仪式（成功签订涉及集成电路、不锈钢制品、现代农业、观光旅游等领域项目15个，协议引资36亿元。与重庆银行签订产业化、城镇化发展基金项目。与重庆大学签订战略合作协议）。

第九届采柚节 活动名称：重庆·梁平第九届采柚节。主题：创品牌、拓市场、促销售。活动时间：2017年11月3日至12月31日。承办单位：区农委、合兴镇人民政府。重点活动：11月3日上午采柚节启动仪式（区领导致辞、地方特色文艺节目表演、“柚王”颁奖、“一口准”游戏、“柚子大力士”比赛、柚园“品柚采柚”活动、猜谜语活动）；“双桂田园·竹韵柚香”摄影展；特色商品暨美食展销；荫平镇采柚活动；虎城镇采柚活动；梁平柚特色农副食品推销会；梁平柚市内外宣传营销活动；“双桂田园·金秋梁平”2017年采柚之旅；梁平旅游发展暨双桂田园规划评审座谈会。

2017年梁平区第九届采柚节“柚王”评比现场

柚博会

2018年开始，梁平将“采柚节”纳入梁平晒秋节活动之一，升格为全市乃至全国级的“柚博会”，将梁平柚品牌提升到全国的高度。

第一届柚博会 2018年11月9日，中国·重庆首届柚博会在梁平区合兴镇中华·梁平柚海开幕。主题是：柚见乡愁·智汇田园。本届柚博会由重庆市农业委员会、重庆市梁平区人民政府主办，承办单位：重庆市梁平区农委、区商务局、区旅游发展委、区供销社、区丰瑞建设开发有限公司。协办单位、网易重庆、新浪重庆、春天生态公司。重庆市及市级相关部门领导、梁平区及区级部门和乡镇领导、重庆市柚产区区县嘉宾、柑橘专家教授、外地游客

2018年，中国·重庆首届柚博会开幕式现场

及本地群众共2000余人参加了开幕式。柚博会期间，主办方共举办了10场重点活动：一是开幕式；二是我是重庆人·代言家乡柚——“柚见·乡愁”重庆老乡为家乡名柚代言活动；三是“柚朋自远方来”探访团+柚园茶话会；四是“智见·柚海”重庆柚产业发展论坛；五是2018中国·重庆梁平柚及全市名柚采购分销签约仪式；六是柚博会现场互动体验活动；七是智慧柚产业暨中国名柚博览会；八是大“柚”作为——柚博会现场营销；九是全景技术打造智能“云观展”；十是梁平柚海柚王评选——2018“中华·梁平柚海”柚王评选大赛。本届柚博会进一步突出了重庆市、梁平区的地方特色，推进了梁平柚商品化生产基地建设，促进了梁平柚的整体销售，扩大了梁平柚乃至重庆柑橘在全国范围的知名度和影响力。

第二届柚博会　全称“全国首届农民水果（梁平柚）采收邀请赛·重庆第四届农民水果采收运动会暨第二届长江三峡（梁平）国际柚博会”（以下简称第二届柚博会）。此届柚博会由重庆市梁平区人民政府承办。参加本届柚博会的领导嘉宾有：农业农村部社会事业促进司、国家体育局群众体育司、中央农广校、市农业农村委、市文化旅游委、市体育局、市供销社、市中新项目管理局、市农科院；广西玉林市容县、福建莆田市仙游县、江西赣州大余县，四川省巴中市平昌县、达州市达川区、开江县、大竹县；重庆市万州区、长寿区、垫江县、忠县；中国农民体育协会、

2019年，全国首届农民水果（梁平柚）采收邀请赛·重庆第四届农民水果采收运动会暨第二届长江三峡（梁平）国际柚博会现场

中国农产品市场协会、中国柑橘学会、市农民体育协会、市柑橘学会、市果品行业协会、市柚子商会；特邀嘉宾、国际国内采购商代表、市内外参赛队伍，柚博会参加代表及各地游客、群众；梁平区四大班子领导及相关部门和乡镇负责人，区内梁平柚生产经营主体代表。2019年11月14日，第二届柚博会正式开幕。柚博会期间，主办方举办了一系列丰富多彩、特色突出的活动，分别是：全国首届农民水果采收邀请赛、重庆市第四届农民水果采收运动会暨第二届长江三峡（梁平）国际柚博会开幕式；农民水果（梁平柚）采收运动会；第二届中国三大名柚高峰论坛；梁平柚出口发车仪式；中国·重庆梁平柚专场推介会；梁平柚展销系列活动（大观镇展销活动、荫平镇展销活动、虎城镇展销活动）等。本届柚博会展示了新时代农民精神面貌，提高了梁平柚的知名度和美誉度，加快了乡村旅游提档升级和梁平柚产业全方位发展，促进农业、旅游和文化的深度融合，推进了乡村产业振兴。

第三届柚博会 全称“第三届长江三峡（梁平）国际柚博会”。由重庆市梁平区人民政府主办，区委宣传部、区农业农村委、区文化旅游委、区商务委、区供销社、合兴镇具体承办。主题：全面小康·柚晒生活。宣传口号：柚行天下·大柚作为。本届柚博会吸取往届开展的经验，结合新的发展趋势，开展“线上”“线下”结合和独具现代性、智慧性、体验性、互动性的系列活动，突出“跨区域协作”“多渠道合作”“各方共赢”的理念，做大梁平柚博会“朋友圈”，做强以梁平柚为核心的柚博会品牌影响力。实现梁平柚品牌增值，柚农增收，推进特色产业发展，践行乡村振兴战略。2020年11月6日，第三届长江三峡（梁平）国际柚博会采取“线上”“线下”相结合的模式在重庆梁平平野园林酒店开幕。市农业农村委主任路伟视频致辞，区委书记杨晓云出席，区委副书记、区长蒲继承致辞。区委副书记陈孟文主持。重庆市农业农村委副主任詹仁明、全国农技推广中心研究员李莉、西南大学副校长王进军、湖南农业大学教授邓子牛；区人大常委会主任郑云山、

2020年，第三届长江三峡（梁平）国际柚博会大观分会场

区政协主席周仁胜等区领导以及市级相关部门、负责人出席活动。开幕式上，来自全国“三农”领域的知名专家、各地企业家通过现场和视频连线方式进行交流和成果分享，揭晓2020“三峡杯”重庆市优质柚评优结果，举行2020中国三大名柚·梁平柚采购商签约仪式。柚博会期间，主办方组织开展了一系列“涉柚”活动。分别是大柚作为（线上数字化柚博会开幕式、潮柚）；云上柚惑（云柚海、云柚展、云柚趣）；柚行天下（云采柚、云打擂、柚云销——线上线下结合，在合兴镇、虎城镇、大观镇、荫平镇等主要产柚乡镇，同步开展名柚展示展销及互动体验活动，对接全国各地梁平柚采购分销商，助推梁平柚销往全国）。

销售大户与企业选介

销售大户

阙德木，65岁，重庆市梁平区双桂街道皂角社区4组村民，个体销售户，从19岁开始经营购销梁平柚至2020年已有46年。1976年至1979年在梁平县中城区天竺公社一带收购梁平柚，到城区长途汽车站售卖，每个柚子售价0.05元至0.10元，年柚子销量5千克至10千克。1980年至1985年在城区南正街设门市销售柚子，每个柚子售价0.15元至0.16元。1989年以后每个柚子售价0.20元至0.30元。1994年至1996年每斤柚子售价1.20元至1.30元，年柚子销量30吨至40吨。1997年至1999年，用梁平柚馈赠单位和亲友成为时尚，每个柚子售价涨至3.00元至5.00元。2000年以后每斤柚子售价2.50元左右，年柚子销量120余吨。2010年至2017年每斤柚子售价2.50元至3.00元，年柚子销量150吨至200余吨。2018年至2020年，市民膳食结构发生变化，改少食荤腥多食水果成为广泛认同，销售模式从传统的零售批发到利用电商平台，年柚子销量达300余吨，每斤柚子售价2.00元至2.80元，年创销售收入140余万元。

郑维友，52岁，重庆市梁平区双桂街道皂角社区4组村民，个体销售户，从1988年开始经营购销梁平柚至2020年已有32年。经营模式在临街门市设点以批发“龙滩柚”为主，采用微信网购方式销售梁平柚。销售优质商品柚果的货源，来自“中华·梁平柚海”产的“龙滩柚”。经营之初零售梁平柚每斤柚子售价1.00元至1.20元，年柚子销量10吨至20余吨。1993年以后年柚子销量二三十吨，至2016年柚子销量逐年上升到100余吨。2018年至2020年，通过连续在“中华·梁平柚海”举办三届柚博会，龙滩梁平柚声誉大幅提升，每斤柚子批发价2.50元至2.80元，年柚子销量200余吨，成为批发量较大的个体户，年创销售收入

100余万元。

黎万书，68岁，重庆市梁平区荫平镇乐英村3组村民，1990年有460余株梁平柚树，年产销柚果10余吨。2015年在梁平柚王评比中，黎万书选送的柚子获梁平柚“三等奖”，柚果销往重庆、万州等地。是年，组建成立“梁平县乐英柚种植专业合作社”入股户数190户，到2020年共133.33公顷柚园初产柚果400余吨，全部售完。

孙自友，51岁，重庆市梁平区虎城镇砂石村7组村民，继承保护父亲孙庭荣留下的一株优良树种“虎蜜柚”母树，于1998年经梁平县科委、农业局科技人员发现，对此树研发培育出新品种“虎蜜1号”。1998年11月，“虎蜜1号”被评为“重庆十大名柚”，被专家誉为“跨世纪柚类良种”。2019—2020年，孙自友家产的100余吨“虎蜜柚”，在11月底以前全部预订完毕。

销售企业

重庆市龙滩梁平柚开发有限公司　2004年9月成立，位于重庆市梁平县合兴镇龙滩村，总资产200万元。公司经营模式为，公司+农户+股份，截至2020年已登记注册入股社员124户，服务合作社社员1320户。公司主要经营销售梁平柚及从事技术咨询培训，是重庆市梁平区的“龙头企业”，下设市场销售部、财务部、技术指导部。所在的龙滩村、护城村柚园

中华·梁平柚海标志石

基地称为“中华·梁平柚海”，2006年11月，被中国果品流通协会授予“中国优质梁平柚基地”称号。2007年7月，合作社获农业部农产品质量安全中心“无公害农产品”证书。是年10月底起，重庆市龙滩梁平柚开发有限公司充分利用“无公害农产品”资源优势，注重商品果品质，改进柚果包装，出售柚果时贴“双桂”牌商标上市售卖，信誉度和影响力逐年提升，每年柚果销售时间较其他柚产区缩短10余天，年销柚果5000吨成为梁平柚产销的支柱企业。2020年12月下旬，公司通过线上销售占30%，线下销售占70%，是年所产柚果全部售完。

重庆旭焰实业有限公司 2013年4月成立，总资产2400万元（重庆旭焰实业有限公司前身称为：重庆市澎湃农林发展有限公司），主要经营销售梁平柚和柚子加工产品，年销优质商品柚果3000余吨。旭焰公司申报的“刁老爷的柚”于2016年9月获准注册商标，围绕“刁老爷的柚”在包装盒上进行卡通形象设计，文创周边产品设计，开发挖掘梁平柚文化故事，融入梁平木版年画、寿竹等文化元素，凸显重庆旭焰实业有限公司梁平柚包装的趣味性和辨识度。2016年至2018年，重庆旭焰实业有限公司收购梁平柚均价每1000克为3.27元，出现购销量同升景象，在北京、上海、湖北等省市设有柚产品销售网店，发展营销大户10余家经销梁平柚。2018年11月，重庆旭焰实业有限公司的“刁老爷”梁平柚荣获十六届中国国际农产品交易会参展农产品金奖。其金带柚园获“2019年度重庆市农产品（水果）出口示范基地”称号，成为重庆“市级龙头企业”，柚产品出口到韩国、新加坡、俄罗斯等国家。

2018年11月，重庆旭焰实业有限公司“刁老爷”梁平柚获第十六届中国国际农产品交易会组委会金奖

重庆市梁平区奇爽食品有限公司 2009年3月成立，位于重庆市梁平区竹海大道5号，总投资1.85亿元，占地面积8公顷。公司拥有员工500余人，为大型民营企业，主营梁平柚，生产的产品有柚子制品、豆制品、肉制品、竹笋制品、金针菇制品、炒货加工等休闲食品，年柚子用量2000余吨。2020年9月，“有陈意·柚汁”在2020“重庆好礼”旅游商品（文创产品）大赛中荣获金奖。公司柚产品销往全国，年销售收入上亿元。

产业发展

政策措施

1985年8月13日，梁平县第九届人大常委会第十次会议通过了《关于大力发展梁山柚生产的决议》。一是广泛宣传发动，提高认识。大力发展梁山柚生产，是发挥梁平资源优势，调整农村产业结构和人们食品结构的一件大事，是发展商品生产，实现农业经济翻番的有效措施，是人民群众的一项致富之路。各级人民政府要采取多种形式进行广泛深入地宣传发动，使广大干部群众充分认识发展梁山柚生产的重要性、必要性和可能性，消除各种疑虑，积极自觉地搞好这一工作。二是明确指导思想，坚定必胜信心。发展梁山柚生产，就是要坚持因地制宜、户营为主，对生产需要的人力、物力、财力等，主要还是依靠群众自己解决，要教育广大群众坚定必胜的信心，努力克服各种困难，把梁山柚的大发展搞上去。三是加强技术指导，搞好柚苗培育。要积极做好技术骨干的培训工作，用先进的科学技术搞好柚苗的培育和定植。要大力推广从实践中总结出来的“四改三步走”的育苗和定植经验（四改：一改习惯性的托罐繁殖为育苗嫁接繁殖；二改小苗定植为培育大苗定植；三改自由种植为计划种植、择优发展；四改稀、大、空的栽培管理为适度密植，使之早结丰产。三步走：第一步，用酸柚籽和枳壳生产种苗，采用嫁接繁殖，2至3年出圃；第二步，将嫁接苗密植移栽，时间2至3年，培育成大苗；第三步，将大苗就近带土定植，建成果园）。做好嫁接繁殖、大苗定植、推广良种、适度密植。

1991年8月21日，中共梁平县委、梁平县人民政府印发《关于继续开发梁山柚的决定》。

以质量维护声誉

一是良种选育。继续开展群众性的柚树选优工作，对中选单株，定株定点繁育，并由县、区、乡三级联合规划建立母本园。1994年年底前，地区级的柚子基地乡（龙滩乡、云龙乡、荫平乡、太平乡、杨柳乡），每个乡建6.67公顷母本园。县规划的30个柚子基地乡，每个乡建3.33公顷母本园。凡栽植的梁山柚，必须选用优良种苗，围绕优良单株建立丰产片，形成规模。二是严禁早采。每年柚子的采收期定在霜降节以后，在此期前，任何单位和个人不得采收销售，否则，工商部门要给予严肃处理。三是坚决打击以假充真。对以假充真者，尤其是从县外调进柚子冒充梁山柚销售者，工商部门有权没收，并处以罚款。四是建立县果品开发服务公司，严把出县柚子质量关。从1991年开始，凡批量运出县外的柚子，必须经县果品办检验贴上“梁山柚”标志，凡无此标志者，有关部门要阻止外运，工商部门可予以经济处罚。

建设柚子专业村

中共梁平县委、梁平县人民政府决定，自1991年开始，奋战4年建设87个柚子专业村。各级党委政府和部门务必引起重视，纳入议事日程，认真制定专业村发展规划和措施，切实解决建设中的实际问题，力求抓住关键，抓出成效。

筹措发展资金

多形式、多渠道筹集发展资金，一是农民集资，本着取之于民，用之于民的原则，动员农民集资、投劳，开发梁山柚。二是建立柚子开发基金。主要用于品种改良、技术培训等方面，县果品开发服务公司具体承办。三是纵横联营，合力开发，可以村与村、村与工矿、企业联合经营，既可利润分成，也可以果品补偿工矿、企业单位，实行“补偿贸易”。此外，还可通过部门，争取上级农业发展基金增加资金投入，从多方面筹措发展资金开发梁山柚。

强化服务指导

县成立果品开发服务公司，对梁山柚基地乡配备柚果技术员，柚子专业村配备中心技术员，力争在3至5年内形成自上而下的完整技术推广服务体系。在柚产前积极做好配套物资的供应，柚产中做好技术咨询、指导，柚产后做好销售服务工作，解决长期以来产、销脱节矛盾。逐年形成以果品公司为龙头，产、供、销一条龙的新型联合体，带动柚农千家万户进入流通领域，形成多层次、多形式、多渠道的销售服务网络。

立足当前，谋划来年

1991年嫁接115万株，密植小苗70万株，定植3年生以上大苗40万株，建立母本园11个（22.87公顷，栽苗8.25万株），产果300万个。1992年育苗5.67公顷，嫁接95万株，密植小苗80万株，定植大苗40万株，建立母本园5个（面积6.67公顷，栽植2.5万株），产果350万个。为完成柚子基地建设任务，除继续稳定执行项目集团承包外，坚持“两抓、两上、两提高”，即狠抓生产发展、狠抓生产管理；上果品质量、上优质果批量；提高果农素质，提高果品效益。每年至少1次修剪，1年1次深耕（翻），1年3次病虫防治，2次中耕，3次施肥。果园达到“五无”管理标准，即无高秆作物、无杂草、无严重病虫害、无杂树、无低产树。

1995年1月8日，中共梁平县委、梁平县人民政府印发《关于加速实施农业和农村经济产业化的决定》。到1997年，力争建成梁平柚、蚕桑、生猪、水禽、水产五大产业科技示范户各1000户。梁平柚被列为第一个产业工程，要求达到人均拥有挂果树100株以上的示范户1000户，梁平柚专业村由122个发展到130个。

1996年10月30日，梁平县第十二届人大常委会第三十一次会议通过《关于推进梁平柚产业化进程的决议》。

柚产业化指导思想 积极推进梁平柚产业化，以市场为导向，以科技为依托，以增大投入为手段，以提高经济效益为中心，以增加果农收入和产品有效供给为目的，在保持农村家庭联产承包责任制稳定不变的前提下，按照产供销、贸工农一体化的要求，实行多层次、多形式、多元化的优化组合，逐步达到布局区域化、生产专业化、开发一体化、经营集约化、服务社会化、管理企业化的格局，形成以市场引导龙头企业，龙头企业带动基地，基地连接农户，集“种养加”“产供销”“内外贸”“农科教”为一体的经济运行机制，使农民与企业结成利益共享、风险共担的经济共同体，从而带动梁山柚产业步入社会化大市场，提高柚果产业经济效益。

柚基地建设 一是各级要切实建立健全技术服务网络，充分调动各级科技人员积极性，大力引进、推广先进实用技术，广泛开展有偿服务，技术承包，实现技术、劳力、物资、信息的最佳组合，提高科技含量，提高科技入户率和应用率。二是坚持经营集约化方向，不断加强20个基地镇乡，120个专业村和1000户科技示范大户的建设。三是树立创优意识，加大提纯选优和品种改良工作力度，着力提高果品质量，同时实施好名牌战略，加强知名商标的宣传，提高产品知名度。四是增大投入，包括资金、技术、人力等的适度投入，进一步强化生产管理，实现由注重生产发展向注重生产管理增效益的工作重点转移，像抓大田生产的“统防统治”工作一样，实施统一管理，尤其在冬季要纳入农田基本建设的重要工作内容，努力实现2000年产果5000万个的目标。五是引入价格机制和法律手段，建立专业市场，严格柚子采摘期，切实维护梁山柚声誉。六是各级各有关部门要搞好示范，认真科学地总结各类典型经验，培育发展一批覆盖不同区域，不同类型的样板群体，发挥示范带动作用。

培育柚龙头企业 积极扶持现有的国有果品开发公司，帮助完善经营体制和运行机制，使之逐步发展壮大在梁平柚产业中的生产技术、产销信息、产品的商品化处理、包装、贮藏保鲜、加工、销售各个环节起牵动作用的龙头企业，以更好地带基地、联农户、入市场。

促进柚龙头企业与基地和果农连接 建立健全约束机制，以经济利益为纽带，合理确定龙头企业、基地、果农的责权利，促使龙头企业与基地、与果农结成利益均沾，风险共担的经济共同体，推进梁山柚产业的稳定健康发展。大力发展中介组织，在农民和市场之间架起“金桥”。还要积极发挥个体经济的作用，努力开拓市场，充分发挥市场的带动作用。

加强组织引导 一是围绕推进产业化，坚定信心，下够决心，更新观念，转变作风，狠抓落实。建立目标责任制，加强目标管理，把产业化工程作为农村经济工作的重要任务一抓到底，抓出成效。二是引导、组织广大果农积极学习商品经济知识，使其思想，行为适应市场经济的需要，跟上产业组织形式变革的步伐。三是建立健全法制保障体系，依法对梁平柚产业化的发展进行管理。

1998年6月15日，梁平县人民政府办公室印发《关于开展梁平柚选优工作，实施名牌战略的通知》。

选优目标 选优对象要求柚树体生长健壮、丰产稳产性和抗逆性强，结果5年以上，近3年表现果大形正色鲜、果面光洁、油胞细的优良植株中优选，并要求单株产商品果25个以上，单果重达1000克占80%，果皮厚度在1.5厘米以下，果汁汁多、质地脆嫩、化渣、风味浓，具有诱人芳香味而无异味，可溶性固形物11%以上，梁平柚以选育瓣形大小整齐，口感具蜜甜味而无苦麻异味为重点；虎蜜柚以选育易剥离成瓣而不烂，口感风味微酸味浓纯正为重点。

实施步骤 选优工作实行群众推荐与技术人员实地观察相结合，感观鉴评与内质检测相结合，每年从7月份开始宣传发动，组织柚农加强生产管理，并由柚农到各镇乡政府自荐优良单株，各镇乡政府组织人员进行初筛选，8月前将初选单株填报《梁平县柚类选优、送选单株上报表》交县果品办，9月由县果品办组织技术人员进行实地观察确定送评单株。县果品办10月底、11月上中旬分别取整株平顶柚和整株虎城柚商品果组织初评，11月中旬送“重庆市名柚开发会议”（在梁平召开）复评确定优良单株。对中选单株利用广播、电视、报刊等广泛宣传，并实施品种改良，定点繁育，建立优质商品果生产基地，占领国内外名柚市场。

强化生产管理 一是加强施肥管理。要求全县柚农在每年7月中旬前普遍对柚树科学施一次“柚子专用肥”，以促进生产优质大果，增大口感甜味，改善果实外观。二是加强旱期果园灌水，立足抗旱夺丰收。三是加强病虫综防。抓住6月—7月和9月的防治关键时期，实行统一防治与挑治相结合，尤其注重对果实商品性有严重影响的蚧类、烟煤病等病虫害的防治。四是根外施肥。10月上旬对柚树树冠及果实普喷2至3次磷酸二氢钾，提高柚果浓味。凡未经进行科学生产管理的柚树，不得参加选优，不得作为优质柚销售。

创立市场“名牌” 1998年开始，柚子实行“分等定级，优质优价”销售，重视和深入开展商品化处理包装和市场营销工作的研究开发，促使柚果商品性上高档次，用优质果加高档次的商品包装和注册商标，开拓、扩大市场，创立市场“名牌”。各级各部门有组织的外运柚子必须是经商品化包装的优质商品果。

100年树龄梁平柚包装盒

加强组织领导 成立“梁平县实施梁平柚名牌战略领导小组”，由分管副县长任组长，县农经委、农业局、科委、财政局、地税局、工商局、果品办主要负责人为成员。县果品办负责日常工作。各镇乡人民政府成立相应班子，落实专人，明确责任，认真组织落实实施生产管理、柚子初选、控制早采、创名牌产品，加强市场营销等工作。

2001年2月6日，中共梁平县委、梁平县人民政府印发《关于建设1万公顷优质梁平柚、梁平蜜柚（虎蜜柚）产业化工程实施意见》。

总体要求 以市场为导向，以质量、效益为中心，以科技为支撑，以发挥优势和突出产业特色为前提；以良种工程和基地建设为基础，以推进品种良种化、布局区域化、生产规模化、经营产业化为重点，创新机制，确保梁平柚、梁平蜜柚优质生产快速发展。总体目标：改造低劣质柚树3333.33公顷、250万株，培育梁平蜜柚苗300万株。建成梁平柚、梁平蜜柚生产基地1万公顷，其中梁平柚6666.67公顷、500万株，梁平蜜柚3333.33公顷、300万株。到2010年，年产优质商品果13.25万吨，实现产值2.75亿元，税金2000万元。到2020年，年产优质商品果22.5万吨，实现产值4.5亿元，税金3600万元。规划改造和建设梁平柚生产基地镇乡17个，其中规模在666.67公顷、50万株以上的镇乡3个（合兴镇、云龙镇、荫平镇），规划建设梁平蜜柚生产基地镇5个，其中规模在333.33公顷、30万株以上的镇乡5个（虎城镇、袁驿镇、碧山镇、七星镇、龙胜乡）。

提高基地建设质量，推进产业化经营 抓好基地建设质量。“十五”期间，梁平县果品产业结构调整、生产发展的重点就是抓梁平柚品种选优提纯、高换低劣质柚树，加强生产栽培管理，全面提高梁平柚品质和大力发展梁平蜜柚。建成梁平柚生产“三带”，即“城东—复平—合兴—梁山镇—金带—和林—云龙—荫平”生产带，“安胜—明达—龙门—新盛—文化—城北”生产带，“石安—福禄—大观”生产带。建成“虎城—龙胜—袁驿—碧山—七星”以及铁路、高速公路“两路”沿线梁平蜜柚生产带。对生产带内的基地乡镇，县里将在政策、资金、技术、物资上予以重点倾斜、扶持。通过五年建设，力争建成一批年产优质商品果万吨以上的镇，千吨以上的村，百吨以上的组，十吨以上的户。

大力加强梁平柚的生产栽培管理，全面提高梁平柚品质。把梁平柚生产工作从“重栽”转移到“重管”“重效”上来，全面提高梁平柚品质。建立梁平柚品种选优提纯机制，每年开展一次规模较大的梁平柚选优鉴评活动。对选出无苦麻异味、果大、形正、瓣形整齐、无核的单株，要登记造册、进行保护，观察优良性状遗传稳定性。经专家鉴定确属优秀的单株实行重点保护，推广繁殖。建立起不断选育、不断变换、推广的良繁选优机制，优化梁平柚品种。加大劣质柚树的变换改造力度。实施高接换种，坚决换掉苦麻味重，商品性差的劣质柚树，从源头杜绝劣质梁平柚生产。

加强梁平柚生产园基地设施建设，充分利用冬季农田基本建设时机，加强柚园基础设施建设，去掉与柚树争光、争水肥的杂草杂树，兴修水池、道路、深耕土地。农业、林业、水电、农综办等部门要充分利用水保、退耕还林、生态环境建设、农业综合开发项目建设一批

梁平柚标准园基地

高质量、规范化的梁平柚生产园。强化生产栽培管理。增加对梁平柚的肥料投入，增施有机肥、果树专用肥、广种绿肥。适时防治病虫，合理整形修剪。逐步推行疏花疏果、保花保果，树杆环割、果实套袋、覆膜增糖技术。搞好技术培训，各镇乡在县果品办的指导下应加强以梁平柚冬管为主体的综合技术培训，使广大果农掌握生产实用技术，全面提高梁平柚产量和品质。

大力发展梁平蜜柚生产。一是在发展上要根据下达的任务，统一规划，精心组织实施，做到成片、规模、规范。二是高起点，对定植树按计划密植栽培要求，2×3米，亩植110株；实施“矮、密、早、丰、优”综合栽培技术，克服“稀、大、迟”，采用撑、拉、吊、环割、抹芽放梢、摘心放梢等措施，达到三年投产，4至5年丰产。三是对新植梁平蜜柚树，必须采用由县果品办统一提供的枳砧梁平蜜柚苗，以利优质丰产，改变原梁平虎城柚进入盛果期迟的状况。四是对规划地带内的其他柚树实施高接换种，对其他杂树间伐。五是推行业主开发机制。鼓励各行各业的业主，种植大户参与梁平蜜柚规模生产开发，实行集约化、产业化经营。对各镇乡有外来客商、业主开发的，县里将在苗木安排、生产物资供应、基础设施投入、资金上予以重点扶持。六是充分利用各种涉农项目建设一批高规格、高质量、规范化的优质虎蜜柚生产示范园。

按照绿色食品生产标准，坚持依法兴果。1万公顷梁平柚、梁平蜜柚生产基地建设，技术性强。一是走科技兴柚之路。将同中国柑橘研究所、重庆市果树所、西南农业大学建立科技合作关系，聘请知名专家，教授担任生产基地发展顾问，实施先进生产技术组装，来指导梁平柚、梁平蜜柚生产基地发展。二是完善县内果树技术推广服务体系，配备专业技术人员，积极发展梁平柚、梁平蜜柚生产专业合作社和专业协会，不断开展技术培训，努力提高广大果农的实用栽培技术。三是按照绿色食品生产标准，进行梁平柚、梁平蜜柚的生产栽培管理。按照A级绿色食品生产标准，进行梁平柚、梁平蜜柚的生产操作。在施肥上大力推广使用堆肥、沤肥、厩肥、沼气肥、绿肥、作物秸秆肥、泥肥、饼肥等。施前，必须经堆沤、高温发酵，以杀灭肥料中的各种寄生虫卵、病原菌、杂草种子等。适当施用尿素、磷酸二氢钾、微生物肥料，减少其他化学肥料的施用，禁止使用硝态氮肥，最后一次施肥必须在收获前30天进行。在病虫防治上，加强柚树的栽培管理，中耕除草，培育壮苗，清洁田园，轮作倒荐等措施，防治病虫草害，提高树体抗病虫能力。尽量利用灯光，色板诱杀，人工捕捉害虫。特殊情况下只能使用中等毒、低毒等杀虫螨剂、除草剂。严禁使用剧毒、高毒、高残留或具有三致毒性（致癌、致畸、致突变）的农药。创造不利于病虫草滋生的有利于各类天敌繁衍的环境条件，保持农业生态系统的平衡和生物多样性，减少各类病虫草害所造成的损失。在建园选点上应远离工矿区，避开工业和城市污染源，严禁使用汞、镉、砷、铅、六价铬、氟化物含量超标的水作为柚树灌溉水，合理调节土壤酸碱度，减少土壤污染，逐年不断提高土壤肥力。四是积极申办绿色食品标志，增强产品在国内、国际市场的竞争力，全面提高梁平柚产业效益。五是严把种苗关。梁平柚劣质树改造，梁平蜜柚生产发展，所需良种枝条、苗木数量大，必须由县果品办统一供应，坚决取缔和杜绝其他渠道非法乱育、乱种、乱供基地建设所需的苗木、枝条，对造成严重后果者，依据《中华人民共和国种子法》追究其法律责任，确保基地建设质量，避免新一轮低产园的重复建设。

建设流通队伍，构筑市场网络。一是建设流通队伍，发展各种形式的流通组织。坚持“一手抓生产，一手抓市场”的工作方针，发展壮大梁平县果品有限责任公司，充分发挥龙头作用，建立“公司+基地+农户联市场”的产业化经营模式，培育成梁平柚销售的龙头公司。积极发展建设柚子专业合作社、种植大户、个体运销户和外来客商组成的销售流通大军。鼓励全县干部职工，包括下岗职工、外来客商，积极从事梁平柚生产销售工作。二是构筑市场网络，建立多层次销售网点，由县果品公司牵头在各大中城市设立销售窗口。发动各专业合作社、种植大户、个体运销户在全国各中小城市设立批发点，建设梁平柚批发市场。三是扩大广告宣传，树立良好品牌形象。积极开展梁平柚果实商品化包装处理、贮藏，凡进入全国各大中城市销售的柚子，必须是经过商品化包装处理，严禁麻袋果、散装果、小果出县上市销售。树立“品牌”，创建“名牌”，有条件时，在中央电视台、各大报刊加大梁平柚的宣传力度，拓展市场。四是规范流通政策，建立绿色通道，创造良好的销售环境。按期采果，确保质量，严禁早采。统一使用印刷的包装和商标。统一费税政策，坚持特产税源头纳税原则。销售环节，除每个柚子征收0.02元的柑橘开发基金用于生产服务外，其他部门不得在柚果销售环节征收任何费税，避免政出多门，并简化手续。政法部门在柚子销售季节，应派出治安小分队，严厉打击欺行霸市的违法行为。

加大政策扶持力度 建立土地流转机制。支持和鼓励专业合作社、科技示范户、业主以调换、反租、倒包、转包果农果树和农民耕地，进行梁平柚、梁平蜜柚规模开发。搞好典型示范，凡规划建设的各镇乡，根据不同地域条件必须建立起以业主开发为主体的66.67-133033公顷高质量、规范化的梁平柚、梁平蜜柚生产示范园。通过抓龙头、搞典型示范来做给农民看，带着农民干，消除农民的风险意识，推动基地建设发展。对业主承包规模在3.33公顷以上的户要进行登记保护，在政策、资金、技术上予以倾斜，使现有果树资源逐渐向种果能手集中，实现集约化、产业化生产。

增加投入。一是县农发办每年应安排一定数量的资金用于梁平柚、梁平蜜柚的选优提纯、高接换种和梁平柚、虎蜜柚的展示展销，广告宣传。二是县财政每年安排一定资金用于生产技术的推广，发展健全果树生产技术队伍，对从事果树生产技术推广的果技员应享受农技推广人员同等待遇。三是农林特产税办公室应从征收的经果林特产税中抽出一部分资金用于基地的技术指导费用。四是充分利用各种涉农项目建设梁平柚母本园和梁平蜜柚苗圃基地，要将梁平柚、梁平蜜柚的生产作为项目重点实施开发，建成一批优质、丰产、高效生产示范园。五是农村信用社的小额信贷要积极扶持梁平柚、梁平蜜柚生产发展。六是减免费用、简化手续。对业主、外来客商、种植大户成片开发“梁平蜜柚”生产，创建生产园区的，要免征10年的农业特产税、个人所得税。园区新建旅游观光、农家乐设施，国土、工商等部门应减免费税、简化手续。对低劣质梁平柚树的改造，实施高接换种，要免征8年的农林特产税。

严格柚果采收期。梁平柚果成熟期为霜降节后，梁平蜜柚的成熟期为立冬节后。适时采收是确保梁平柚、梁平蜜柚的果实质量关键措施之一。近年的恶性早采严重影响了梁平柚在市场上的信誉。必须采取有效措施，严禁早采。对早采上市的柚子，视为劣质柚，各镇乡党委、政府、工商、果品办、公安等部门要积极宣传、协力配合，杜绝恶性早采。

奖励政策。对选出梁平柚、梁平蜜柚优秀单株，经专家鉴定确属优秀的，县内对选育有功人员给予500～10000元一次性奖励。对业主开发、规模在6.67公顷以上的县内在项目建设上予以扶持，支持建设。对梁平柚生产栽培管理、低劣质柚改造，梁平蜜柚生产发展组织实施好的镇乡给予5000～20000元以奖代补奖励。对年销售梁平柚、梁平蜜柚1000吨以上的购销大户、业主给予1000～10000元奖励。

落实责任，严格考核　梁平柚、梁平蜜柚是梁平县的特色产业，支柱产业，属名特优果品，市场竞争力强，要将梁平柚的生产栽培管理，生产发展工作紧抓不放，一抓到底。上下必须统一思想，形成共识，将梁平柚、梁平蜜柚生产发展工作抓起来，坚定信心，毫不动摇。建成梁平县独具特色的柚类支柱产业。

建立强有力的梁平柚、梁平蜜柚生产基地领导班子。成立梁平柚类生产基地建设工程指挥部。由县委或县政府的主要领导担任指挥长，县委、县人大、县政府、县政协分管领导为副指挥长，县委办、县府办、县农委、县农业局、县果品办负责人为成员，下设办公室，负责日常生产发展工作，办公室设在县农委或县农业局内。各镇乡也应建立相应机构，负责发展。

乡镇考核　一是建立目标责任制。各镇乡党委、政府主要领导为梁平柚、梁平蜜柚生产发展主要负责人，县工程指挥部每年根据计划与各镇乡党政主要负责人签订目标责任书。各镇乡党政要与镇乡农办或农技站、果树站签订责任书，并缴纳一定的保证金。二是严格考核。县里对照目标责任书逐项检查落实，对当年完成任务者实行奖励，对未完成任务者给予惩罚，限期第二年完成。

部门配合，打好发展总体战。各有关部门，特别是农业、林业、水电、国土、农业综合开发办等部门，凡是涉及经果林发展项目的，要统一协调配合。对发展资金统一安排使用，按照全县总体规划统一布置、认真实施，做到建设一片、优质一片、改造一片、富民一方，形成全社会共同开发梁平柚、梁平蜜柚的良好环境，打好发展总体战，按时按质全面完成1万公顷梁平柚、梁平蜜柚生产发展基地建设任务。

2016年4月5日，梁平县人民政府办公室印发《梁平县2016年梁平柚产业发展实施方案》。

总体要求 以市场为导向，科技为支撑，产业为纽带，标准化生产，产业化服务为载体，创新方式，构建“三带三线”柚产业布局，全面提升梁平柚品牌美誉度，把梁平柚打造成名副其实的全国名柚，不断提高梁平柚产业的经济、社会、生态效益。

目标任务 实施“扩面、提质、创牌、拓市、延链”工程，新建标准园800公顷，改造老果园1333.33公顷，将合兴、荫平、明达等乡镇（街道）建成梁平柚产业示范带。全县梁平柚产量达9万吨，销售商品果5.5万吨，产值达3.5亿元，继续做好200公顷有机柚园建设，开展1333.33公顷柚园标准化生产管理。建成3个育苗基地，1个母本园基地，2个贮藏能力达5000吨的贮藏库，1个年加工能力达1万吨的深加工企业，8条商品化处理生产线，延长提高梁平柚产业链、价值链。

实施“扩面增量”工程 一是编制产业发展规划。在“三带”+“三线”的产业规划布局基地上，以标准园建设为点，园与园连成片，片与片连成带，力争用5~8年时间，集中力量，整合资源，把“三带”“三线”打造成具有生态景观、休闲娱乐、特色效益功能的梁平柚产业长廊。二

梁平标准化柚园

是建设标准化柚园。以龙头企业、专业合作社、家庭农场、种植大户为主体，通过连片流转耕地或土地入股等方式，按照标准园、准标准园的建设标准，实施去劣去杂、改土、规范定植柚树，完善园区机耕道、耕作路、蓄水池等基础设施，新建梁平柚标准园800公顷。三是低产果园改造。重点针对现有成片柚园，通过去劣去杂，更新修剪，土壤深翻，补植大苗，完善蓄水池、人行耕作道基础设施，将低产柚园变成优质丰产园，改造老果园1333.33公顷。

实施“选优提质”工程 一是管理管护。以梁平柚全程社会化服务引导，在合兴、大观、明达等乡镇推广实施标准化生产管理1333.33公顷。组建专业队伍进行生产管理，适时开展修枝刷白、施有机肥、病虫防治（生物防治为主），疏花疏果、保花保果等标准化生产管理。以农民田间学校为依托，强化标准化生产技术培训和指导，重点培训100名梁平柚生产管理技术骨干，再以技术骨干为主体划片带动培训全县柚农，力争80%的柚园和30%的零星柚树实现标准化生产管理。二是选优提纯。以中国柑橘研究所为技术支撑，通过一年一度柚王评选活动等措施选育梁平柚优良单株进行繁育，同时从国内外引进一批名柚类新品种进行培育，获得优质资源。实行定点定种繁育，在合兴镇龙滩村新建5.33公顷梁平柚母本园，培育优质纯正的营养袋种苗，从源头确保品质纯正。三是育苗基地建设。通过比选明确业主，分别在虎城镇五角村流转土地2公顷，合兴镇雨家村流转土地2公顷，双桂街道安宁村流转土地4公顷，新建3个育苗基地，选用历年梁平柚优选单株为种子资源，年育优质营养袋苗100万株。四是优质柚生产。进一步推进无公害、绿色生产，继续在合兴镇龙滩村实施200公顷有机柚生产，通过安装安全生产监控视频、太阳能杀虫灯、施用生物有机肥等手段把好源头关，实施有机化生产管理，创建有机柚品牌。在合兴、荫平、大观、虎城、明达等乡镇重点生产示范区启动10万株柚果套袋技术试验示范，从内到外提升梁平柚品质。

实施“创牌拓市”工程 一是品牌建设。支持营销主体购买选果机，严格执行“统一采摘时期、统一品牌、统一包装、统一质量标准、统一最低保护价、统一溯源和开拓市场”“六统一”标准，形成规模优势、扩大品牌效应，提高市场占有率。通过主流媒体和微电影、手机平台、APP等新媒介加强对外宣传，特别加强对百年柚树的宣传、保护和开发力度，打造梁平柚整体形象。以全县柚乡文化旅游系列活动为纽带，举办“柚花节”“采柚节”等活动，普及柚知识，拉动柚消费，发展柚经济。鼓励各生产经营主体积极申报创建梁平柚有机食品、生态源产地产品、全国名牌农产品、著名商标、驰名商标等梁平柚品牌。加强地理标志保护，依法打击假冒伪劣行为，提高梁平柚的社会知名度和市场竞争力。二是市场建设。积极探索现代营销方式，构建“线上”+“线下”互动销售网络。制定“线上”激励政策，引导各营销主体大力开拓线上市场，鼓励营销主体与京东、天猫等电商开展合作，力争2016

年线上营销突破1万吨，销售额1亿元以上；新佩戴RFID果树标签20万株，实现RFID二维码深度保真溯源，建立电商平台、溯源平台，通过智能手机下载APP客户端，实现网上购买、定制、拍卖、溯源等多种功能。进一步完善“线下”销售体系，引进第三方验收核定销售量，支持龙头企业到市外举办大型推介活动，在北京、上海等地设立代理商等营销窗口。

实施“延链增效”工程 延长保鲜期。支持龙头企业修建贮藏库，贮藏能力达到5000吨，利用中国柑橘研究所的保鲜贮藏技术，进行商品化贮藏，错开集中上市，延长销售时间，提升效益。分别在虎城、回龙、荫平、金带、大观、明达、袁驿、云龙等乡镇建商品化处理生产线8条，实现商品化处理率65%以上。延长产业链。大力发展加工业，支持龙头企业新建年加工能力达万吨的深加工企业1个，柚子酒厂1个，鼓励加工龙头企业积极进行柚子茶、柚皮糖、柚子酒、柚子粉、种籽油、香精油、沐浴露、香皂等系列产品开发，提高综合利用率，延长产业链条。

组织保障 为进一步加快将梁平柚培育成特色主导产业，及时协调解决发展中的困难及问题，成立梁平柚产业发展领导小组，由县委常委、县政府副县长唐军任组长，县委常委、组织部部长彭锋和县人大常委会副主任刘国平任副组长，县委宣传部、县发展改革委、县财政局、县农委、县商务局、县国土房管局、县水务局、县文化委、县林业局、县旅游局、县供销合作社、县工商局、县质监局、县食药监分局、农发行梁平县支行、新梁公司等部门（单位）分管领导为成员；领导小组下设办公室，县农委主任杨代述兼任办公室主任，县林业局副局长王光会，县供销合作社副主任黄帮株，县农委副主任胡文祥任办公室副主任，县农委经作站全体人员为办公室人员，具体负责推进梁平柚产业化发展各项工作。各乡镇（街道）要加强对梁平柚产业发展工作的领导。

资金保障 充分发挥梁平柚产业一体化配套设施建设项目专项基金的引领作用，注重政策、项目、资金等因素的聚合效应。2016年集中捆绑整合农业、林业、水务、国土等资金1亿元以上，带动社会资金0.8亿元以上，发展壮大梁平柚产业。

考核奖惩 2016年将梁平柚产业发展纳入全县综合目标考核内容，对推进梁平柚产业化工作成绩突出的单位和个人给予表彰，对工作落实不力，发展效果不明显的，予以问责。

2017年，重庆市梁平区将梁平柚产业发展列为“1+3”特色产业体系，按照规模化、标准化、品牌化、生态化的发展要求，突出柚子主导产业，大力发展粮菜、水产、畜禽三大优势产业。区农委不断优化完善柚子产业发展规划，加快构建“三带三线”梁平柚产业格局，依托龙头企业、专业合作社、家庭农场、种植大户等新型经营主体，深入实施“扩面增量、选优提质、创牌拓市、延链增效”四大重点工作。

2018年4月11日，重庆市梁平区人民政府印发《梁平柚产业化发展三年行动实施方案（2018—2020年）》。

目标要求 体系全面健全。到2020年年末，全面建成梁平柚产业发展创新体系、生产体系、监管体系、品牌体系、市场营销体系、智能化体系、全程社会化服务体系，形成一支高水平的研发人才、技能人才、新型职业农民队伍。从事梁平柚种苗繁育、栽培、加工、营销等新型农业经营主体200家以上。效益大幅提升。梁平柚产业纯收益水平显著提升，盛产柚园平均亩产达2吨以上，优质果率达到80%以上，亩纯收益达4000元以上。全区柚产业产值突破10亿元。品质不断提高。“三品一标”认证110个以上（其中：无公害农产品90个，绿色食品20个，启动农产品认证，获得有机农产品认证1个），打造市级名牌农产品3个。一、二、三产融合发展。将中华·梁平柚园创建成国家级乡村振兴示范区、国家AAAA景区、梁平柚国家现代农业产业园和国家农业科技园区。做大做强以奇爽食品工业园为龙头的柚子精深加工产业，年加工能力突破1万吨。

中华·梁平柚海三中心（科普研发中心、公共服务中心、产业营销中心）

强化品牌营销 系统营销策划。邀请浙江大学等知名专家对梁平柚品牌培育、营销方案等开展全面系统策划，叫响梁平柚品牌。通过腾讯网、今日头条、百度、移动通信平台等大型媒体加强对外宣传，扩大品牌影响。鼓励生产经营主体积极申报有机农产品、生态原产地产品、重庆名牌农产品、中国驰名商标等梁平柚品牌，提高品牌知名度。

构建销售体系 在中华·梁平柚园集中打造梁平柚研发中心、交易中心、游客服务中心，拓展柚子商品化处理、线上线下交易、仓储物流配送、农特产品展示展销等功能。进驻10个省级水果批发市场、20个地级水果批发市场，与永辉、重百等大型超市开展产销对接，建立天猫、京东旗舰店及淘宝网店，在全国建立梁平柚线上线下销售体系。强化商品化处理。在重点区域新增20条梁平柚商品化处理生产线，配套建设贮藏包装设备，对进入市场的梁平柚提供全面清洗、分级、包装等商品化处理服务。

着力研发加工 持续开展梁平柚生态、优质、高效配套技术研发。以市场需求为导向，以梁平柚产业化研究院为依托，采取政、产、学、研、用紧密合作模式，以优质高产稳产为目标，适时开展精准平衡施肥试验、贮藏保鲜技术试验、树冠结构改造与合理负载技术试验，探索生草覆盖栽培、有机质与地力提升、节水抗旱等生态技术创新，在绿色生态防控技术、优质高效种植技术、保鲜贮藏技术、省时节本措施等方面取得新的突破。持续开展柚王评选活动，优选梁平柚优良单株，同时从国内外引进一批名柚新品种进行示范、筛选、培育优良种质资源，持续开展梁平柚深加工。支持丰瑞公司与奇爽食品有限公司合作联合打造1万吨柚果商品化处理及智能化贮藏保鲜库，建设1万吨柚果系列产品加工生产线。大力研发生产柚子香精油、果酒系列、低糖柚子蜜饯、柚子茶、柚汁胞原料、粒粒柚汁饮料及功能性柚子全果粉等新产品。

柚王评比现场

狠抓标准化生产 完善标准体系。由梁平柚产业化研究院负责研究制定梁平柚标准生产体系，包括梁平柚优质高产种植规程、梁平柚保鲜贮藏技术规程、梁平柚果分级标准、梁平柚树分级标准、梁平柚园分级标准，为梁平柚品牌化营销和社会化服务提供可执行的依据。

实施标准化改造 由梁平柚全程社会化服务公司负责实施梁平柚园标准化改造，通过去劣去杂、更新修剪、土壤深翻、补植大苗、完善蓄水池、人行道基础设施实施生态、优质高效配套技术，将低产柚园变成优质丰产园，2018年完成低产柚园改造466.67公顷；到2020

年，低产柚园（准）标准化改造1333.33公顷。确保优质丰产园平均亩产达2吨以上，优质果率达到80%以上，亩纯收益达4000元以上。

开展产品认证 加快推进合兴镇龙滩村200公顷梁平柚有机申报认证。在合兴、明达、袁驿、大观等乡镇重点生产示范区全面推广柚果套袋、生态病虫害防治、营养诊断施肥、科学修剪等优质高效新技术，申报梁平柚绿色食品认证66.67公顷，申报梁平柚无公害农产品认证200公顷，促进梁平柚品质全面提升。

推进智能化管理 支持成立梁平柚全程社会化服务公司，加快推动生产端现代化设施及物联网应用、销售端电商发展、管理端大数据建设，推广应用“可视、可测、可控”的梁平柚物联网、病虫害远程诊断、质量安全追溯体系，对梁平柚全面建立信息档案，提高梁平柚生产、经营、管理、服务信息化水平。

强化全程化监管 由区农产品和区食品安全监管机构负责，深入落实农产品质量安全战略，聚集“产出来”和“管出来”，加强梁平柚投入品和农产品质量安全追溯体系建设、建立和完善农产品质量安全全程化监管体系。

全程社会服务 由梁平柚全程社会化服务公司，负责为自愿加入梁平柚全程社会化服务的梁平柚种植业主提供投入品供应、柚园肥水管理病虫防治等标准化作业服务、柚果商品化处理、柚果最低保护价收购、推荐农业保险和融资等全程社会化服务，建立完善优质优价、分级定价、最低保护价和利润分红的营销机制。

加快中华·梁平柚园建设 由丰瑞公司与合兴镇龙滩村村级集体经济组织合作，探索创新中华·梁平柚园商业运营模式，学习借鉴福建漳州坚持“生态+旅游+农业+发展理念”，采用EPC模式，委托专业公司设计、规划、建设施工、营运、植入陆游等名人文化元素，按照“柚香世界、贡柚古道、百年柚惑、龙滩柚乡”四个区域，快速将中华·梁平柚园打造成为农旅融合的特色旅游景区和国家级乡村振兴示范区。

创新体制机制 加强组织领导，区乡村振兴战略行动计划柚产业发展工作组负责对梁平柚产业化发展的统筹领导。组建梁平柚产业化发展中心，招录2至3名本科学历以上专业人才，抽调相关人员为中心成立专门负责梁平柚产业化发展策划、规划、组织协调，资源整合，监管监控，考核督查。组建产业协会。区农委会同区工商联，争取市工商联支持，全力配合奇爽集团牵头筹建重庆市柚子产业协会。区农委牵头，区商务局、区供销合作社等部门负责指导协调，梁平柚产业发展中心具体服务，丰瑞公司、奇爽集团、亿联集团发起，引导明乾公司、柚子专业合作社等梁平柚种植、加工、销售业主协商组建梁平柚产业化发展协会，负责行业发展自律自强，提高梁平柚产业组织化程度和市场竞争力。

组建产业化研究院。梁平柚产业化发展中心负责指导，梁平柚产业化发展协会牵头，丰瑞公司、奇爽集团、亿联集团、明乾公司、柚子专业合作社等梁平柚种植、加工、销售业主协商组建股份制性质的梁平柚产业化研究院，拟聘请科研院所专家组成研究院专家组，同时加强与国内涉柚高校、院所的紧密合作，为梁平柚的产业化研发提供智力支撑。

组建社会化服务公司。梁平柚产业化发展中心负责指导，梁平柚产业化发展协会牵头，由丰瑞公司、奇爽集团发起，引导梁平柚种植大户、加工企业、营销大户等有意加入的单位、个人协商组建股份制性质的梁平柚全程社会化服务公司。

强化保障措施 加大投入保障。拟从区财政、市级切块资金中筹集2000万元，丰瑞公司融资4000万元，整合交通、国土等资金5000万元用于梁平柚产业化发展。区财政、市级切块资金重点用于补助梁平柚产业化研发、保险保费、贷款贴息、人才培训、试点示范、品牌建设、宣传营销、智能化及信息化建设等；各金融机构、保险机构以及涉农融资担保公司，要创新信贷、保险产品和服务方式，提高保险、贷款工作效率、扩大保险、贷款规模；加大招商引资力度，鼓励更多社会资本投入梁平柚产业化发展。人才保障。落实梁平区人才引进相关政策，加大对梁平柚院士、专家、学者的引进力度；充分发挥区职教中心、区农广校培训职业柚农的作用，大力培育新型职业农民，支持新型职业农民通过弹性学制参加中高等农业职业教育；建立有效激励机制，吸引支持企业家、党政干部、专家学者、技能人才等各类人才参与梁平柚产业化开发和重点项目建设。

用地保障 贯彻落实中央和市委、市政府关于深化农村土地制度、产权制度改革的部署及要求，坚持生产、生活、生态同步，一、二、三产融合发展原则，通过推进产业规划、村庄规划、旅游规划、土地利用规划等多规合一，激活土地要素活力，实现土地，特别是农村集体建设用地（闲置宅基地）的集约利用，在保证土地产权性质不变、耕地不减少、农民利益不受损害的前提下，保障城市工商资本下乡投资梁平柚一、二、三产融合发展项目对种养用地和建设用地的需求。

督查考核 区委、区政府将梁平柚产业化发展纳入对责任乡镇（街道）和部门的经济社会发展实绩考核内容，由梁平柚产业发展中心对各责任单位梁平柚产业化发展任务完成情况进行定期检查评估。

产业基地建设

梁平柚生产基地建设

1985年8月，梁平县人民政府按照县人大常委会《关于大力发展梁山柚生产的决议》，制定《梁平县梁平柚生产基地建设规划》。基地规模：1985—1994年，计划栽植梁平柚500万株，栽植面积6666.67公顷。在宜柚区域的龙滩、合兴、城东、复平、星桥、天竺、安宁、城北、光明、金带、五一、仁贤、安胜、和林、平都、云龙、荫平、太平、同心、杨柳、回龙、青杠、腰塘、梨子、聚奎、顺安、礼让、新华、明达、天台、文化、乐都、新盛、龙门、拱桥、袁驿、响滩、清平、碧山、七星、千福、大观42个乡作为梁平柚生产基地乡，其中：龙滩、云龙、荫平、太平、杨柳五乡为地区级基地乡。建设时段安排，产量产值规划：基地自1985年开始建设，1994年完成，2000年年初见成效，产果4万至5万吨，产值3500万元左右，定植15年后，即2009年进入盛果期，全县最高产量可达17万～22万吨，产值达1.5亿元左右。投资总额及资金筹集：梁山柚生产基地建设计划总投资额2000万元，其中，500万株种苗，每株按0.50元计，需资金250万元；幼树培育，每株3元，需资金1500万元；其他（技术培训，母本园和良种繁殖基地建设，良种选育等）250万元。计划自筹资金1800万元，请求国家投资200万元，以确保梁山柚生产基地的顺利建成。

1985—1990年，基地建设主要措施：

一是加强领导，统一部署。县委、县政府把发展梁平柚生产作为梁平县开发性农业的重要目标来抓，作为振兴梁平经济的“龙头”部署安排，一名县委副书记、一名副县长亲自负责梁平柚基地建设指挥，并成立梁平柚生产基地建设领导小组，根据农业区划成果，规划了35个梁平柚重点发展乡和7个辐射乡，每个重点乡设立相应的机构，作出相应的发展规划和年度实施计划。从县到区到乡自上而下由党政主要领导、技术、物资、计划、管理等部门领导分级负责，做到统一制定规划，计划和技术规范，统一协调管理。同时，加强对群众的宣传工作，提高他们对梁平柚开发重要性的认识，使他们明白大力开发梁平柚，才是农村致富的一条根本出路。

二是实行“政、技、物”项目集团承包。年初由县委、县政府根据基地建设年度计划，任务到区，到技术、物资部门，层层分解，制定考核奖惩具体条款，列为政绩考核主要内容之一。每年县财政拨出1.5万元～2万元资金作为奖励基金，农资部门拿出20多吨尿素作为培育良种苗木和母本园用。1990年，通过考核，3个区受到重奖，6个区受到通报表扬，2个区受到扣发基本奖金和扣还风险金、亮牌惩罚。

三是制定鼓励生产发展的政策措施。户种户管、户营户有，其承包耕地变动时，栽植的柚树可相互协商，作价转让。荒山荒坡开发种柚，可招标承包或联合开发，任何单位和农户均可向村里应标承包或彼此联合经营。多形式、多渠道筹措发展资金。动员农民集资，建立发展基金；从集体积累中拿出部分资金；争取部门入股、办点；引进资金、联合开发，可以产品形式搞“补偿贸易”；安排的专项柚子资金和肥料，优先用于重点区、乡、村、组。

四是加强良种选育。从1985年开始，连续6年开展了梁平柚的优选工作。县财政每年拨出2万元~5万元作为群众悬赏选优经费，对选出的优良单株，实行定点定株加速繁育，建立母本园；同时更换劣质柚树。全县指定42户育苗专业户，生产上规定非良种苗不栽，非指定的育苗户培育的苗木不栽。生产用苗由县农业局园艺站统一验收调配。

五是推广典型，积极引导。梁平柚育苗、种植、管理等各个方面，涌现出了不少专业户，各级党政充分利用这些典型，大力宣传，积极引导。组织各区乡干部群众参观学习荫平乡乐英村梁平柚发展经验，云龙区组织专业户陈大森在全区范围内作种柚致富宣讲，龙滩乡专业户张文辉种树有方，被群众推选为村长，以组织该村梁平柚开发。这些典型，推进了梁平柚基地建设的步伐。

六是资金筹措。6年来，共投资250余万元，其中：农业部投资10万元，省地投资35万元，县投资10万元，群众自筹195万元。

七是加强技术队伍建设，普及生产技术。县农业局设园艺站1个，10个重点区和35个基地乡设有果树技术服务站，设乡（镇）果技员14人，部分专业村自配了村中心果技员。每年培训约500人次的农民果树技术员，训练42户育苗专业户。广大的科技人员从生产实际出发，分时期分阶段按重点开展技术培训，传授实用技术，引导干部和群众以科学的态度办基地，用科学的措施实施栽培管理。

八是规模发展。生产发展本着“统一规划、统一苗木、集中发展”的原则，每年都安排在基地乡的专业村成片栽植。

九是加强梁平柚果实管理。县政府每年都发布通告，规定梁平柚采收期，打击以假充真，由县工商局和县农业园艺站联合执法，各级党政部门给予支持。

十是部门协作，综合服务。梁平柚开发和基地建设所取得的成绩，是各部门、各单位通力合作的结果，他们千方百计采取措施，在科学技术、资金、物资、产前、产中、产后服务等各方面，给予了大力支援，为发展梁平柚生产作出了贡献。

1985—1990年，梁平柚基地建设主要取得了以下成效：

育苗栽植提前超额完成年度计划 三年全县共育苗56.67公顷，嫁接550万株，出圃340万株，为1984年7万株的47倍多，挂果树达到18.3万株，社会产量400万个（统计产量4501吨），为1984年80万个的5倍，实现产值1000万元。

建立了一批基地区、乡和重点村、组、户 为达到典型引路的作用，县里重点抓了合兴区、云龙区、仁贤区和杨柳乡等基地区乡建设，突出了重点村、组、户的发展。云龙区1984年仅有柚树0.25万株，现已达到110万株，被列为地区果品开发示范区；荫平乡原有柚树923株，现发展到37.2万株，人均24株；龙滩乡原有柚树0.5万株，产果11万个，现发展到32万株，产果40万个，产值80余万元，占全乡总收入的24%；杨柳乡、平都乡现有梁平柚树都在20万株以上。平都乡大冲村，原有柚树35株，现有柚树10万余株，人均54.8株；龙滩乡龙滩村，原有柚树0.22万株，现有柚树5.1万株，人均54.3株，产柚14万个，产值28万元，人均收入297.87元，占总收入的54.78%；荫平乡群合二组原有柚树52株，现发展到2.4万株，人均97.5株。荫平乡乐英村6组黎万书，5口人，原有柚树2株，现发展到460株，人均92株，1990年梁平柚收入3000余元，人均600元；龙滩乡龙滩村9组张文辉，5口人，现有柚树320株，1990年产柚1400个，产值2800元，育苗收入4500元，共收入7300元，人均1460元；同心乡同心村李吉安，3口人，1990年出圃柚苗3.5万株，收入1.58万元，人均5266元。

“科技兴柚”，为进一步开发奠定基础 6年来，全县大抓了科学技术的推广运用，在良种选育上狠下功夫，已选出3株性状稳定表现优良的特优单株，建立了18.67公顷良种母本园，选择了42户育苗专业户，建设了一批优质苗木繁育基地。全县密植小苗300万株，定植大苗23万株，三年生柚树即可试花结果，最高株产15个，平均株产2个。通过6年来的艰苦努力，基本达到了“两个促进，三个提高”，即：促进了梁平柚管理，促进了新技术推广，提高了柚果质量，提高了科学技术水平，提高了梁山柚声誉。

占领市场，提高了梁平柚市场竞争力 1985年，梁平柚参加北京举行的首届全国优质农产品展会，以其型美色艳质优、芳香浓郁，受到与会者的好评。1986年全省优质水果评比中，梁平柚获柚类第一名，四川省农业厅颁发了“优质果品”证书和奖杯。被农业部列为“八五”期优质农产品补助开发项目。已占领了成都市场、湖北、安徽、陕西、上海等省市果商都前来订购，柚产品供不应求。

1992年10月，梁平县区乡建制改革，撤区并乡建镇后，全县建立34个镇乡，梁平柚生产基地乡由35个调整为20个。

1991—1994年，在梁平柚发展和梁平柚生产基地建设中，主要抓了以下工作：

坚持优质发展方向，提高知名度 一是注重品种选育。从1985年实施县人大《梁平县人大常委会关于大力发展梁山柚生产的决议》10年来，梁平柚优选工作从未间断。省科委投资7万元，县财政投资近20万元，果树业务部门从服务创收中投资近5万元，全县上下掀起了群众性的悬奖优选活动，科技人员和果农积极投入选优活动。中选的“405”号、“64”号“77-1”号单株在1986年、1992年、1993年全省优质水果评比中获柚类第一名，1992年获全国柚类科研生产协作组“优质柚类”称号。“梁山柚选优复壮”被列为省重点科研项目，其成果纳入《中国科技成果大全》。二是加大选优成果推广应用力度。对选中单株加大繁殖系数，实行定点繁育，建立了一个面积5.33公顷的良种繁育场，年出圃良种苗木80余万株，建立良种母本园13个23.33公顷，高接换种55万余株。三是加强优质产品宣传力度。为提高梁平柚知名度，参加了国际国内各种优质农产品的展示活动，其中1993年参加了在泰国世界粮农组织举行的世界名优柑橘展示会，还先后参加了北京、广州等地的优质农产品展示会，同时在《中国名柚》《中国柑橘良种彩色图谱》等国家专业书刊及《四川农村日报》《四川林业报》《四川财经》《四川党的建设》《四川侨报》《中国柑橘》《农民日报》《四川经济日报》等几十家报刊平台作了专门介绍，大大提高了梁平柚的知名度，国家、省、市领导及部门领导曾多次到梁检查、参观、考察、指导，都给予了充分的肯定。四是扩大产品市场占有量。全县各界人士利用各种机会广泛宣传，梁平柚已由成都市场逐步扩大到重庆、武汉、上海、广州、深圳、海口等大城市，并已进入北方市场以及中国香港地区、新加坡、俄罗斯等国际市场。

建立激励机制，鼓励柚产业发展 一是制定宽松政策，刺激生产发展。县委、县政府以不同方式制定了一系列政策，如土地政策、税收政策、资金政策、林种结构政策、物资供应政策、运输配套政策等，激发和坚定了广大农民发展梁平柚的信心和决心。二是多方集资解决生产资金。1985—1994年，10年时间全县梁平柚基地共耗资1727万元，其中省市财政87万元，县农业综合开发资金和地方支农资金，林业世行贷款项目，水土保持，省、市计委、农业等增加投入130万元。镇乡和群众自筹1510万元。三是加强物资计划，保证物资供应。梁平柚从良种苗木繁育开始，一直到幼树培育，柚树管理等全过程的物资投入，县计委都纳入计划安排，供销部门及时组织供应，满足了生产所需。四是培育销售队伍，疏通流通渠道。在梁平柚产品的销售上，鼓励国营、集体、联户、个体一起上，多层次、多渠道开放式的销售系统已具雏型，保证了货畅其流。

1995年，县委、县政府作出《关于加速实施农业和农村经济产业化的决定》，提出发展五个1000户的产业工程，即梁平柚、蚕桑、生猪、水禽、水产五大产业科技示范户各1000户。梁平柚被列为第一个1000户工程，提出建立120个梁平柚专业村（每个村拥有柚树5万株以上）和建立1000户科技示范大户（每户人均拥有柚树100株以上）的建设任务。以大户为中心，县镇乡统一规划，自愿互利联合开发，分片承包，形成拳头，带动梁平柚生产向产品优质化，布局区域化，生产专业化，经营集约化，服务系列化方向发展。

到1995年年底，全县梁平柚总数达540万株，折合面积7000公顷，产果1500万个，产值4500万元，分别为1985年的总株数7万株，产果80万个，产值80万元的77.1倍、18.75倍、56.25倍。1995年梁平柚特产税收入达40余万元，仅荫平镇就达11万元。全县20个梁平柚基地镇乡中柚子总数上百万株的有2个，其中荫平镇120.7万株，产果120万个；合兴镇105万株，产果105万个；70万株以上的有2个，其中虎城镇96万株，产果105万个，云龙镇71万株，产果115万个。120个柚子专业村中，10万株以上的有5个，其中和林镇大冲村14.2万株，产果10万个，人均产值195元；双寨村12.2万株，产果10万个，人均产值135元；荫平镇乐英村13.5万株，产果15万个，人均产值225元；三坝村11.8万株，产果10万个，人均产值126元，群合村10.4万株，产果12万个，人均产值230元。合兴镇龙滩村和龙象村柚树都在5万株以上，1995年分别产果20万个以上，仅龙滩村产值40余万元，人均产值438.6元，占农业总产值的40%，全村263户，户户有柚树，收入1000元以上的有104户，2000元以上的有21户，3000元以上的有18户，4000元以上的有10户，近万元的1户，75%的农户盖了新房，93%的农户安装了闭路电视。

在建设梁平柚1000户科技示范户中，实际完成1350户。全县柚果产量8969吨。

1999年11月5日，梁平柚参加全国第六次优质柚类综合评比获金杯奖

1996—2000年，重点抓了梁平柚选优提纯、实施名牌战略、品种改良、商品化处理、名优果品生产开发、优质果品苗木基地建设以及市场流通体系建设等工作。选优提纯，实施名牌战略，从7月开始到11月，全县共嫁接繁殖梁平柚选优单株60万株。建立完善服务网络，加强生产栽培

管理，全县20个梁平柚基地镇乡均建立了“果树技术服务中心”，每个服务中心配备2至3名技术人员，120个梁平柚专业村自配1名果技员。对果农从柚树栽培到保花保果、病虫防治、施肥等全过程进行技术指导，使梁平柚产量稳定，质量保证。加强果树种苗管理，搞好良种选育，针对各镇乡苗木管理混乱，乱引乱种现象突出的情况，县农业局印发《关于加强果树苗木管理的通知》，规定各镇乡生产用苗只能由县果树业务部门统一繁育和安排。名优果品生产开发，虎蜜柚是在虎城尖柚的优良单株中选育出来的新品种，自1998年秋获“重庆市十大名柚”，1999年全国第六次柚类评比“金杯奖”后，2000年春共高换虎蜜柚4150株，建成虎蜜柚母本园2个，完成虎蜜柚嫁接4万株。果品产业化工作有序向前推进，梁平柚产业在开发上，一是涉农项目积极投入开发。退耕还林、生态环境建设、水土保持、农业综合开发等项目投入大量资金，建设优质、高效、观光示范园区。二是多种形式的股份制业主开发。实施企事业单位、专业合作社、个体户、科技示范户转包、倒包农户土地，对果园、荒山进行股份制业主开发，2000年全县股份制承包、倒包、转包规模在3.33公顷以上的有300余户。全县梁平柚产量3.5万吨，产值6000万元。

2001—2005年，梁平柚产业发展顺利推进。梁平柚（含虎蜜柚）高换改造低劣质柚树333.33公顷、30万株。新建虎蜜柚生产基地2000公顷，新植枳砧虎蜜柚苗300万株。组建了重庆龙滩梁平柚开发有限责任公司，合兴龙滩梁平柚专业合作社，梁平柚专业合作社联合社等农村专业合作经济组织20余个，建成了“公司+基地+农户”产业化模式。注册了“双桂牌”梁平柚，“虎蜜牌”虎蜜柚商标。依法兴果初见成效。强化了梁平柚质量管理，五年共印发县政府“加强梁平柚质量管理通告”3000份，在各镇乡市场上张贴；在国道318沿线开展柚果早采、劣质柚等整治100余次，收缴销毁劣质柚50多吨，有力地打击了恶性早采行为，维护了梁平柚品质的声誉。2005年梁平柚产量40190吨，产值7000万元。梁平柚、虎蜜柚生产总面积9333.33公顷。

2006—2010年，重庆市梁平县质量技术监督局颁布了《梁平柚生产技术规程》，印发4万余份，组织广大果农认真进行培训，推行标准化生产。实施梁平柚低劣质柚树品种改造，对品质低劣的健康树，利用梁平柚优选单株枝条实施“多头、低位、多芽、双膜包扎”高接换种技术。先后在合兴、明达、屏锦、云龙等镇完成低劣质梁平柚低产园改造533公顷，20万株，补植梁平柚树苗167公顷7万株。进行柚园去杂工程，去掉柚园中生长的杂树、杂竹，改善了柚园的通风透光条件。实施“百年老柚树”挂牌保护，制作了保护牌，制定了生产管护措施，签订了保护协议，并对老柚树果以高出市场价30%的保护价收购，调动了保护人的积极性，有效保存了梁平柚的品种优势资源。取得了梁平柚无公害产地产品认证，并批量印制了梁平柚无公害标志，完成了梁平柚地理标志产品认证，“梁平柚”证明商标已正式批复下达。提升了梁平柚质量形象。建设了标准柚园，完善了柚园的基础设施，先后在合兴、大观等镇建成梁平柚标准化生产示范园区267公顷，在合兴镇龙滩村建成梁平柚精品果示范园1个，面积33公顷。新建柚园人行耕作道12000米，蓄水池40口，柚园机耕道1500米。在金带镇双桂村，建成“猪—沼—果”生态循环模式名柚园1个，面积8公顷，实现了养殖业与种植业的有机结合。引进福建平和县红肉琯溪蜜柚、广西沙田柚、强德勒柚等全国名柚品种30余个在名柚园栽植。成功举办了梁平县柚花节和2010年中国双桂堂旅游盛典暨中国梁平采柚节，组织开展赏花、柚树认养、柚王评比、吃剥柚子比赛、柚园果实采摘等系列活动。2010年梁平柚产果5.47万吨，产值1.64亿元。

2011—2015年，按照“以科技为支撑，以市场营销为核心，以梁平柚标准园和全程社会化服务为抓手，拓展梁平柚市场，实现果农增收，农业增效为目标”的工作思路，大力实施梁平柚产业化工作。一是与中国柑橘研究所签订合作协议，依托中国柑橘研究所编制发展规划，解决在梁平柚品种选优提纯，良种苗木繁育、标准化生产管理、市场营销、梁平柚贮藏加工等方面的技术难题。二是梁平柚标准园建设，以龙头企业、专业合作社、家庭农场和种植大户 为主体，推进梁平柚规模化、标准化种植园区建设。五年共建梁平柚、虎蜜柚标准园800公顷，其中虎城镇新建虎蜜柚标准园66.67公顷，明达镇新建梁平柚标准园33.33公顷，合兴镇新建梁平柚标准园613.33公顷，大观镇新建标准园53.33公顷，回龙镇新建梁平柚标准园20公顷，复平乡新建梁平柚标准园13.33公顷。栽植枳砧梁平柚大苗（3年生）31万株。修建柚园蓄水池101口，安装灌溉管网10500米，设立出水桩640个，解决施肥、喷药用水。新建C20标准的柚园人行耕作道7700米，柚园机耕道1500米，排水沟2300米。完成低产果园改造566.67公顷。其中曲水镇土门村、县园艺场、良种场200公顷，荫平镇200公顷，合兴镇100公顷，明达镇66.67公顷。去劣去杂，2012年，合兴镇政府组织去杂队30余人，干部10余人对万亩名柚园规划核心示范区内果农房前屋后的杂树杂竹进行清理去杂工作，近两个月的时间完成去劣去杂面积66.67公顷，改善了柚园的光照通风条件，去劣去杂后实施了统一复垦，复垦面积达26.67公顷，使万亩名柚园核心示范区面积达到333.33公顷。三是大力开展梁平柚标准化生产管理，全县共推广梁平柚标准化生产管理1333.33公顷，其中全程社会化服务850公顷（成年树516.67公顷，幼年树333.33公顷），培育梁平柚大苗10万株。组建专业管护队12支320余人，实施统一管理技术、农药、肥料等，在合兴、明达、大观、荫平、虎城等镇乡梁平柚生产重点村实施梁平柚成年树标准化生产管理516.67公顷。四是开展有机梁平柚生产工作。在合兴镇龙滩村中国名柚园区，以特色效益农业切块资金项目支撑，实施200公顷梁平柚有机食品生产管理，施用有机肥1000余吨，安装太阳能杀虫灯150盏，监控摄像头60个，悬挂捕食螨2万袋，配置检测设备设施1套。减少农药、化肥的使用，提高了梁平柚产量和品质。

柚产品面市。重庆奇爽食品有限公司、重庆明乾农业科技服务有限公司、兰醇食品有限公司等生产柚子茶、柚子糖、柚神酒、柚子精油等加工产品，解决次果销售难题，提高梁平柚附加值，年加工梁平柚果5400余吨，产值7000余万元。

2016年4月5日，梁平县人民政府办公室印发《梁平县2016年梁平柚产业发展实施方案》，提出实施“扩面、提质、创牌、拓市、延链”工程，新建标准柚园和准标准柚园800公顷，改造老果园1333.33公顷，将合兴、荫平、明达等乡镇建成梁平柚产业示范带。继续抓好200公顷有机柚园建设，开展1333.33公顷标准化生产管理。全县梁平柚产量63579吨、产值2.5亿元。

5月24日，县农委制定《梁平县2016年梁平柚考核办法》，对22个梁平柚生产基地乡镇，从（准）标准园建设、低产柚园改造、标准化生产管理、品牌建设、市场拓展、组织保障等方面进行考核。对年度考核优秀的乡镇（街道）按照标准园建设，老果园改造100元/亩的标准进行奖励。对工作落实不力、效果不明显的乡镇（街道）将予以问责。

6月，梁平县农业委员会与中国农业科学院柑橘研究所合作制定了《重庆市梁平柚产业发展规划（2016—2025）》。规划从2016年开始，用10年时间新建梁平柚（准）标准园1万公顷，改造低产柚园3333.33公顷，到2025年全县（准）标准化梁平柚园达到13333.33公顷，年产量达到40万吨，一产产值达到20亿元，三次产业综合效益达到50亿元。分两个时段实施，2016—2020年，为产业快速发展阶段。新建（准）标准园7866.67公顷，改造老果园2466.67公顷，到2020年建成（准）标准园10333.33公顷，梁平柚产量达到约20万吨，一产产值近7亿元。2021—2025年，为产业完善阶段。新建（准）标准园2133.33公顷，改造老果园866.67公顷，到2025年建成（准）标准园1.33万公顷。同时根据发展目标要求和市场变化情况，补齐产业短板，进入全面实行标准化生产管理和梁平柚全程社会化服务工作阶段，梁平柚产量逐步达到40万吨，优质果率80%，销售商品果达30万吨，其中“线上”销售达到15万吨，基本建成梁平柚深加工及产业服务体系，商品化处理率达到80%，深加工能力达到8万～10万吨，一产产值达到20亿元。

是年，全县新建梁平柚标准园666.67公顷，低产园改造466.67公顷，栽植枳砧梁平柚大苗（3年生）50万株。推广梁平柚标准化生产管理1733.33公顷，其中全程社会化服务733.33公顷，培育梁平柚营养袋苗50万株。在合兴镇龙滩村中国名柚园开展有机梁平柚生产工作，施用生物有机肥1450吨。重庆天农八部农业科技有限公司在合兴、荫平、明达、虎城、袁驿等镇乡开展梁平柚溯源系统建设，为35万株梁平柚挂上电子标签。

2017年，深化与西南大学、中国柑橘研究所等高等院所合作，利用专业技术优势，开展柚类品种选优提纯，引进试验示范、良种苗木繁育、标准化生产管理，市场营销、贮藏加工等方面的深度研究，获得大量技术指标和重要数据。围绕《梁平柚产业发展规划（2016—2025）》，新建梁平柚标准园733.33公顷，低产果园改造266.67公顷，栽植枳砧梁平柚大苗（3年生）48万株。推广梁平柚标准化生产管理1533.33公顷，辐射带动梁平柚标准化生产面积达2000公顷，全县梁平柚产量达到9万吨，重庆奇爽食品有限公司、重庆明乾农业开发有限公司建成梁平柚深加工线3条，年加工梁平柚果1万余吨，实现综合产值6亿元。

2018年，梁平区成功举办“柚见乡愁，智汇田园”为主题的中国重庆首届柚博会暨2018年中国三大名柚（梁平柚、广西沙田柚、福建文旦柚）峰会论坛。投资5000万元在中华·梁平柚海打造农旅融合的特色旅游景区和国家级乡村振兴示范区，邀请浙江大学策划梁平柚区域公用品牌，引进以无损测糖分级设备为主的梁平柚商品化处理生产线。深化与西南大学、中国柑橘研究所、市果树所等高等院所的长期合作，组建专家团队，建设柚类品种区域比较试验基地，在品种选优提纯、良种繁育、标准化管理等方面深入研究，为梁平柚产业提供科技支撑。推进合兴镇龙滩村有机柚生产示范和袁驿镇、明达镇绿色认证；开展社会化服务558.67公顷，推广以绿色生态技术为主的标准化生产管理2000公顷，梁平柚标准园面积突破1333.33公顷，种植面积稳定在1万公顷。

中国·重庆首届柚博会暨2018年中国三大名柚梁平峰会论坛现场

2019年，为推进梁平区特色经济作物生产绿色高质量发展工作，梁平区成立特色经济作物生产绿色高质量发展工作推进组，由1名副区长为组长，县农委主任为副组长，相关部门负责人为成员，做到明确各成员职责，分工负责联系特色经济工作、生产基地建设和销售工作。引进30余个柚类品种，建立品种区域试验示范园，开展优良品种筛选及苗木繁育。

是年，梁平柚在第二届长江三峡（梁平）国际柚博会中国三大名柚高峰论坛上，发布

“梁平柚”区域公用品牌，并入选中国农业品牌目录，获“重庆优质气候农产品”证书，重庆旭焰实业有限公司金带柚园被重庆市农业农村委员会、重庆海关认定为“出口示范基地”。梁平柚在国内外享有较高的声誉，不但畅销全国各地，还远销俄罗斯、越南、新加坡、韩国等国家和中国港澳地区。

2020年，全区梁平柚稳定种植规模10500公顷，实现产量10万吨，产值达3亿元。

2020年，梁平柚获“重庆优质气候农产品”

梁平柚产业化发展过程，主要体现在四个方面：

一是着力标准化建设，提升质量意识。选育优良单株，每年开展梁平柚选优鉴评活动，选育出龙滩405、园艺77-1等优良单株，繁育优良梁平柚容器苗103.7万株；合理规划布局，规划聚力构建东部早熟梁平柚产业带、中部梁平柚核心产业带、西部梁平蜜柚产业带和渝万高铁（高速）梁平段沿线、梁忠高速梁平段沿线、达万铁路梁平段沿线“三带三线”的区域布局；建设标准柚园，新（改）建标准化柚园1533.33公顷，累计推广“三肥三药一修剪”（3～5年生梁平柚幼果树每年施肥3次，每年病虫防治3次，修剪整形1次）全程社会化服务6666.67公顷，通过绿色或有机认证柚园133.33公顷，张贴县政府通告6万张，发送短信100万条，宣传禁止梁平柚早采早卖，全力呵护“中国三大名柚”品牌形象，实现柚农霜降前不采摘、经销商10月底前不入（网）店及不摆摊设点。

二是着力宣传推广，提升品牌形象。2018年，区政府印发《梁平柚产业化发展三年行动方案》，开启强化梁平柚品牌形象营销新局面。高质量品牌策划。邀请浙江大学完成并发布梁平柚区域公用品牌策划方案，构建梁平柚价值体系、符号体系、策略体系；制定《梁平柚区域公用品牌战略规划》《梁平柚区域公用品牌VI形象手册》，高水平打造梁平柚品牌矩阵。高强度广告宣传。织密“天上+地上+线上”主体文化广告宣传体系，设置高速公路广告牌40余处，借助重庆北站、解放碑等主城区核心区域辐射优势，投放广告6处，整合央视、重庆电视台等媒体线上资源优势投放专版广告、流动字幕等，广泛宣传梁平柚及精深加工产品，显著提升梁平柚知名度。高规格活动助力。协同广西、福建等“中国三大名柚”主产区建立跨区域协同发展机制、连续举办三届长江三峡（梁平）国际柚博会、八届柚花节，开展“柚朋自远方来”“我为家乡柚代言”“高峰论坛”“网络大V发声”等系列活动，累计组织国内外客商约5万人次参加游园采摘活动，吸引消费者深入了解梁平柚品牌故事、品牌文化、品牌内涵，培育出一大批梁平柚“铁粉”。

三是着力主体培育，提升市场竞争力。抓营销市场培育，新增良治天奇、龙码购、幼贝舒等梁平柚销售企业20余家。拓展线上、线下营销体系，累计发展线上商铺1200余家、线下商铺3万余家。

四是着力改革创新，提升发展信心。形象革新：顺应水果消费升级的趋势，投入资金近1000万元，引进国内先进的清洗、火菌、烘干、分级、包装等设备，建设梁平柚商品处理包装自动生产线10条，推动梁平柚外观品质大幅改善，商品形象全面跃升。产品革新：紧扣提高柚果综合利用率和附加值目标，坚持市场导向，依托科研院校，加快梁平柚精深加工产品发展，研发柚子香精油、柚子酒、柚子蜜饯等休闲养生产品及特色生活日用品20余个品类、60余个品种，申请专利26项。产销革新：引导5家生产主体共同探索创新产销联盟机制，建立梁平柚产业化联合体，先期在明达、大观等镇开展试点，生产主体按销售主体需求做好生产管理，销售主体按约定保底价收购产品拓展销售渠道，由区农业农村委督促双方履约，有效解决生产主体担心产品销路不敢增加投入，销售主体发愁产品来源不敢拓展渠道等问题。

梁平蜜柚开发

梁平蜜柚（又称虎蜜柚），系梁平县科技人员从梁平县虎城镇砂石村孙庭荣家的实生虎城柚树中选出，该柚以其果实大小整齐、果型优美、皮薄光滑、果肉翠绿晶莹、酸甜适度可口、极耐贮藏等显著优良性状，被果树专家教授誉为“跨世纪柚类良种”。1998年获“重庆市十大名柚”称号，1999年获全国第六次柚类鉴评“金杯奖”。

1999年8月，梁平县科委制定《梁平县虎蜜柚研究与开发可行性研究报告》，被重庆市科委列为“十五”发展的重大科技项目。

10月27日，梁平县人民政府印发《关于做好虎蜜柚发展规划的通知》。并组成梁平虎蜜柚优良品种筛选课题专家鉴定组，对虎蜜柚优良品种筛选课题作出专家鉴定意见，认为梁平虎蜜柚是梁平广大科技人员从梁平虎城柚实生柚树中选出。该柚树冠披垂，生长势中等，单果重1000克左右，果实整齐度好。色泽澄黄，果形美观，油胞细，皮薄光滑。可食部分高，果心充实，瓣形整齐，果肉翠绿色，汁胞颗粒均匀，汁多味浓，酸甜适中，细嫩化渣，无苦麻味。果实11月中下旬成熟，抗逆性、适应性强、丰产。无检疫性病虫危害。综上所述，梁平虎蜜柚果实品质优秀、商品性好，有较好的市场前景，可规模发展。

2000年9月25日，梁平县人民政府召开虎蜜柚开发专题会议，经过认真广泛地研究讨论，形成3条会议纪要：一是虎蜜柚商标及品牌必须尽快注册，以便对资源品种加以保护。二是虎蜜柚注册商标必经遵循以下原则：有利于梁平虎蜜柚发展的原则，使之尽快形成特色产业；逐步形成虎蜜柚品牌的原则；虎蜜柚的开发发展必须遵循市场运作规律的原则；必须依法行政的原则。三是虎蜜柚开发、发展的具体运作方法是：果品生产、销售等行政管理权归农业行政主管部门；应组建虎蜜柚股份公司，按股份制运作；过渡期间应尽快注册商标，由县果品有限公司出面，与县科技开发中心共同出资注册；按照“风险共担，利益均占”的原则，实行产业化经营。

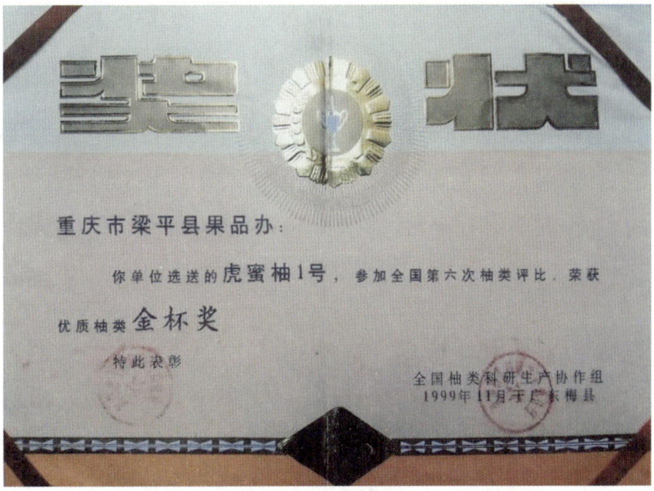

1999年，梁平“虎蜜柚1号”参加全国第六次柚类评比获优质柚类“金杯奖”

是年，全县高换虎蜜柚40000余株，建成虎蜜柚母本园2个，建成虎蜜柚苗圃场1个，注册了“虎蜜牌”商标。

2001年2月6日，中共梁平县委、梁平县人民政府印发《关于建设1万公顷优质梁平柚、梁平蜜柚（虎蜜柚）产业化工程的实施意见》，总体目标：改造低劣质柚树3333.33公顷、250万株，培育梁平蜜柚苗300万株。建成梁平柚、梁平蜜柚生产基地1万公顷，其中梁平柚6666.67公顷、500万株，梁平蜜柚3333.33公顷、300万株。

7月3日，中共梁平县委、梁平县人民政府印发《关于梁平蜜柚（虎蜜柚）产业化开发实施意见》总体目标：到“十五”期末，建成全县梁平蜜柚生产基地3333.33公顷、300万株。预计到2010年，年产梁平蜜柚优质品果3.75万吨，产值7500万元，创税利600万元，到2020年，年产梁平蜜柚优质商品果7.5万吨，产值1.5亿元，创税1200万元。规划建设梁平蜜柚生产基地镇乡15个，其中规模在666.67公顷，60万株以上的镇乡3个（虎城镇、袁驿镇、碧山镇），规模在200公顷，18万株以上的镇乡2个（七星镇、龙胜乡），规模在66.67公顷，6万株以上的镇乡10个（主要集中在“达万铁路”“渝万高速公路”两旁的新盛镇、文化镇、城北乡、合兴镇、城东乡和梁山镇、金带镇、和林镇、云龙镇、荫平镇）。重点建成“虎城—袁驿—碧山—龙胜—七星”生产带。“新盛—文化—城北—合兴—城东”“达万铁路”沿线生产带。“梁山镇—金带—和林—云龙—荫平”“渝万高速公路”梁平段沿线生产带。

11月27日，梁平县政府办公室批转县农牧局《关于2001年梁平蜜柚生产开发实施意见》。提出如下要求：一是提高认识，加强领导，增强发展梁平蜜柚的责任感。梁平蜜柚的规模生产，是梁平县农业产业结构调整的重大举措，对进一步优化全县果树品种，突出特色，实现农民致富增收具有重大意义。各级各部门必须提高认识，加强领导，增强责任感，将梁平蜜柚的生产发展工作提上议事日程，落实领导责任和各项工作制度。二是制订措施，强化管理，抓好梁平蜜柚基地建设。县里成立梁平蜜柚产业化办公室，严格按照统一规划布局，统一种苗管理，统一生产标准，统一技术标准，统一品牌标志，统一市场开发，统一生产物资供应的思路，指导梁平蜜柚基地建设。三是以业主开发为主，实现梁平蜜柚区域化布局。严格苗木管理，把好梁平蜜柚种苗生产供应关。统一绿色食品生产标准，把好梁平蜜柚生产关。四是建立多层次投入、多形式开发体制。树立品牌，加大开发，建成外向型梁平蜜柚产业。坚持“一手抓发展，一手抓市场”“重栽、重管、重市场、重效益”的工作方针，建立各种形式的流通渠道、组织。各级各部门在建设3333.33公顷梁平蜜柚基地上，必须相应建立专业合作社等龙头企业组织。产品上市后，加大果实商品化处理力度，进行分级包装，统一使用梁平县果品有限责任公司注册的“虎蜜牌”梁平蜜柚商标。落实责任，严格考核，确保梁平蜜柚生产开发任务完成。对引进资金、引进业主，开发梁平蜜柚好的镇乡，梁平蜜柚产业化办公室将给予奖励，对未按期完成任务的镇乡将予以问责。

2001—2003年，全县共新植枳砧梁平蜜柚合格苗木37.45万株。分布在5个镇乡，25个村，71个组。有业主开发30户，其中规模在13.33公顷以上的2户，6.67公顷以上的10户，3.33公顷以上的15户。联片栽植梁平蜜柚苗木272.67公顷，栽苗24.54万株。业主开发143.33公顷，栽苗12.9万株。项目共投入资金97.45万元，其中市农牧局补助资金20万元，县级财政配套解决资金17.45万元，业主和果农自筹60万元。

至2005年，全县建成3333.33公顷梁平蜜柚生产基地，实现产业化经营。其中重点建设1000公顷无公害梁平蜜柚生态示范园和33.33公顷“猪—沼—果”生态模式示范园。分别为：虎城镇266.67公顷，袁驿镇200公顷，七星镇200公顷、碧山镇200公顷，龙胜乡133.33公顷，金带镇33.33公顷。建设梁平蜜柚苗圃10公顷，建设梁平蜜柚合作经济组织20个和龙头企业1家。

2006年3月28日，梁平县农牧局、县财政局制定《梁平县梁平蜜柚生态示范园建设项目建议书》，计划在梁平县双桂堂右侧的金带镇双桂村联片建设13.33公顷优质无公害、标准化梁平蜜柚优质示范园。该项目计划总投资80万元。13.33公顷梁平蜜柚优质丰产示范园建成后，可实现年产优质商品果600吨左右，新增产值120万元，实现年利润20万元以上。全县新建虎蜜柚生产基地33.33公顷，金带镇双桂村梁平柚精品果园栽植梁平蜜柚容器苗1万株。

2009年，全县虎蜜柚种植面积达到1666.67公顷。

2020年，全区梁平蜜柚种植面积达3333.33公顷，年产优质梁平蜜柚2万余吨。

梁平柚选优提纯

1985年梁平柚大发展时，为追求数量，忽略了苗木质量，很多柚子育苗户对柚树品种未进行鉴定，见柚树就采枝条，更有甚者在苗木上直接采枝条嫁接繁殖，一些农民见苗就栽，见地就插，生产规模小，基础条件差，管理技术水平低导致所结柚果品质优劣混杂，差异极大，商品化程度低，经济效益不高，制约了梁平柚产业的发展。

1989年7月，梁平县科技开发中心和梁平县园艺站联合组成“梁平柚提纯选优课题组”，课题组成员由县科委、科技开发中心、县园艺站、县农业局等单位科技人员组成，各有关果树站为协作单位，开展梁平柚选优提纯项目研究。该项目在省、地、县三级科委的支持下立项，并列为四川省科委的重点研究项目。

该项目的目的要求：该项目要求在提纯选优的基础上，进行良种性状的观察、鉴定、培育、发展、达到保持提高梁平柚固有品质的目的。

开发研究的范围和内容。范围：该课题的研究，仅在梁平县境内的梁平柚中进行。内容：课题主要分三个方面进行，一是普查选优，确定特别优良单株。二是高接换种（高接换种是指采下并保存接穗、对砧木进行修剪处理、将接穗嫁接到砧木，最后进行嫁接后的处理。对砧木进行修理具体为：选择母体果树后，对母体果树进行修剪，保留3～5条向外伸展且互不交错的主枝或侧枝作为砧木，以及直径为0.2～0.5厘米的3～5条细弱枝），以观察良种的优良性状。三是建立母本园，发展特别优良品系。

普查选优：在结果树中进行，民主推荐与实地观察相结合，感观、鉴评与内质检验相结合，分区计划与分片编号相结合，在全县范围内优选出一定数量的特别优良单株，供高接换种和建立母本园之用，以利发展梁平柚的特别优良品系。

高接换种，暂定500株，原则上每个特别优良单株换接6株，两三年结果，以供鉴评，并观察其一代、二代、三代的遗传性状和变异程度，优选出最佳遗传性稳定的品系。

母本园，在5个地级柚子基地乡中建立5个母本园，并在新盛、礼让设立3个母本园副点。每点建园1.33公顷（成片），每公顷1875株，全县共2万株，3年试花，5年投产鉴定。办法是将优选出来的单株，实行专户集中育苗，成片规划，专户栽植。

1991年，“梁平柚选优提纯”项目进展顺利，效果明显。优选单株遗传性状稳定。通过对优选单株高接换种和母本园试花果实的对比鉴评证明，所选特优单株的遗传性状普遍良好。母本园一般生长良好纯化。几年来先后建立的母本园，由于采取了计划密植的措施，从而保证了苗木在较好条件下生长，第一年密植的柚苗，试花结果率各区不一，约为20%~30%。继续完善和发展了良种母本园，在主要产区（90个5万株以上专业村）普遍建立了良种母本园，以确保提高纯化梁平柚品质的需要。优选单株已向生产上推广运用，形成了梁平柚的良种新品系，且提高了科技成果转化为生产力的速度。以64号为主的特优苗木约40万株，1991年密植入土，形成了大片良种柚园，显示了根据生产需要主项研究实用和转化快的特点。特优单株定型母树达18株，经过反复对比鉴评，其中尤以64号、405号、1号等3株更为稳定，达到了较为理想的程度。

1992年，进行了梁平柚复选工作，所选送的样品在全国第二次柚类评比会上获得“优质名柚”称号，在四川省农产品展评会上，所选送的梁平柚和虎城尖柚，双双获“省优产品”称号。

1996年，实施低产果树改造工作，全县共改造果树22.5万株。

1998年6月15日，梁平县人民政府印发《关于开展梁平柚选优工作，实施名牌战略的通知》，要求从当年7月开始到11月底，在全县范围内开展梁平柚选优工作。具体程序为：由

虎城蜜柚园

柚农到各镇乡政府自荐优良单株，各镇乡政府组织人员进行初筛选，由县果品办组织技术人员进行实地观察确定送评单株。最后送“重庆市名柚开发会议”复评确定优良单株。对中选单株实施品种改良，定点繁育，建立优质商品果生产基地，占领国内外名柚市场。全年共嫁接繁殖选优单株苗60万株。

2000年，对选优单株进行了批量繁殖推广，嫁接繁殖选优单株苗木10万株。对低劣质柚树进行了高换5万株，高接换虎蜜柚4200株。建成荫平优质梁平柚母本园1个66.67公顷，建成虎蜜柚母本园2个，完成虎蜜柚嫁接4万株。

2002年，栽植5万株优选单株梁平柚苗作为虎蜜柚基地建设授粉树。

2004年，高换改造低劣质梁平柚树80公顷，6万余株。

2005—2006年，完成低劣质柚树高接换种改造66.67公顷，5万株。

2007—2009年，采用梁平柚选优单株98-8、98-11、龙滩405、园艺场77-1和其他名柚品种，实施对低劣梁平柚树高接换种改造。组建高接换种专业技术队伍，由专业技术人员鉴定品种，采取秋季腹接和春季下桩补接相结合，采用“低位、多头、多芽、双膜包扎”高接换种技术，并加强高接换后的技术培训和生产管理，加强除萌、摘心、扶立柱、解膜、施肥、病虫防治工作。三年共改造1000公顷，新植梁平柚大苗（3年生）22000株。

2010—2011年，改造低产果园面积333.33公顷，对衰弱柚树淘汰，完成断根移栽梁平柚大树12000株。

2012年，完成核心示范区去劣去杂（除去柚园内的劣质柚树和杂树杂竹等植物，改善柚园的通风透光条件）面积66.67公顷，完成荫平镇66.67公顷低产果园改造。

2013—2014年，完成合兴镇低产柚园改造100公顷，完成柚园去劣去杂面积40公顷，补植枳砧梁平柚大苗4万余株。

2015—2016年，继续推行梁平柚品种选优提纯机制，通过举办一年一度的柚王评选活动等措施，选育果大、形正、瓣形整齐、无核、优质丰产的优良单株进行繁育。坚持实行定点定种繁育，2015年在合兴镇龙滩村中华名柚园区，实施200公顷有机梁平柚（不用化肥、农药，统一施有机肥。采用黏虫板、套袋、太阳能杀虫灯等绿色生态防控措施进行生产管理）社会化管理。2016年在合兴镇龙滩村新建5.33公顷梁平柚母本园，培育优质纯正的营养袋种苗，实现梁平柚产业“三定三清楚”（即做到定点育苗、定单生产、定向供应，品种清楚、种源清楚、销售去向清楚），从源头上确保梁平柚品质纯正。在做好梁平柚选优提纯的同时，通过比选业主，分别在虎城镇五角村、合兴镇雨家村、双桂街道安宁村流转土地6.67公顷，新建3个育苗基地，选用历年梁平柚优选单株为种子资源，年育优质营养袋苗50万株。

2018—2019年，改造低产果园262.67公顷，更换新品种面积240公顷，更新复壮面积300公顷。到2020年，共繁育优良梁平柚容器苗103.7万株，先后优选出梁平柚98-8、98-10、龙滩405、园艺场77-1、福禄64、203等优良单株。

社会化服务，标准化管护

2007年，制定和发布了《梁平柚生产技术操作规程》，从梁平柚施肥、病虫防治、整形修剪、保花保果、疏花疏果、果实套袋、采收贮藏等系列技术进行标准化技术培训。

2013年，重新修订《梁平柚生产技术操作规程》，在全县范围实施梁平柚标准化生产管护工作。组建了30余人的专业管护队，购买了生石灰20吨、高效低毒农药1500千克，机动喷雾器2台，输药管道4000米，对万亩名柚园的柚园路、柚仙路等公路沿线的柚树进行了黄蜘蛛、卷叶蛾、叶蝉等病虫害的统防统治和树干刷白工作。在施肥上由合作社统一购进西洋牌复合肥和生物有机肥，赊销给广大果农，收果时统一扣除。实现了“五统一”管理，统防面积达到200公顷。

2014年，梁平柚标准化生产管护，组建了管护专业队50余人，购买了生石灰30吨，高效低毒农药2500千克，统防统管面积333.33公顷。

2015年，梁平县农业委员会制订《梁平县2015年中央财政支持农业生产全程社会化服务试点实施方案》。试点范围：根据《农业生产全程社会化服务试点实施指导意见》，2015年在合兴、大观、荫平、金带、明达、虎城、袁驿等乡镇范围内，选择相对集中成片种植梁平柚13.33公顷以上的农业企业、农民合作社和相对集中连片种植梁平柚3.33公顷以上的家庭农场、种植户开展试点。

试点目标：通过政府购买服务等方式，支持具有资质的经营性社会化服务组织从事农业公益性服务，实现社会化服务组织“四转变、一提高、一增强”。即：实现社会化服务组织从农业生产关键环节向全程社会化服务转变；从小规模经营服务向大规模整建制服务转变；从兼业化经营向专业化、职业化经营管理转变；实现生产方式向现代农业生产方式转变；农业机械化集约化水平和农业生产率显著提高，农业综合生产能力明显增强。服务环节：对梁平柚育苗、管护（分幼果林、成年林）、营销三个环节和购买服务作业机具给予补助。梁平柚生产主要包括育苗（含营养土准备、播种、移栽、嫁接、管护、出圃等），建园（含规划设计、整地、挖穴、定植栽苗），管护（含施肥、病虫防治、疏花疏果、修枝整形等），营销（含采收、商品化处理、销售）等四个环节，根据“抓两头、强中间”的原则，拟对育苗、管护、营销三个薄弱和关键环节进行补助，以保证品质、提高质量、提升效益。

补助标准及结算兑付。服务项目的财政资金单位补助标准不超过该项目同期社会公允价格的60%，社会化服务作业机具购置补贴（包含国家农机购置补贴）不超过总价的50%。服务组织必须接受服务对象签订社会化服务合同，明确双方权利、义务，以及服务项目，技术路线、财政补助标准、服务对象自付比例（金额）等内容。服务合同完成后，服务对象应签字确认，经县财政局、县农委组织抽查复核后，按确定的补助标准和服务作业量，将补助资金直接兑付给服务组织。社会化服务作业机具由服务组织自愿申请，经批准后才购买，待县财政局、县农委组织抽查复核后，按确定的补贴和购机数量，将补助资金直接兑付给服务组织。

市场化运作。本次试点支持的服务组织以市场化运作为基础，具备服务能力的农民合作社、协会、公司、从事农机作业服务的家庭农场均参与竞争。通过遴选、择优确定购买服务承担主体。在同一试点区域（乡镇或规模园区）内，可由两个或两个以上服务组织承担同类服务工作。

是年，全县共推广梁平柚标准化生产管理1333.33公顷，其中全程社会化服务850公顷（成年树516.67公顷，幼年树333.33公顷）。组建管护专业队12支，320余人，购买生石灰45吨，高效低毒农药1800公斤，高效复合肥1300吨，机动喷雾器6台，输药管道4800米，统一管理技术、农药、肥料等。在合兴镇、明达镇、大观镇、荫平镇、虎城镇等乡镇梁平柚生产重点村实施梁平柚成年树标准化生产管理516.67公顷。通过标准化生产管理，梁平柚产量、品质较往年显著提高、增长率达20%以上。

2016年，大力开展梁平柚标准化生产管理。实施全程化社会化服务733.33公顷（成年树466.67公顷，幼年树266.67公顷），培育梁平柚大苗50万株。组建管护专业队15支，400余人，购买生石灰55吨，高效低毒农药2400千克，高效复合肥240吨，机动喷雾器8台，输药管道5600米。统一农药、肥料、管理技术等。通过标准化生产管理，梁平柚的产量、品质较往年显著提高，增长率达25%。

柚农正在挂黏虫黄板、蓝板

2017年，实施梁平柚标准化生产管理1533.33公顷，辐射带动全区梁平柚标准化生产管理达1733.33公顷。标准化生产管理面积达200公顷。全区共组建梁平柚全程社会化服务管护专业队15支，400余人，购买生石灰55吨，高效低毒农药3200千克，捕食螨80万袋，黏虫黄板、蓝板65万张，高效复合肥240吨，生物有机肥1800吨，机动喷雾器10台，输药管道6500米。在合兴镇龙滩村中国名柚园区有机梁平柚生产工作中，施用生物有机肥1450吨，安装太阳能杀虫灯150盏，监控摄像头60个，悬挂捕食螨3万袋，黏虫黄板、蓝板6万张，实施梁平柚果套袋4万株。通过梁平柚标准化生产管理技术的实施，梁平柚长势良好，挂果率高，品质得到明显提升。

2018年，实施梁平柚标准化生产管理533.33公顷，带动全区梁平柚标准化生产管理面积达2000公顷。梁平柚全程社会化服务施用生石灰30吨，高效低毒农药1200千克，悬挂捕食螨85万袋，黏虫黄板、蓝板75万张，高效复合肥300吨，生物有机肥2500吨。同时推进合兴镇龙滩村有机梁平柚生产工作，施用生物有机肥800吨，悬挂捕食螨2.2万袋，黏虫黄板、蓝板2.8万张，实施梁平柚果套袋2万株，禁止化学农药、化肥的施用，建立梁平柚有机食品生产管理标准和制度。合兴镇33.33公顷有机梁平柚已通过有机食品认证，大观镇、明达镇、荫平镇、袁驿镇400公顷柚园产品通过无公害农产品认证。

2019年，梁平柚全程社会化服务，推行绿色生态生产技术。在生产管理上推行冬季清园，夏秋季生草覆盖，冬季深翻松土和修枝刷白等技术，加强肥水管理，做到涝能排、旱能灌、肥水一体化配套技术。大量推广施用腐熟的生物有机肥和高效复合肥，全年施用腐熟的生物有机肥2.6万吨，高效复合肥0.55万吨。加强病虫害生物、物理防控技术，施放抗药性捕食螨8万袋，黏虫板12万张，安装太阳能杀虫灯0.32万盏，挂糖醋酒诱球0.8万个。

2016—2020年，累计推广“三肥三药一修剪”全程社会化服务6666.67公顷，通过绿色或有机认证柚园133.33公顷。

柚产业重点镇

合兴柚业

合兴镇位于梁平区东北部，距梁平城区9千米。辖区面积51.4平方千米。2019年辖2个居委会、6个村民委员会、61个村（居）民小组，总人口24115人，其中农业人口22589人。路网发达，交通方便，243国道、梁平二环路、渝万高速铁路纵横交错，达万铁路梁平火车站位于境内。

合兴镇地处浅丘地带，兼有低山，海拔345～920米，年均气温16.7℃，年降雨量1100毫米，无霜期270天。土壤有冷沙黄泥土、暗紫水稻土、灰棕紫泥土，全镇耕地面积2526.67公顷、占总面积的47.79%。主要河流为普里河，支流分别发源于星桥、合兴、梁山，经复平流入万州铁炉。有小（Ⅰ）型水库1座，山坪塘74口，蓄水池35处。

合兴镇在抓好粮食生产的基础上，重点抓梁平柚、青脆李等特色产业，合兴镇是梁平柚产业发展的重点镇，著名的“中华·梁平柚海”“万亩优质名柚园”等坐落于该镇龙滩村，历届柚博会、柚花节、采柚节等盛大活动在这里举行开幕式。合兴镇先后获农业部首批农产品地理标志登记证书、农业部地理标志梁平柚示范样板、全国柚类评比“金杯奖”“金奖”等各项殊荣。

1984年，合兴区组织人员核查，全区共有梁山柚树5000余株，年产柚果15万个，产值9万余元。

1985年，合兴区贯彻梁平县人大常委会《关于大力发展梁山柚生产的决议》，区成立“梁山柚生产领导小组”，以柚子为龙头的果品生产作为振兴合兴区经济的支柱产业。规划1985—1990年，从天竺乡与龙滩乡交界的雨仙村（今雨家村）至龙滩乡政府4千米的公路沿线建立面积为33.33公顷的梁山柚丰产带。

1992年，区乡建制改革后的合兴镇，继续把梁平柚作为发展经济的特色产业。规划全镇9个村104个组3147户发展梁平柚八个片区，种植面积350.87公顷，种植梁平柚树57万余株。

1985—1995年，全镇栽植梁平柚树125万株，其中定植68万株，假植17万株，育小苗4公顷32万株。

1998年8月2日，成立“梁平县龙滩柚子专业合作社”入社社员1200多户。

2004年9月7日，合兴镇龙滩村张文辉组建成立重庆市龙滩梁平柚开发有限公司，主要经营梁平柚生产、销售，果树苗木种植、培育、销售、果树栽培技术咨询及配套服务等。该公司在龙滩、雨家两村建设66.67公顷梁平柚精品观光旅游农业示范园，挑选500户生产示范户，按梁平柚标准生产技术种植柚子。

2005年，全镇发展梁平柚233.33公顷，年产柚子5000余吨。

2006—2008年，在合兴镇龙滩村、雨家村完成低劣梁平柚树改造333.33公顷，新植补缺梁平柚200公顷10万余株。建设梁平柚标准化生产区233.33公顷。新建柚园人行耕作道12000米，蓄水池40口，柚园机耕道1500米。

2009年2月16日，原梁平县合兴镇龙滩柚子专业合作社在梁平县工商局登记注册为梁平县龙滩柚子专业合作社。注册社员为5户，服务社员1320户，基地面积333.33公顷，年产值3500万元。

2010年5月10日，万亩中国名柚园建设项目，在合兴镇龙滩村举行启动仪式。

2011年，“中国名柚园”建设，完成7.4千米柚园路硬化，完成占地1.53公顷的中国名柚园广场的规划设计和工程招标。注册了“双桂牌”梁平柚商标。梁平柚年产柚果5000余吨，产值3000多万元，带动社员年增收200余万元。

2012年，建成集交易、节会、观景、休闲功能为一体的名柚广场。完成柚园去杂100公顷，补植柚树8万余株，改造低产柚林33.33公顷。

2013—2014年，建成标准化梁平柚示范园333.33公顷，标准化柚园栽种柚苗1万株，去杂改造低产柚林13.33公顷，标准化种植柚树33.33公顷。在柚园核心区修建观景亭8个，便道290米，采果道7.5千米，建成贮藏量为400吨的柚子保鲜库1个。配合县相关部门和设计单位做好中国名柚园5平方千米概念性规划和2平方千米核心景区修建性详细规划。

2015年，完成220公顷梁平柚全程社会化服务，完成20公顷有机柚标准化试验。开展梁平柚绿色食品认证工作。引进5家农业开发公司，流转土地建成标准化柚园33.33公顷。重庆天农八部农业开发公司投资500万元建成梁平柚母本园。

2016—2017年，栽植梁平柚33.33公顷，完成180公顷梁平柚全程社会化服务，开展200公顷梁平柚有机品牌创建项目，进行标准化种植100公顷，改造老柚树60公顷。启动中华·梁平柚海建设，开工建设6.67公顷的柚子博览园。

2018年，基本建成"中华·梁平柚海"项目主体工程，确保了"中国·重庆首届柚博会"和"2018中国三大名柚梁平峰会"的顺利举行。

2019—2020年，合兴镇已打造10个优质梁平柚子产业基地。梁平柚基地总规模达到1333.33公顷（其中挂果1266.67公顷），梁平柚年产量达到2.4万吨，产值1.2亿元。产业基地主要以龙滩村、雨家村和银恒村3个村为核心，辐射带动石桥社区、护城社区、大梨村、南普村和天龙村等5村（社区）。已形成"良种繁育—规模化种植—商品化处理—精深加工—休闲体验"的全产业链发展格局。建成产地商品化处理中心2个，商品化处理线3条，组装式贮藏库2个，每个容积2500立方米，贮量达500吨；建有梁平柚精深加工厂5家，主要加工柚子茶、柚子酒、柚子糖、柚子精油等10多个柚子精加工产品。

中华·梁平柚海景区建设，建成中华名柚广场1个，改造刁家、严家、钱家、何家等特色院落4处；完成柚园景观路油化10千米；建成观光亭6个，柚乡游乐园1个；建成"名柚苑"人居环境改善市级示范片；中华·梁平柚海研发中心、营销中心、接待中心。中华·梁平柚海被国家评为AAA级景区。合兴镇先后获得国家农村产业融合发展试点示范镇、全国"一村一品"十大知名品牌、农业部"美丽乡村示范村"、住房和城乡建设部"第四批美丽宜居村庄""重庆市首批特色景观旅游名村"等殊荣。

虎城柚业

虎城镇地处梁平区西北边陲，位于重庆市梁平区、四川达州达川区、大竹县三区县交界处，距梁平城区48千米，距重庆主城区213千米，辖区面积78平方千米。2019年辖15个村委会125个村民小组，3个社区居委会、31个居民小组。全镇有3个场镇，辖区在籍14030户，总人口41984人。

虎城镇地势较高，海拔高度450~700米，地势以丘陵为主，山丘坝兼有。年均气温16.7℃，年降水1100毫米，土壤有石骨子土、沙土、鸭屎泥土。境内有施家河、龙安河、波漩河自西向东流。有小（Ⅰ）型水库1座，小（Ⅱ）型水库3座，山坪塘426口，蓄水量403万立方米。虎城镇盛产水稻、玉米、杂粮等粮食作物，水果有柚、柑橘、梨、李、桃等，尤以梁平蜜柚出名。

虎城尖柚（又称虎城柚）已有150多年的栽种历史。梁平虎城柚芳香浓郁、酸甜适中，无苦麻味，深受消费者喜爱。梁平蜜柚（又称虎蜜柚）是在虎城柚的优良实生树上优选培育出来的。1998年11月，在重庆市首届柚类展评暨名柚开发研讨会上，梁平选送的“梁平虎蜜柚”柚子获“重庆十大名柚”称号，被与会果树专家誉为“跨世纪柚类良种”。1999年1月，在广东梅县召开的全国第六次柚类评比会上，“虎蜜柚1号”获“金杯奖”，1999年9月，在北京举办的中国农业博览会上“虎蜜柚”获“99中国国际农业博览会名牌产品”称号。2011年“虎城尖柚”注册“猫儿寨”牌商标。2012年12月7日，“虎城尖柚”获中华人民共和国国家工商行政管理总局商标局注册“地理标志证明商标”。由虎城镇砂石村七组孙自友选送的“虎蜜1号”柚子参加梁平“柚王”评比，分别于2011年、2012年、2014年、2015年、2017年五次获得虎蜜柚“柚王”奖。虎城镇分别于2018年、2019年、2020年三次成功举办中华·长江三峡（梁平）国际柚博会虎城专场活动。

1998年11月，梁平虎蜜柚获“重庆市十大名柚”称号

1980年以前，虎城柚主要是一家一户分散种植，技术落后、数量少，产量不高，全区只有柚树9500余株。党的十一届三中全会以后，随着农村经济体制改革，流通渠道的畅通，

加之人民生活水平的不断提高，水果食用量不断增加，柚产业逐步兴旺起来。

2012年，虎城尖柚获地理标志证明商标

1986年，原虎城区委贯彻县委、县政府“大力发展梁平柚产业”的精神，成立虎城柚发展领导小组，由区主要负责人任组长，负责组织发展、协调解决相关事宜，各乡、村成立相应的组织，负责发展虎城柚的具体工作，区建立技术服务队伍，负责指导全区的柚树种植、防病治虫、采摘技术等工作。全区柚树发展到8.2万株，其中虎城柚3.8万株，梁平柚4.4万株。

1987—1990年，虎城区规划以虎城乡的猫儿寨四周和靠公路一带发展柚子。全区发展虎城柚22万株，共计达到30.2万株，按4万人计算，人均达到7.2株，按株平产量30个计算，年产量达到900万个，产值可达630万元。

1991年，虎城区投资3万元，开发虎城柚选优母本树，共选出200株优秀的虎城柚母本树，实行挂牌定株，规定全区虎城柚育苗嫁接只能从选出的200株优秀树上采摘枝条。

1992年，区乡建制改革后，虎城镇政府十分重视柚产业发展，先后培训果树栽培、病虫防治等技术人员81人，新栽植梁平柚和虎城柚树5.2万株，主要分布在八林、铜古、官桥、陈家等村。全镇柚树总株数达到36.9万株，年产量达到1000余吨，创产值150多万元。

1993年，虎城镇把发展虎城柚纳入壮大农村经济、增加农民收入的选定路子，大力发展虎城柚。规划建立“果树带”。“果树带”规划为一条主干线、两条支干线。主干线从高板桥至旱田坝所辖的9个村30个组，两条支干线即千丘至楚家，桐子岩至波漩河的10个村20个组，主干线和支干线计划栽植以虎城柚为主的柚树70万株。为了让“果树带”规划顺利实施，镇党委成立虎城柚“果树带”开发领导小组，由镇党委书记任组长，两位副镇长任副组长，果树带的村长和供销、营业所负责人为成员。各有关村相应成立领导小组3～5人组成。凡是“果树带”上的村，均配备1～2名果树技术员，保证新栽果树的品种优良栽植。镇党委要求1993年上半年完成任务的20%，年底完成任务的50%，1994年全面完成计划数。

镇政府同时规定，对窃取和损坏果树带柚苗的，损1株惩栽10株，赔损失费10元，对检举者奖50%。虎城柚采摘和上市必须要在每年的霜降节以后，从1993年起，凡是霜降节前上市的柚子由工商等部门进行没收并处以罚款。同时虎城柚上市必须盖有虎城柚印章的才能销售。

1995年，虎城镇柚产量达到4500余吨。

1997年9月4日，虎城镇印发《关于加强虎城柚质量管理的通知》，针对少数柚子贩运户不顾果农利益，提前串户以低价采收夹生果，以劣充优损害消费者利益的行为，决定成立虎城柚质量管理领导小组，整治早采行为，并负责全镇虎城柚的开发，包括缺苗补栽、幼苗管理、成苗整形、孕树育果、有序采摘等工作指导。一是规定采摘时间。严禁提前采销。采销期规定为：平柚在每年的霜降节后，尖柚在每年的立冬节后采摘上市。凡是在规定的采摘期前进行采摘、销售的，一律视为劣质产品，就地销毁。二是规范虎城柚的采销环节。实行产地检疫和明码商标出售，虎城柚已由供销社在国家商标局注册了“川虎”牌商标，从当年起，不管是集体还是私人外销虎城柚，每个柚子必须要贴有“川虎”商标，未贴商标的柚子绝不允许外销。三是坚持常年性培育，做好柚树越冬管理，冬管以修枝整形、刷白治虫、施肥保养等工作为重点。镇政府将对柚树冬管验收评比纳入桑树冬管验收之列。

1998年，梁平县科委和县果品办的科技人员，在梁平柚“选优提纯”和“名柚开发”中，发现虎城镇砂石村十一组村民孙庭荣家的一株实生虎城柚品质优良，味道纯正，便以此为母本培育出优良品种——梁平蜜柚（又称虎蜜柚）。

1999年7月28日，梁平县科委（称甲方），虎城镇政府（在场见证）与孙庭荣（称乙方）、孙自权（孙庭荣之子）签订《“虎蜜柚”母树管护合同》，由甲方对乙方的一株“虎蜜柚”母树买断5年的经营权，以利对该树的科学研究、开发利用，由乙方对该树进行生产管理、围栏保护（甲方付给劳动报酬）。合同期5年，从1999年4月1日起至2004年3月30日。8月，县科委制定出《梁平县虎蜜柚研究与开发可行性研究报告》，县科委、县农村经济委、县农业局联合印发《关于做好虎蜜柚发展规划的通知》（梁科发〔1999〕8号）。

2000年9月25日，梁平县人民政府召开虎蜜柚开发发展、商标注册等问题专题会议。会议明确果品的生产、销售等行政管理权归农业行政主管部门；组建虎蜜柚股份公司，按股份制运行；在过渡期间应尽快注册商标，由县果品有限公司出面，与县科技开发中心共同出资注册。

是年，虎城镇党委、政府决定在全镇强力发展虎蜜柚产业。首先在千丘村建立柚树育苗基地，然后发动各村各户大量种植虎蜜柚。

2004年6月，成立虎城第一家“梁平县虎蜜柚专业合作社”，专业合作社从柚树的育苗、管理、采摘 、销售实行一条龙服务，虎蜜柚通过专业合作社销往重庆、成都、香港、澳门等地。

2005年，全镇发展虎蜜柚266.67公顷，20万株，年产柚果350万个。

2006—2010年，虎城镇打造虎城柚开发示范点1个，改良优质品种400公顷，年产量达到6000余吨，年产值1500余万元。

2012年，虎城镇投资近30万元用于66.67公顷标准化柚园建设和“虎城尖柚”地理标志商标申报。

2013年，建成水口村红肉蜜柚园66.67公顷，砂石村建成名柚园13.33公顷。

2014年，新发展五角村、大兴村虎蜜柚标准柚园66.67公顷，全年产柚果4000吨，年产值达1200余万元。

2015—2016年，通过招商引资吸引外商到虎城投资兴建标准化柚园4个。同时利用招商来的明乾、绿磊等营销公司引导各专业合作社发展电子商务，实现线上与线下销售同步。利用全镇10个柚子专业合作社、实施梁平柚（虎蜜柚）生产全程社会化服务试点项目200公顷。全镇柚树面积达666.67公顷，其中虎蜜柚400公顷，年产虎蜜柚2万余吨。

2017—2018年，继续完善五角、波漩、大兴村新建的3个标准化柚园基础设施建设工作，建设生产便道、产业路7.3千米、新建蓄水池15口。在波漩、五角、大兴、水口、砂石等村实施柚果管护206公顷。

2019年4月起，虎城镇将虎城柚等农产品在淘宝、抖音等直播平台上云端展示，在主播线上进行“云推销”梁平柚，不但在国内畅销，还远销越南河内和胡志明市。

2020年，虎城镇已形成大兴村、波漩村、水口村、砂石村、五角村等梁平柚、虎蜜柚种植规模村，其中有标准化柚园2个，面积66.67公顷。有梁平柚种植专业合作社10个。全镇梁平柚、虎蜜柚种植面积达到540公顷，年产量8000余吨，产值2000余万元。

荫平柚业

荫平镇位于梁平城区西南部25千米，辖区面积54平方千米，耕地面积1940公顷。渝万高速公路、高速铁路分别穿越境内4个村。荫平场镇距离位于辖区太平社区的渝宜高速龙溪河服务区约5千米，与318国道相隔9千米。2019年辖8个村民委员会、2个社区、83个村（居）民小组，全镇总户数8272户，总人口25147人。

荫平镇属于平坝浅丘地区，地形略微西高东低，北高南低，海拔420～700米。气候属亚热带湿润季风气候区，气候温和，四季分明，雨热同季，年平均气温17℃，年降水量1100毫米。春季气候温和湿润，夏季气温高雨量集中，秋季干旱少雨，冬季气候湿润。境内七涧河、龙溪河贯穿新拱桥、柳荫、三坝、光华、太平、群乐6个村（社区）。七斗寨风光秀丽，重峦叠峰，133.33公顷天子坟林场树木参天；东境白洋（云）寺，巍峨壮观。

荫平镇农业主产粮食，梁平柚是荫平镇农民增收的主要途径。梁平柚在荫平镇种植已有200多年历史。1986年，梁平县把荫平乡列为梁平柚发展基地乡，同时也是5个地区级基地乡之一。

1986—1994年，荫平镇成片定植梁平柚树666.67公顷125万株，培育梁平柚母本园13.33公顷，全镇柚子种植户达3000余户，主要涉及乐英、群乐、三坝、雷庙等村。

1996—2009年，荫平镇政府贯彻落实梁平县人大常委会《关于推进梁山柚产业化进程的决议》，成立荫平镇“梁平柚产业化发展领导小组”，建立梁平柚产业发展目标责任制，积极推进梁平柚产业化发展进程，以市场为导向，以科技为依托，加大梁平柚产业投入。在保持农村家庭联产承包责任制稳定不变的前提下，按照产供销、贸工农一体化的要求，实行多层次、多形式、多元化的优化组合，形成以市场为引导的龙头企业，组建专业合作社、专营公司，引导柚农科技化、规模化、精细化经营管理，使荫平镇柚产业逐步发展壮大。

2010—2012年，成立乐英村和七斗村两个梁平柚专业合作社，全镇有柚子种植大户12户，入社社员600人。采取农户+专业合作社+电商平台的形式促进销售。2012年年底，全镇柚树达到80多万株，年产梁平柚4000千克，为柚农增收2200余万元。

2013—2014年，打造66.67公顷梁平柚标准园生产基地，种植柚树3万株。

2015—2016年，全镇改造柚园166.33公顷，实行全程社会化服务240.33公顷。

2017—2019年，新植梁平柚2万余株、新建标准化柚园23.13公顷，新推广标准化生产园26.67公顷。建立了荫平镇电商孵化中心，发挥10个线上销售平台作用推销梁平柚。举办柚花节、采柚节、柚博会荫平专场4场次，先后与重庆天农八部农业科技有限公司、重庆华东建筑集团、邮政重庆梁平分公司、梁平丰源农业、重庆农本味电子商务有限公司签订了柚子代销协议。

2020年，荫平镇投资600余万元建成乐英村百年柚园核心区，面积约26.67

荫平镇百年老柚园

公顷，新发展柚园2个13.33公顷，新建标准化柚园26.67公顷。全镇梁平柚总面积达到300公顷，年产量5000余吨，年产值约1000万元。为进一步拓展销售市场，荫平镇通过积极对接龙溪河服务区、区内电商、柚子经销商等渠道销售柚子。与重庆华东建筑集团、邮政重庆梁平分公司，梁平丰源农业、重庆农本味电子商务有限公司签订了柚子代销协议。

大观柚业

大观镇位于重庆市梁平区东南部，距梁平城区33千米，全镇辖区面积53.3平方千米。2019年辖6个村民委员会44个村民小组，3个社区居委会25个居民小组。全镇总户数6470户，总人口17809人，其中农业人口15499人，非农业人口2310人。

大观镇地形以山为主，有少量丘陵，西北部横亘着一座与梁平东山平行、延绵30多千米的外山，海拔700米；东南部横着一条石岩高岭，与外山平行，海拔300多米。境内的黄金河与它的几条支流，流经全境。气候属亚热带季风气候，春温不稳定，初夏多阴雨，盛夏炎热，年均降雨量1400毫米，年均温度17℃。

大观镇拥有耕地面积1068.2公顷，其中田652.3公顷，土415.9公顷，森林面积1280公顷，荒山866.67公顷。土壤以黄泥、沙壤土、冲积土、红棕紫色土为主，呈中性，至微酸性。大观镇农业以稻谷、玉米、豆类、薯类为主，特色产业重点发展梁平柚、葛根粉、“梁欣”红糖等，近年来梁平柚产业发展尤为突出。

1985年，大观乡全乡有梁平柚树5000余株，年产柚子8万余个。

1991年，大观乡政府组织密植4万多株柚苗，栽植柚苗10万余株。梅花村由1985年的100余株老柚树发展到15000株，滴水村张增银从1986年开始发展梁平柚，到1991年已发展到450株成年树，面积0.3公顷，年产果4000多个。

1993年，大观镇政府确定发展8个梁平柚专业村，完成梁平柚定植72片，涉及72户，总株数6408株，年产量可达34000余个。

1994年，镇政府规划从1994年开始，从新塘到路河、滴水、建丰、大桥、梅花、岩中、千福一线沿公路两边、河岸边坡等地，成片开发梁平柚，实施规模、规格、规范化种植梁平柚533.33公顷。

2010年，培育改良666.67公顷梁平柚高产示范园。

2012年，成立柚子专业合作社1个，合作社为梁平柚注册了“梦香”牌商标。全镇梁平柚种植面积达到253.33公顷，年产量达到2000吨左右。

2013—2015年，新建130公顷梁平柚示范基地，打造出600公顷柚子产业带。庙坝村发展梁平柚100公顷，并向贫困户提供柚树苗，给予每亩500元的补助。实施全程社会化服务，落实50余万元资金对全村所有梁平柚进行为期3年的服务管理。

2016年，建成80公顷梁平柚生产园，新建800公顷梁平柚示范基地。在2016年梁平“柚王”评选中，大观镇梅花村柚农吕承波选送的柚子获得“柚王”奖。

2017—2018年，大观镇在庙坝村建成“一片六园”标准化柚园133.33公顷。“一片”即庙坝村万家坝，“六园”即庙坝村的6个组。

2018年，梁平“柚王”评比，梅花村吕周全选送的柚子获得“柚王”奖。

2019年，大观镇有13.33公顷以上梁平柚种植大户4户，有庙坝、梅花两个村梁平柚标准化柚园2个，种植面积86.67公顷，有大观柚子专业合作社和万德柚子专业合作社2个，种植面积25.33公顷，有钟家志农场、玺思农场2个，种植面积26.4公顷。全镇梁平柚种植面积400公顷，其中成片柚园153.33公顷，柚树30万株，对22株百年以上的柚子树挂牌保护。

2018—2020年，大观镇先后参加达州农产品展销会，重庆展销会、梁平区展销会等共8次，线上销售梁平柚3000余单，实现销售收入约150万元。成功举办2018年、2019年、2020年“中国·长江三峡（梁平）国际柚博会大观专场活动。

品牌创建与保护

品牌创建

1998年6月30日，梁平县人民政府决定成立梁平县实施梁平柚名牌战略领导小组，要求全力提高梁平柚产品质量，争创市场名牌，实施名牌战略。一是进行梁平柚单株选优，实施品种改良，定点繁育，建立优质商品果生产基地，占领国内外名柚市场。二是强化生产管理，提高产品质量。三是对梁平柚搞好商品化处理，创立“名牌”市场。从1998年开始，柚子销售实行“分等定级、优质优价”销售，促使柚果商品性提高档次，用优质果加高档次的商品包装和注册商标，稳定、开拓、扩大市场，创立市场“名牌”。四是鼓励各生产经营主体积极申报创建梁平柚有机食品、生态原产地产品、全国名牌农产品、著名商标、驰名商标等梁平品牌。加强地理标志保护，依法打击假冒伪劣行为。

1998年11月18日，梁平县农业局选送的梁平柚参加全国第五次柚类评比获“金杯奖”，梁平县果品办选送的梁平柚98-11号柚，参加全国第五次柚类评比，获“优质奖”称号。11月，梁平县果品办选送的梁平柚98-8号和梁平虎蜜柚1号双双获“重庆市名柚”称号。

1999年9月，“麦豪牌”梁平柚和梁平蜜柚参加北京举行的中国国际农业博览会，双双

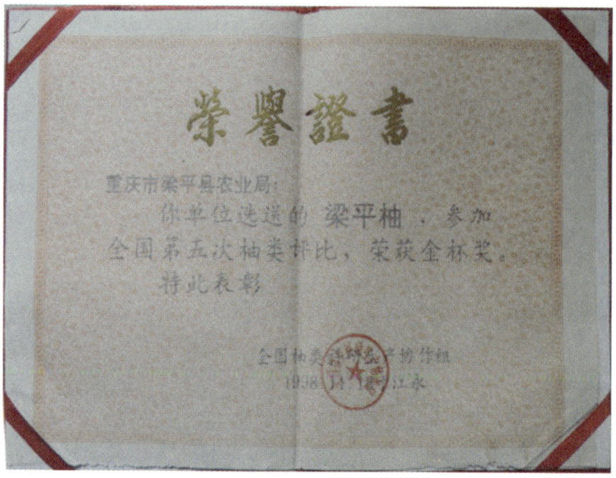

1998年11月18日，梁平柚参加全国第五次柚类评比获金杯奖

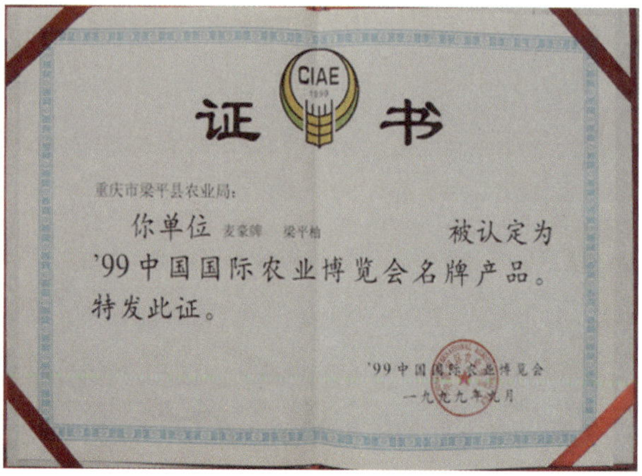

1999年9月，梁平柚参加中国国际农业博览会获名牌产品证书

被认定为“99中国国际农业博览会名牌产品”。11月5日，麦豪牌梁平柚和梁平蜜柚参加在广东梅县举办的全国第六次柚类科研生产协会优质类商品综合评比，双双获“金杯奖”。

2008年7月11日，梁平柚获中华人民共和国农业部的农产品地理标志登记证书。

2010年2月21日，梁平柚获中华人民共和国国家工商行政管理总局商标局注册为“地理标志证明商标”。5月30日，在北京举行的2009中国合作经济年度成就颁奖典礼及中国合作经济年度论坛上，梁平龙滩柚子专业合作社“双桂牌”梁平柚，获“中国具有影响力合作社产品品牌”称号。

2010年，梁平柚获地理标志证明商标

2011年9月15日，由梁平县供销合作社申报，重庆市果品行业协会推荐，经中国果品流通协会专家委员会议决定，授予“双桂牌”梁平柚为“中华名果”称号。

2012年2月，梁平柚获“2012中国·重庆晚熟柑橘节优质柑橘金奖”。12月7日，“虎城尖柚”经中华人民共和国国家工商行政管理总局商标局注册为地理标志证明商标，“双桂牌”梁平柚商标被审定为“重庆市著名商标”。

2014年8月，重庆市龙滩梁平柚开发有限公司选送的“双桂牌”梁平柚，获“重庆市名牌农产品”称号。

2016年7月26日，重庆市农委对梁平县合兴镇龙滩村、南普村、天龙村、雨家村800公

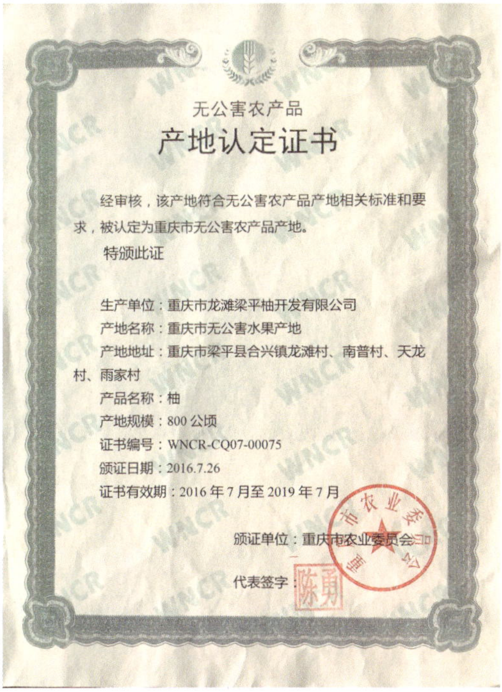
无公害农产品

产地认定证书

经审核，该产地符合无公害农产品产地相关标准和要求，被认定为重庆市无公害农产品产地。

特颁此证

生产单位：重庆市龙滩梁平柚开发有限公司

产地名称：重庆市无公害水果产地

产地地址：重庆市梁平县合兴镇龙滩村、南普村、天龙村、雨家村

产品名称：柚

产地规模：800 公顷

证书编号：WNCR-CQ07-00075

颁证日期：2016.7.26

证书有效期：2016 年 7 月至 2019 年 7 月

颁证单位：重庆市农业委员会

代表签字：陈勇

2016年7月26日，梁平县合兴镇龙滩村、南普村、天龙村、雨家村800公顷梁平柚被认定“无公害农产品产地认定证书”

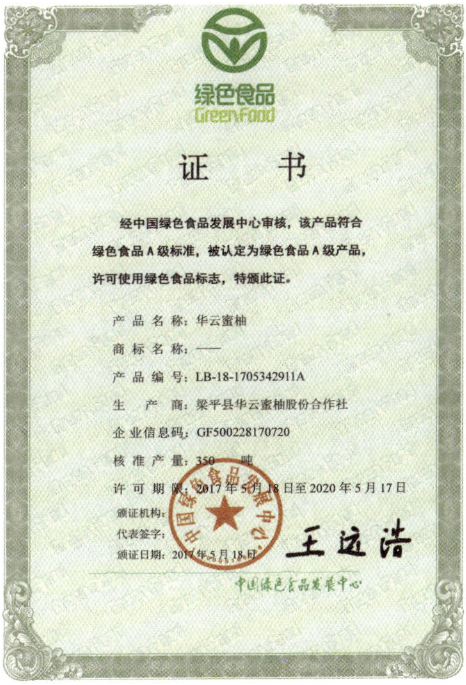
绿色食品

GreenFood

证　书

经中国绿色食品发展中心审核，该产品符合绿色食品A级标准，被认定为绿色食品A级产品，许可使用绿色食品标志，特颁此证。

产品名称：华云蜜柚

商标名称：——

产品编号：LB-18-1705342911A

生　产　商：梁平县华云蜜柚股份合作社

企业信息码：GF500228170720

核准产量：350　吨

许可期限：2017年5月18日至2020年5月17日

颁证机构：

代表签字：王运浩

颁证日期：2017年5月18日

中国绿色食品发展中心

2017年5月18日，梁平县华云蜜柚股份合作社选送的“华云蜜柚（梁平柚）”获“绿色食品A级产品”认证书

顷梁平柚认定颁发“无公害农产品产地认定证书”。9月，合兴镇梁平柚被中视金桥国际传媒集团评为百万网友心中的“全国一村一品十大知名品牌”。

2017年2月23日，梁平柚经中华人民共和国国家质量监督检验检疫总局评定，准予使用“生态原产地产品保护证书”。3月27日，“梁平蜜柚”获中华人民共和国国家工商行政管理总局商标局“地理标志证明商标”注册。5月18日，梁平县华云蜜柚股份合作社选送的“华云蜜柚”，经中国绿色食品发展中心审核认定，获“绿色食品A级产品证书”。8月31日，重庆市龙滩梁平柚开发有限公司33.33公顷梁平柚获北京中绿华夏有机食品认证中心颁发“有机

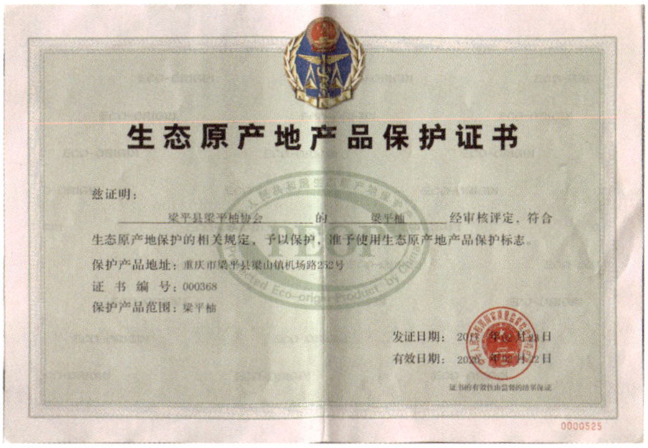
生态原产地产品保护证书

兹证明：

梁平县梁平柚协会的梁平柚经审核评定，符合生态原产地保护的相关规定，予以保护，准予使用生态原产地产品保护标志。

保护产品地址：重庆市梁平县梁山镇机场路252号

证书编号：000368

保护产品范围：梁平柚

发证日期：

有效日期：

证书的有效性由监督的结果保证

0000525

2017年2月23日，梁平县梁平柚协会获中华人民共和国国家质监总局颁发“生态原产地产品保护证书”

转换认证证书”。

2018年8月，“刁老爷牌”梁平柚获“重庆名牌农产品”称号。重庆市龙滩梁平柚开发公司“双桂牌”梁平柚再次获“重庆市名牌农产品”称号。12月12日，梁平柚通过中国绿色食品发展中心“国家级农产品地理标志示范样板”标准验收。

2019年2月，梁平柚被评为“三峡柑橘十佳名品”

2019年2月，梁平柚被“2019·三峡柑橘国际交易会组委会”评为“三峡柑橘十佳名品”。11月在第二届长江三峡（梁平）国际柚博会暨中国三大名柚高峰论坛上，发布“梁平柚”区域公用品牌，并入选中国农业品牌目录。

2020年1月，梁平柚获“重庆优质气候农产品”称号。12月，梁平柚成功入选“2019中国农业品牌目录”。

品牌保护

2016年，梁平县农业委员会制定《梁平柚和梁平蜜柚地理标志品牌使用管理办法（试行）》，实施梁平柚特色农产品战略，规范使用“梁平柚”“梁平蜜柚”地理标志的文字和图形标志。梁平县经济作物站拥有由农业部、质量技术监督局对梁平柚注册的地理标志的使用权和管理权。各营销主体使用地理标志梁平柚品牌，必须征得梁平县经济作物站授权同意后方能使用，品牌实行分区分片授权。地理标志品牌的使用实行申报审核制，营销主体申报必须符合条件：具备合法的市场主体地位；有固定的梁平柚果园基地（包括自建、合建、合作）；通过划区营销方式取得的市场空间或渠道；遵守梁平柚营销的规定，维护梁平柚的品牌形象。凡是在梁平县境内生产出的合格商品柚果，经审核合格的营销主体统一使用“梁平柚”“梁平蜜柚”地理标志品牌。

梁平柚地理标志品牌的使用范围，在柚产品包装、说明书或者其他附着物上使用标志；使用此标志宣传梁平柚或服务于梁平柚的各种广告；不违反本办法规定可以使用“梁平柚”“梁平蜜柚”标志的其他情形。

凡使用“梁平柚”品牌包装的产品质量为，单果重900克以上、果形正、果面清洁、色泽橙黄、无严重病虫危害和机械损伤，霜降节后充分成熟采收并经过商品化处理包装的合格柚果。“梁平蜜柚”质量要求为，单果重800克以上、果形正、果面清洁、色泽橙黄、无严重病虫危害和机械损伤，立冬节后或小雪节后充分成熟采收，并以商品化处理包装的合格柚果。

梁平县经济作物站负责提供统一的包装设计图案、标志，使用主体在印制柚品包装时须向梁平县经济作物站提供设计样稿审核，印制成的正品送其存档备查。

必须严格按照“梁平柚”“梁平蜜柚”标志设计图案使用，各使用主体不得改变其标志的文字、图形等，标志使用者可在包装物上标明所取得的品质、认证、获奖情况、生产地址、联系方式等，但不能超过“梁平柚”“梁平蜜柚”包装图案的主体地位。

标志使用主体须自觉维护“梁平柚”“梁平蜜柚”的质量和市场声誉，不压级压价，不恶性早采上市，禁止故意杀价等恶性竞争，保证其产品质量或服务优良。

标志使用主体，实行可追溯至梁平柚质量安全管理制度，禁止早采果、畸形果、病虫果和未经过商品化包装或质量不合格的果实使用“梁平柚”“梁平蜜柚”标志、图案包装，违者承担相应责任。

标志使用主体必须按规定向授权单位报告营销情况，并填报相关报表，授权单位可定期或不定期对标志使用主体的营销情况进行检查、评估，对品牌使用不良者视其情况做出预警或停止使用标志的处理。

标志使用主体违反市场规定，损害梁平柚形象，不遵守自身承诺和营销联盟意见、恶意竞争者等行为（现象）的，经授权单位（梁平县经济作物站）评估后可撤销“梁平柚”“梁平蜜柚”地理标志的使用授权。

对擅自使用、仿冒“梁平柚”“梁平蜜柚”标志及其他损害“梁平柚”“梁平蜜柚”标志形象和声誉的企业、个人或其他组织，梁平县梁平柚产业发展领导小组办公室将根据《中华人民共和国商标法》《中华人民共和国著作权法》《中华人民共和国反不正当竞争法》等相关法律法规，提请相关部门追究其侵权责任。

8月31日为梁平柚品牌价值评估基准日，经浙江大学跨学科、开发性的教学科研和政策咨询机构——农业现代化与农村发展研究中心，在“2016中国果品区域公用品牌价值评估中，‘梁平柚’品牌价值为3.05亿元人民币”。

9月20日，梁平县梁平柚产业发展领导小组办公室，强调品牌宣传的重要性，并作出工作安排，梁平县电视台、新闻中心加强舆论引导，邀请组织国家级、市级宣传媒体广泛深入宣传推介梁平柚品牌、挖掘使用主体充分利用梁平柚品牌标志典型，引导良好的销售理念，提升梁平柚品牌知名度，营造梁平柚品牌营销舆论氛围。是年，梁平县荣获国家质量监督检验检疫总局颁发的“生态原产地产品保护证书”。

2017年，梁平柚产业主体紧抓“特色、质量、品牌、电商、双创”关键点，坚持市场带创建，创建促发展，高起点、高标准、高水平创建梁平区梁平柚品牌优势产业区，建立评价标准，完善技术体系，培育新型主体，突出梁平柚品牌效应，打造特色鲜明、优势集聚、产业融合、市场竞争力强的特色农产品优势产业。

重庆天农八部农业科技开发有限公司，2015年采购梁平柚价格为每1000克0.30元至0.80元。2017年利用地理标志梁平柚品牌标志提高到每1000克1.50～10.00元。2016—2017年，重庆天农八部农业科技开发有限公司采用梁平柚品牌标志，自营销售梁平柚突破2.7亿余元，其中线上销售1.59亿元、线下销售1.11亿元。

2018年1月，重庆市梁平区按照浙江大学农业现代化与农村发展研究中心，完成并发布的梁平柚区域公用品牌评估策划方案，制定《梁平柚产业化发展三年行动方案》《梁平柚区域公用品牌战略规划》《梁平柚区域公用品牌形象手册》，构建梁平柚价值体系、符号体系、策略体系。策划梁平柚区域公用品牌方案，投入农业生产发展资金78万元，与浙江芒种公司签订梁平柚区域公用品牌策划推广项目，落实梁平柚区域公用品牌策划及推广工作。梁平县经济作物站，加强梁平柚品牌保护，与梁平柚产业协会制订《梁平柚品牌保护公约》。按照统一采收，统一包装，统一品牌、统一价格、统一标准、统一溯源的“六统一”标准，执行梁平柚营销市场诚信制度，提升梁平柚品牌形象。5月，成立重庆市梁平区梁平柚区域公用品牌策划项目领导小组，制定《梁平柚区域公用品牌策划项目实施方案》，深入贯彻党的十九大、中央农村工作会，重庆市、梁平区“乡村振兴战略动员会”精神，结合“深化梁平柚产业供给侧结构性改革”，按照“走质量兴农，绿色兴农”的重大部署，坚持梁平柚生态化、优质化、特色化、品牌化、产业化紧扣市场需求，推动梁平柚产业发展质量变革、效率变革、动力变革，扎实推进梁平柚品牌创建。

梁平柚区域公用品牌策划的战略性概念规划，围绕梁平柚品牌的价值体系、符号体系、产品体系、传播体系、管理体系、保障机制方面，梁平柚区域公用品牌战略定位，策略路径及实施说明，成为梁平柚产业品牌化工作的有力抓手和行动纲领，推动梁平柚产业的产业转型、企业提效、农民增收、提升梁平柚产业的核心竞争力与影响力。

梁平柚区域公用品牌策划项目的背景研究，中央及地方有关农业品牌的政策分析；实地调研梁平柚产业相关产业资源、品牌现状、历史文化、消费需求趋势和品牌认知；对国内外农业品牌相关理论与实践成果的分析等；开展梁平柚区域公用品牌战略规划的背景研究，确立规划的编制依据与战略方向。

梁平柚区域公用品牌价值体系，基于背景研究，深入挖掘梁平柚区域公用品牌的品牌价值，精确提炼梁平柚区域公用品牌的品牌口号（包括规范的广告语）、品牌定位、价值支撑等，由此构建梁平柚区域公用品牌的全新价值体系。通过品牌价值梳理，开展梁平柚品牌差异化战略，牢牢占据消费者心智，全面提升品牌竞争力。

梁平柚区域公用品牌策划项目的品牌形象设计，基于价值挖掘，全新创意、设计梁平柚区域公用品牌的品牌标志，其标志体现出现代经济的产物，承载着梁平柚的无形资产，起到企业综合信息传递的媒介作用。辅助图形（形象图案），以及传播推广、销售渠道、日常办公等场景的形象应用规范（包括标志标牌、宣传图文等），针对梁平柚的主要产品品类设计规范性包装（不为每个产品逐一设计包装）。不同的包装设计，区分不同渠道产品体系包装（电商化渠道专用包装）丰富产品包装体系。

梁平柚区域公用品牌策划项目的宣传营销体系，制订相应的产品策略，包括产品系列、产品包装、产品渠道策略等，丰富梁平柚产品系列，以不同的包装区分，在渠道方面，逐渐减少大宗渠道，加强电商化发展；制订品牌宣传传播策略，包括宣传传播主题、载体、形式等。

梁平柚区域公用品牌策划项目的运营管理体系，制订相应的管理机制与保障体系，包括品牌管理与运营机制、品牌保护与应急机制、政策引导与扶持机制、质量管控与溯源机制等，确立梁平柚区域公用品牌运营主体，建立运营机制，明确梁平柚品牌的标准，实施准入制度，规范化授权使用，为品牌的实施保驾护航。

梁平柚区域公用品牌策划项目实施方案得到保障，各单位利用各种会议讲解，新闻媒体宣传梁平柚区域公用品牌策划的重要意义，全民参与，共同维护梁平柚品牌形象。市场反映梁平柚区域公用品牌建设的经济效应，社会效应俱佳，形成评估报告。

2019年7月16日，重庆市农业农村委员会召开的重庆地理标志农产品品牌保护工作推进会，在重庆市梁平区“中华·梁平柚海”举行。此次会议强调，在推进地理标志农产品建设过程中，重点围绕生产设施条件、品牌营销和知识产权保护3个方面建设。梁平柚着重提升地理标志综合生产能力、生产设施条件、保护特定产地环境，促进适度规模发展，深入挖掘地理标志产品梁平柚历史文化内涵，充分利用各种传播渠道，讲好中国地理标志农产品梁平柚故事，强化地理标志农产品梁平柚品牌知识产权保护，加强品种资源保护，挖掘优良基因，提升地理标志农产品优良品质特征。10月25日，重庆市梁平区农业技术服务中心制定梁平柚品牌使用规定：凡申请使用“梁平柚”品牌的申请人，事先应向重庆市梁平区农业技术服务中心递交“梁平柚”品牌使用申请书，经审核合格者方可使用。

“梁平柚”品牌使用者必须严格按照“梁平柚”品牌标志设计图案使用，不得自行改变标志的文字、图形等。“梁平柚”品牌标志使用者可在包装物上标明所取得的商标、认证、获奖情况及品种、地址、联系方式等，但不能超过“梁平柚”品牌包装图案的主体地位。重庆市梁平区农业农村委、农业技术服务中心负责提供统一的包装设计图案。“梁平柚”品牌标志使用主体在印制包装时须提供设计样稿审核，印制结束后需送1份样品或电子稿到重庆市梁平区农业技术服务中心存档备查。“梁平柚”品牌标志使用主体须自觉维护“梁平柚”品牌产品的质量和市场声誉，不压级压价，不恶性早采上市，禁止故意杀价等恶性竞争，保证其产品品质或服务优良。“梁平柚”品牌标志使用主体实行可追溯的梁平柚质量安全管理制度，出现产品质量问题需承担相应责任。

“梁平柚”品牌使用许可合同有效期为2年，到期继续使用者，须在合同有效期届满前60天内向重庆市梁平区农业技术服务中心提出续签合同的申请，逾期不申请者，合同有效期满后不得继续使用“梁平柚”证明商标。

“梁平柚”品牌被许可使用者的权利：经审核许可使用“梁平柚”品牌者的权利为，在其产品上或包装上使用梁平柚地理标志证明商标及“中国地理标志产品专用标志”；使用“梁平柚”品牌进行产品广告宣传；优先参加重庆市梁平区农业技术服务中心主办或协办的技术培训、贸易洽谈、信息交流活动等；对“梁平柚”品牌管理费的使用进行监督。

经审核许可使用“梁平柚”品牌者的义务为，维护“梁平柚”品牌产品的特定品质、质量和声誉，保证产品质量稳定；接受重庆市梁平区农业技术服务中心对产品品质的不定期的检测和商标使用的监督；“梁平柚”品牌使用主体，安排专人负责地理标志证明商标和品牌标志的管理使用工作，确保“梁平柚”品牌商标标志不失控、不挪用、不流失，不得转让、出售、馈赠“梁平柚”品牌商标标志，不得允许他人使用“梁平柚”品牌商标标志。

重庆市梁平区农业技术服务中心下设梁平柚品牌商标标志管理小组，负责梁平柚品牌使用管理办法的制定和实施；组织监督按规定使用“梁平柚”品牌商标标志；负责对使用“梁平柚”品牌的商品进行全方位跟踪管理；负责梁平柚商品质量监督检测；维护“梁平柚”品牌专用权；协助市场监督管理部门调查处理侵权，假冒案件并对违规使用“梁平柚”品牌商标标志的经营主体作出处理。

重庆市梁平区农业技术服务中心接受消费者举报，对假冒侵权使用“梁平柚”品牌商标标志行为的，组织收集证据材料进行处理，按照法律法规保护梁平柚品牌，并对举报单位或个人给予必要的奖励。

未经相关部门许可，擅自在申请的商品上使用与“梁平柚”品牌商标标志相同相近商标的，重庆市梁平区农业技术服务中心依照《中华人民共和国商标法》和有关法规及规章的规定，提请市场监督管理部门依法查处或向人民法院起诉；对情节严重，构成犯罪的，报请司法机关依法追究侵权者的法律责任。

“梁平柚”品牌的使用者如违反品牌管理办法，重庆市梁平区农业技术服务中心有权收回其“梁平柚”品牌商标标志准用许可，收回或销毁印制有“梁平柚”品牌商标及标志包装，中止与使用者的“梁平柚”品牌使用许可合同；情节严重时将请求市场监督管理部门调查处理，或按法律程序解决。

“梁平柚”品牌商标标志的管理费标准，由重庆市梁平区农业技术服务中心按照国家有关规定呈报专门部门批准后，实行专款专用，主要用于商标注册、续展事宜，印制品牌标志，检测产品，受理品牌商标标志投诉、收集案件证据材料和宣传品牌商标标志等方面，保障“梁平柚”品牌的声誉，维护使用者和消费者的合法权益。

2019年11月14日，“2019中国三大名柚高峰论坛”在梁平举行。论坛会上发布梁平柚区域公用品牌主题口号、传播口号、品牌标志。主题口号为：“百年名柚·大有名堂”；传播口号为：“柚香柚甜柚出色”；品牌标志为：以梁平柚外形为基本图案融入大拇指、笑脸等元素，意在吃到梁平柚的消费者笑口常开。

是年12月，重庆市龙滩梁平柚开发有限公司，在出售梁平柚的包装箱、包装盒上印制该公司“双桂”牌商标标志，并附印使用梁平柚区域公用品牌传播口号——柚香柚甜柚出色。

标准质量建设

梁平柚鲜果标准

2003年12月1日，中华人民共和国农业部发布梁平柚鲜果标准，自2004年3月1日起实施。中标分类，按国际标准化组织编制的标准文献分类。

梁平柚鲜果标准范围规定其对梁平柚的要求、检验方法、检验规则、标志、包装、运输和贮藏。

梁平柚的测定方法，按推荐性国家标准测定食品中铅、镉、总汞、有机磷农药残留量、出口柑橘鲜果检验、新鲜水果和蔬菜的取样、柑橘贮藏、氯氰菊酯、氰戊菊酯和溴氰菊酯留的测定方法测定。

梁平柚的感官基本要求为：同一品种或相似品种，果实呈扁圆形、平顶、果形端正、果面金黄色；果面洁净、果实新鲜饱满，无萎蔫现象；梁平柚成熟后固有的香气和正常风味，细嫩化渣，微带苦麻味；无腐果、无重伤果。

梁平柚分优等品、合格品两个级。优等品：果面光滑、无日灼和未愈合的机械伤，无干疤，油斑、介壳虫危害斑，锈壁虱危害斑和烟煤病菌污染等一切附着物的合并面积不应超过果面总面积的3%，其中最大斑面积不能超过0.25平方厘米；合格品：果面较光滑、日灼、干疤、油斑、介壳虫危害斑、锈壁虱危害斑和烟煤病菌污染等一切附着物的合并面积不应超过果面总面积的5%，其中最大斑面积不超过2平方厘米。

梁平柚按重量分为5个规格。特大号规格1400克至2000克；超大号规格1200克至1400克；大号规格1000克至1200克；中号规格800克至1000克；小号规格600克至800克。

梁平柚理化指标的可溶性固形物按国家标准的规定执行，固酸比用总酸量除可溶性固形物含量等于固酸比，计算结果保留1位数；可食部分百分率的检测用台秤称出果实总质量、种子质量、果农和囊壁质量求结果，即柚果总质量除总质量减去种子质量加果皮囊壁质量之和，等于可食部分百分率。其比值为可溶性固形物大于或等于9%，固酸比大于或等于15∶1，可食部分百分率大于或等于55%。

梁平柚卫生指标检测铅、镉、汞、乐果、溴氰菊酯、氰戊菊酯按推荐性国家标准的规定执行，每1000克含铅小于或等于0.2毫克，含镉小于或等于0.03毫克，含汞小于或等于0.01毫克，含乐果小于或等于1毫克，含溴氰菊酯小于或等于0.05毫克，含氰戊菊酯小于或等于2毫克。

考虑梁平柚等级质量之间可能有差异性出现，其允许差异作出限制：分等级的梁平柚果中，不应有隔级果，邻级果以个数计算，优等品中不超过5%，合格品中不超过8%；梁平柚以重量之分的规格号中，不应有隔级果，邻级果不超过5%；起运点不应有腐果。

感官检测梁平柚的仪器和工具用：检验台、样品盘、开箱钳，放大镜、秤（精度5克）、尺子（精度1毫米）、游标卡尺（精度0.1毫米）、不锈钢水果刀；检测的方法为：果实的品种、果形、果面色泽和光洁度用目法检测，果实新鲜度用口尝，肉质细嫩程度用口尝，风味用口尝和鼻嗅，腐果、机械伤、斑疤及药迹用目测和尺子测量，果实重量用台秤称量。

梁平柚检验规则的型式检验，是对产品进行全面考核，即对梁平柚鲜果标准规定全部要求进行检验。有下列情形之一者应进行型式检验：申请对柚产品进行判定或进行年度抽查检验的，前后两次抽样检验结果差异较大的，因人为或自然因素使生产环境发生较大变化的；交收检验为每批产品交收前，生产单位应进行交收检验，其内容包括等级、规格、标志和包装，检验合格后方可交收；批次检验为同产地、同品种和同包装的产品作为一个检验批次；梁平柚的抽样检验方法为，按国家标准新鲜水果规定执行，以一个检验批次为一个抽样批次，抽取的样品应具有代表性，在整批货物的不同部位随机抽取，样品的检验结果适用于整个检验批次；感官判定的规则为，每批受检产品进行抽样检验时，对不符合感官要求的产品做记录，如果单个柚果同时出现多种缺陷，选择一种主要的缺陷，按一个残次品计算，不合格的百分率按公式计算，即检验样本柚果的数量除不合格的数量等于不合格的百分率；每批受检样品，不合格率按其所检单位的平均值计算， 其值不应超过规定限度；每批受检样品不合格柚果百分率不超过10%，即判定该批样品为合格，反之则判定该批样品为不合格；理化指标的检验方法，每批受检样品有一项理化指标不合格，即判定该批样品为不合格；卫生指标的检验方法为，每批受检样品有一项卫生指标不合格，即判定该样品为不合格；复查检验方法为，对受检样品标志、包装、净含量不合格者，允许生产单位进行整改后申请复查检验一次，感官、理化指标和卫生指标不合格者不进行复检。

标志检验方法，包装箱上标志应标明产品名称、等级、数量、产地、包装日期、生产单位、贮藏注意事项等内容，要求文字准确、清晰、完整。

梁平柚包装方法，果品装箱应排列整齐，内衬垫箱材料，垫箱材料应清洁、无毒无害、质地柔软，果箱用瓦楞纸箱、竹（藤）篓等，果箱结构应牢固，内壁平滑，材料应干燥、无霉变、虫蛀和其他污染；运输要求为快捷、通风，严禁日晒雨淋，防受潮、虫蛀、鼠咬，装卸时应轻拿轻放，运输工具的装运舱应清洁、干燥、无异味、无毒，贮藏按国家标准柑橘贮藏规定执行。

梁平柚园建设标准

2016年，经梁平县梁平柚产业发展领导小组研究同意，梁平县农业委员会印发《梁平县梁平柚产业相关标准及办法》（试行）的通知，标准中含管理办法、质量标准、技术要求等。

《梁平柚准标准园建设质量标准》

以下简称：准标准园标准，梁平柚产业的龙头企业公司、专业合作社新建梁平柚准标准园的规定为，集中连片面积6.67公顷以上，家庭农场3.33公顷以上，一次性土地流转66.67公顷以上的报重庆市农委备案。建设准标准园的基本要求，以土壤酸碱度小于7，土层深厚、土地肥力高，通气性好的灰棕紫泥或暗紫泥的坡地土壤为基础；以光照好、符合无公害农产品生产环境要求为原则；以交通方便，海拔500米以下，坡度小于25度，有供水源亩量大于50立方米的水体为条件；以收果运输机械化、土壤改良深翻熟土化、种植规范化、管理科学化为目标；充分利用现有的山、水、园、林、路、梯田和梯地等条件，对少数不规则地块改坡地为梯地，保留池塘库和成块林地，增加必要的水土保持设施建设梁平柚准标准园。

准标准园道路系统建设标准，主干道与支路连接构成运输框架分连便道，形成完整的交通运输网络，方便运输肥料、农药、采收柚果和游客的出入。不靠邻近公路的果园，修建主干道与邻近公路相连接成为主要机械运输道路。主干道宽度3米至3.5米，支路宽度2米至2.5米，线路长的设会车道。人行耕作便道宽度1米至1.2米，厚10厘米，路面硬化强度达到抗压标准。

准标准园的排水系统由拦山沟、排洪沟、排水沟、沉沙坑组成。灌溉柚园的蓄水池的有效容积标准，2.7公顷至3.33公顷的柚园修建容纳90立方米、1.33公顷至2公顷的柚园修建容纳45立方米、0.06公顷的小柚园建1至2口能容纳1立方米水的蓄水池。

准标准柚园改土标准，壕沟改土，每种植行挖一条宽1米、深0.8米的定植沟，种植一行柚树；筑畦改土，每隔7米至15米挖一条排水沟（含排水沟的宽度在内），形成种植畦面，每畦面种植2株至3株柚树；简易改土，土层厚的旱地可采用简易改土，按每行（5米）挖一条宽1米、深0.8米的种植沟，全部回填耕作层土壤，种植一行柚树；挖穴改土，土层较薄的旱地可采用挖穴改土，穴深0.8米至1米，直径1米至1.5米，要求定植穴不积水。无论采用何种改土方式，都需要在回填时尽量多的埋入杂草，作物秸秆、农家肥料等改土材料，回填时要高出地面。

准标准园的栽植标准，专业人员测量定点，打桩、规范标线；梯田占多数的片区，行向一般采用水平走向；坡地占多数的片区或平地，行向尽量采用南北向；定植密度株距3米至4米，行距4米至5米；选用品种纯正，种植带泥球的三年生枳砧梁平柚大苗，促其提早投产。

准标准园的去劣去杂标准，砍掉标准园区内所有的零星竹树木，只保留房前屋后和成块的林地；连根挖除园内存有的柑橘类植物，脱毒苗木，防止脱毒苗的感染病和病虫害防治；预留树势健壮的老柚树，连根挖除被病虫危害严重的衰老树。电源杆线、提灌站、工具房、管理房、库房等应根据实际需要设置，要求美观、规范、安全。

准标准园建设补助标准，按每亩建园1500元补助；种苗按长4米宽4米的株行间距，亩植40株，栽植4年生带泥球大苗，苗木价格按县内出台的销售指导价执行；人行便道、机耕道、排水沟、蓄水池按园区规划建设，以建设的实际工程量造价核算；龙头企业按项目补助资金和自筹资金1∶1执行；专业合作社、家庭农场、种植大户按项目补助资金和自筹资金1∶0.5执行，每亩补助上限不超过1500元。

《梁平柚标准园建设质量标准》

以下简称：标准园标准，梁平柚产业的龙头企业公司、专业合作社新建梁平柚标准园的规定为：集中连片面积6.7公顷以上，家庭农场3.33公顷以上，一次性土地流转66.07公顷以上的报重庆市农委备案。

标准园道路建设标准，主干道宽度3米至3.5米，支路宽度2米至2.5米，线路长的设会车道。人行耕作便道宽度1米至1.2米，厚10厘米，路面硬化强度达到抗压标准。

用于灌溉柚园的蓄水池的有效容积标准，2.7公顷至3.33公顷的柚园修建容纳90立方米、1.33公顷至2公顷的柚园修建容纳45立方米、0.06公顷的小柚园建1至2口能容纳1立方米水的蓄水池。

标准柚园改土标准，壕沟改土，每种植行挖一条宽1米、深0.8米的定植沟，种植一行柚树；筑畦改土，每隔7米至15米挖一条排水沟（含排水沟的宽度在内），形成种植畦面，每畦面种植2株至3株柚树；简易改土，土层厚的旱地可采用简易改土，按每行（5米）挖一条宽1米、深0.8米的种植沟，全部回填耕作层土壤，种植一行柚树；挖穴改土，土层较薄的旱地可采用挖穴改土，穴深0.8米至1米，直径1米至1.5米，要求定植穴不积水。无论采用何种改土方式，都需要在回填时尽量多的埋入杂草，作物秸秆、农家肥料等改土材料，回填时要高出地面。

标准园的栽植标准，专业人员测量定点，打桩、规范标线；梯田占多数的片区，行向一般采用水平走向；坡地占多数的片区或平地，行向尽量采用南北向；定植密度株距3米至4米，行距4米至5米；选用品种纯正，种植带泥球的三年生枳砧梁平柚大苗，促其提早投产。

标准园的去劣去杂标准，砍掉标准园区内所有的零星竹树木，只保留房前屋后和成块的林地，连根挖除园内存有的柑橘类植物，脱毒苗木，防止脱毒苗的感染病和病虫害防治；预留树势健壮的老柚树，连根挖除被病虫危害严重的衰老树。

标准园建设补助标准，创建梁平柚标准园，按每亩建园补助费3000元补助；种苗按长4米宽4米的株行间距亩植40株，栽植4年生容器大苗，苗木价格按县内出台的销售指导价执行；龙头企业按项目补助资金和自筹资金1∶1执行；专业合作社、家庭农场、种植大户按项目补助资金和自筹资金1∶0.5执行，每亩补助上限不超过3000元。

《梁平柚低产果园标准化改造质量技术要求》

以下简称：低产园改造质量技术要求，20世纪80年代中后期的梁平柚建设基地，缺少资金技术的投入，见苗就栽、见地就植，客观存在着品种优劣混杂，基础设施差，水肥无保障，管理技术落后，形成大批的低产果园，急需去劣去杂、松土施肥、病虫防治、整形修剪、完善基础设施、补植大苗等综合技术措施进行改造。低产果园改造由龙头企业公司、专业合作社、家庭农场和种植大户申报并组织实施。其改造规模为，由龙头企业公司和专业合作社组织实施，经改造后的梁平柚低产果园单个果园连片面积达到6.7公顷以上，家庭农场和种植大户连片面积达到3.33公顷以上。

低产柚园改造质量技术标准为：6.67公顷以上的柚园其道路改造，有一条宽2.5米的硬化公路贯穿全园，至机耕道与乡村公路相连；3.33公顷以上的柚园有三轮车道和人行耕作便道，其便车道宽为0.8米至1.2米、厚10厘米、路面硬化强度达到抗压标准。蓄水池标准每6.67公顷柚园建有效容积量50立方米至100立方米的蓄水池2至3口。去掉园内所有的杂树杂竹，复垦为耕地。规范补植大苗，深挖定植壕沟回填垒土成畦面，挖一条长1.2米、宽1米、深1米定植穴施入有机肥，采用表土回填后才能规范定植或插空补植梁平柚容器大苗或梁平柚带泥球大苗，达到连片规模要求。低产柚园改造的生产管理质量标准为：重度更新修剪树势较强的柚树，保留柚树根系树杆完好，促发新梢恢复树势，连根挖除被病虫危害到树杆树冠的和衰弱的柚树，新植优质柚苗。

实行深耕翻土，柚园内杂草丛生，多年未翻挖的土地必须每年深翻一次，使土壤具有透气性和排水能力。

改造后的柚园，对柚树必须实施有机肥或硫酸钾型复合肥，提高土壤肥力和恢复树势，并加强病虫害防治。

梁平柚低产果园改造经验收合格达到质量技术标准的，每亩补助2000元。其补助费包括在改造中所耗用的人力、物力、财力及种苗补助等。改造费用超过2000元的，超出部分由业主或柚子专业合作社自筹解决。

2016年5月24日，梁平县农业委员会对涉及新建梁平柚标准园的22个乡镇、街道进行考核，设立100万元的梁平柚产业发展专项资金，被考核单位需向梁平柚产业发展领导小组提出书面申请验收，经考核合格按照标准园建设，老果园改造达标的以每百亩100元的标准奖励。对工作落实不力，效果不明显的乡镇（街道）予以问责。梁平县农业委员会制定“梁平柚”“梁平蜜柚”合格果标准。梁平柚合格果为：单果重900克以上，果形正、果面清洁、色泽橙黄、无严重病虫危害和机械损伤；霜降节后充分成熟采收并经过商品化处理包装的柚果；梁平蜜柚合格果为：单果重800克以上、果形正、果面清洁、色泽澄黄、无严重病虫危害和机械损伤、立冬或小雪节后充分成熟采收，并经商品化处理包装的柚果。

2019年8月，梁平柚标准化生产解决柚树挂果大小年的难题，优选砧穗，嫁接繁殖时承受接穗的植株，采取固定、支撑接穗，与接穗愈合后形成植株生长、结果的作用，选用枳砧、香橙砧的柚树产果大小年现象大大减少。

标准化施肥保证柚树柚果营养充足，柚树挂柚果多的一年，需要养分多，应重施有机肥和硫酸钾型复合肥，在6月底至7月施壮果肥，保证柚果膨大生长和树体营养。挂果少的一年则少施肥。采果前再施一次采果肥，恢复树势，实现营养生长和生殖生长平衡。

采用标准化种植技术及时疏果修枝，抹除夏秋梢，保障柚果质量和产量。进入盛产期的柚树，亩产2吨，1000克以上的柚果合格果率达到90%。确定每株柚树的载果量时，预留20%的载果数量空间，依据树势和施肥量，在6月第三次生理落果后进行人工疏果，疏除小果、畸形果、病虫果、对双果，三果、四果一串的，尽量留一个位置好，长势强、形状正的单果，使柚果在整个树冠中分布均匀。柚树挂果少的一年，进行保花保果，抹除在7月和9月发出的夏梢、秋梢，减少养分消耗，确保柚果膨大期营养所需，改善树冠通风透光条件，促进花芽分化，降低病虫危害。

在柚树上挂黏虫板、太阳能杀虫灯、缠绕防虫胶带、树干刷白灰、果实套袋，冬季喷石硫合剂清园，严禁在柚树上施用高毒剧毒农药，其生态果采用100%符合国家食品安全标准或农产品质量安全行业标准。全区柚农已建起110余个梁平柚标准化示范柚园，种植面积达2000公顷，挖通沟渠排除积水，蓄水池汲水抗旱，实施优选砧穗组合、容器大苗繁殖技术，全程采用梁平柚标准化生产技术，平均亩产2吨。

2020年，重庆市梁平区合兴镇银恒村3组，建成13.4公顷的标准化柚园，栽培梁平柚优选单株、龙滩405、“柚王”树枝条嫁接的柚苗。采用容器大苗繁殖技术利用关植袋栽培柚树苗，成活率高、不打蔫、不缓苗、生长速度快。

农产品地理标志保护

2008年7月1日，农业部正式批准“梁平柚”实施农产品地理标志登记保护，重庆市梁平县经济作物站为登记申请人，对“梁平柚”颁发“农产品地理标志登记证书”。登记申请人申报的农产品符合农产品地理标志登记条件和相关技术标准要求，准予登记并允许在农产品或农产品包装物上使用农产品地理标志公共标志。核准登记产品全称：梁平柚。产品生产总规模：6666.67公顷。年产梁平柚10万吨。质量控制规范编号：AGI 2008-04-00020。登记证书编号：AGI 00020。

持有梁平柚“农产品地理标志登记证书”的工作机构为重庆市梁平区农业技术服务中

心，授权使用农产品地理标志的公司有4个：重庆市龙滩梁平柚开发有限公司、梁平县大观柚子专业合作社、重庆市澎湃农业发展有限公司、重庆天农八部农业科技开发有限公司。

2012年9月5日，重庆市农产品质量安全中心下发《关于组织开展2012年农产品地理标志专项检查的通知》按照农业部农产品质量安全中心的工作部署，对地理标志登记证书持有人工作机构（重庆市梁平县农业技术服务中心），标志使用人开展检查，确保重庆市农产品地理标志专项检查顺利完成。

2013年8月9日，重庆市农产品质量安全中心《关于印发2013年重庆市农产品地理标志专项检查工作方案的通知》，检查重点是：农产品地理标志使用授权行为，标志实际使用，产品质量控制和基层主管部门（获取农产品地理标志登记）证后监管等情况。检查主要对象是：登记证书持有人、标志使用人及区县农产品地理标志工作机构。检查目标是：规范使用授权行为，强化登记证书持有人证后管理的责任意识，确保授权行为规范性和有效性；规范标志使用人的用标行为，落实标志使用的各项要求，强化不合格产品退出机制；加大知识产权保护力度，对伪造、冒用农产品地理标志和登记证书的侵权行为进行查处，净化知识产权保护环境；强化产品质量控制和品牌建设，提升品牌影响力和公信力，促进农产品地理标志产业发展。

8月30日，经对农产品地理标志梁平柚登记证书持有人工作机构（重庆市梁平县农业技术服务中心）检查其结果为：农产品地理标志梁平柚使用人数已有10万。农产品地理标志梁平柚使用授权方面所开展的工作：建立农产品地理标志授权使用管理制度；在获得农产品地理标志登记证书1年后就授权使用地理标志；建立地理标志授权审查档案；与地理标志使用人签订地理标志使用协议；要求地理标志使用人提供产品质量安全报告或三品（无公害农产品、绿色食品、有机农产品）证书；对地理标志使用人的地理标志使用作跟踪检查；定期开展地理标志使用管理方面的指导培训；定期（1年）向主管部门报告地理标志使用情况；对地理标志使用人不符合地理标志使用规定的取消用标资格。开展知识产权保护工作，未发现伪造、冒用农产品地理标志和登记证书情况。在开展产品质量控制工作方面：建立农产品地理标志质量控制制度；定期对地理标志使用人生产经营情况进行检查；定期向地理标志使用人提供生产经营指导服务。抓紧品牌建设和产业发展方面工作，定期开展产品宣传推广活动；产品主要面向省内市场；产品登记前后价格没有变化；产品登记前后总产值有增加；产品登记前后农民收入没有变化；建设万亩名柚园带动产业配套和激励政策。

2015年6月20日，经对农产品地理标志梁平柚使用人（梁平县龙滩柚子股份合作社）检查其结果为：授权使用农产品地理标志时间为5年，规模产量0.2万吨。在使用农产品地理标志梁平柚使用所开展的工作方面：建立农产品地理标志梁平柚使用管理制度及使用档案；与证书持有人签订标志使用协议；不存在签订协议后未使用地理标志；已印刷使用农产品地理标志公共标志；已加贴使用农产品地理标志防伪标志；按照《农产品地理标志质量控制技术规范》进行生产；每年向证书持有人报告标志使用情况；未发生擅自扩大地理标志使用范围的情况；无买卖转让地理标志行为。在知识产权保护方面，未发现伪造、冒用农产品地理标志和登记证书情况。积极开展产品质量控制工作：建立农产品地理标志质量控制管理制度；1年内定期对产品进行自查和抽检；产品获得无公害农产品认证；定期1年对质量控制人员开展培训；主管部门每年到本单位进行过质量控制检查；农产品地理标志梁平柚登记证书持有人每年到本单位进行过质量控制检查；未建立产品质量可追溯制度；发现产品质量不符合农产品地理标志要求的不贴标志。按要求推进品牌建设和产业发展：每年定期开展产品宣传推广活动；产品主要面向省内市场；产品登记前后价格没有变化。

农产品地理标志梁平柚，2017年在重庆市梁平区32个镇乡街道得到了运用，其地理标志的核定使用范围和实际使用范围是：梁山街道、双桂街道、仁贤镇、金带镇、礼让镇、明达镇、聚奎镇、云龙镇、和林镇、荫平镇、屏锦镇、回龙镇、袁驿镇、大观镇、碧山镇、虎城镇、新盛镇、龙门镇、文化镇、合兴镇、蟠龙镇、福禄镇、石安镇、柏家镇、七星镇、安胜乡、复平乡、城东乡、城北乡、曲水乡、紫照乡、龙胜乡。农产品地理标志许可情况为：重庆市梁平区梁平柚的生产经营企业、专业合作社、种植大户可以使用、无许可费用。地理标志商品价格为：注册前2009年每吨2600元；注册后2015年、2016年、2017年每吨分别为3000元、4200元、4000元。地理标志商品产值2015年、2016年、2017年分别为6100万元、6840万元、8000万元。地理标志带来的农民收入为，注册前2009年年人均收入1300元，注册后2015年、2016年、2017年年人均收入分别为1800元、2520元、2800元。地理标志产业结构以农户为主。地理标志市场区域为全国。

2018年11月，梁平柚被中国绿色食品发展中心认定“国家级农产品地理标志示范样板”

2018年8月13日，重庆市农产品质量安全中心下发《关于开展农产品地理标志授权使用标志情况摸底调查工作的通知》，对梁平柚农产品地理标志登记证书持有人梁平县经济作物站及标志使用人梁平柚协会，按《农产品地理标志使用规范》有关要求进行摸底调查。摸底调查结果为：梁平柚协会未将农产品梁平柚纳入政府产品追溯体系。农产品地理标志认证使梁平柚品牌得到有效保护，基地柚园生产设施条件不断改善，梁平柚综合生产能力得到提升，是年11月由中国绿色食品发展中心将重庆市梁平区的梁平柚土特农产品生产建设规模提升为“国家级农产品地理标志示范样板”。

追溯农产品地理标志梁平柚

“地理标志”这个词汇，将它拆解开来在《现代汉语词典》中各有释义。地理——某个地区的山川、气候等自然环境及物产、交通、居民点等社会经济因素的总的情况；标志——表明特征的记号或某种特征。“梁平柚”在本志其他条目中作为一般名词来使用。在本目中将“梁平柚”作为具有特定指向的“地理标志”来叙述。梁平柚在当地的民间习俗中理解为：只有出产于梁平境内的柚子才称之为梁平柚。此种理解用行业术语概括为“产品原产地”，而“产品原产地”正是作为国家颁布农产品地理标志的唯一依据和重要前提。2008年7月农业部颁发“农产品地理标志登记证书”，后于2018年11月成为“国家级农产品地理标志示范样板·梁平柚”，与其历史渊源，自然地理、种植规模、品种优越、人文因素等元素密切相关。

溯源地理标志 清嘉庆元年（1796），梁山籍人进士刁思卓在福建省邵武县知县位上卸任，从福建带回柚树苗，初植于梁山县城东门外松柏客栈亲友陈云波院内，后经历代农耕人将梁山柚用压条托罐、种子单胚等方法繁殖演化，距今已有200余年的历史。今存百年以上树龄的柚树达2700余株，面积2000余公顷，产值5740余万元。以刁思卓之姓，命名的“刁老爷”梁平柚，在第十六届中国国际农产品交易会参展会上获金奖，形成原本性梁平柚地理标志特征。

自然地理标志 梁平地理坐标北纬30°25′至30°53′，东经107°24′至108°05′；泥土呈暗紫色、灰棕色紫和棕紫色；处于暖湿亚热带季风气候区域，气候温和、四季分明、湿度较大，年平均降水量1262.1毫米，日照时数1836.4小时，无霜期270天，年平均气温变幅在14℃至18℃之间，有普里河等6条河流径，梁平柚树生长在海拔200米至600米地带，以致于产出中国三大名柚之一的梁平柚。出入梁平境内有渝万城际铁路、达万铁路和渝宜高速公路，从梁平出发去三峡腹地万州港只需26分钟（高铁）或1小时左右（高速公路）车程，交通十分便利、便于产品运输和信息传递。因此构成具有自然地理和经济地理特征的梁平柚地理标志。

规模地理标志 截至2020年梁平柚树栽培800万株、面积达10500公顷，建成梁平柚标准园及柚园110余个，年产梁平柚达10余万吨。2004年5月，经中国农业区域布局与产业化高层论坛组委会在北京人民大会堂发布：梁平为“中国名柚之乡”称号。2019年，重庆市梁平区龙滩村、护城村和雨家村等柚园合称为“中华·梁平柚海”，构成规模型梁平柚地理标志。

特质地理标志 重庆市梁平区是中国柚类的重要生产区，其梁平柚与广西沙田柚、福建文旦柚齐名，系中国三大名柚之一。梁平柚具有果形优美、平顶圆滑、成色黄亮、品质优良、细嫩化渣、风味浓甜、蜜香爽口、营养丰富、耐贮藏的特点颇负盛名，素有“天然罐头”之美称。1978年10月，西南农学院对梁平柚的成分作理化指标分析，其中：可溶性固形物折光14.1、比重14.67；总酸每100毫升占0.21克；固酸比45.5∶1；每100毫升总糖9.8克、还原糖3.4克、蔗糖6.4克；糖酸比31.6∶1；每100毫升柚汁中维生素C占111.7毫克。尤其维生素C111.7毫克在全国柚品中居首位。因此构成具有特殊品质的梁平柚地理标志。

人文地理标志 早在20世纪30年代，重庆省立教育学院农学系教授曾吉夫，将梁山柚列为优良品种引种在学院内培植；40年代果树专家将梁山柚列入水果《果树分类学》中；50年代初，浙江农业大学教授将梁山柚树作为优质树种讲解并编入农学教材。梁山柚悠久的教育教学传承传播文化，名列全国柚品榜首有口皆碑，上述构成梁平柚具有人文因素的地理标志。

柚专业合作社和协会

专业合作社

1998年8月2日，梁平县合兴镇龙滩村村民张文辉组建全县第一个梁平柚专业合作社梁平县龙滩柚子股份合作社，入社社员5户，建立梁平柚生产基地面积66.67公顷，公司服务社员1320户。合作社主要从事梁平柚种植、管理、培育、收购、销售工作。2019年，梁平龙滩柚子股份合作社入股社员达1300余户，有柚园面积333.33公顷。

2001—2004年，先后成立和林、荫平、袁驿、虎城、明达、云龙、大观等镇乡梁平柚专业合作社。

2020年，梁平区梁平柚种植经营专业合作社（农场）已发展到50个。

2020年梁平区梁平柚种植经营专业合作社情况表

表9

序号	企业名称	法定代表人	成立日期	经营范围	经营场所
1	梁平县勇迷柚子种植专业合作社	刘勇	2015年6月4日	柚子种植经营	梁平区金带镇双桂村
2	梁平县龙滩柚子股份合作社	张文辉	1998年	柚子种植经营	梁平区合兴镇龙滩村
3	梁平县万德柚子种植专业合作社	周照厚	2015年1月29日	柚子种植经营	梁平区人观镇庙坝村4组
4	重庆市梁平区金黄柚子种植专业合作社	黄春	2017年1月10日	柚子种植经营	梁平区云龙镇东平村九组
5	梁平县虎柚柚子专业合作社	文汝全	2011年12月6日	柚子种植经营	梁平区虎城镇砂石村6组
6	梁平县虎镇镇可优柚柚子种植专业合作社	唐伦	2014年12月8日	柚子种植经营	梁平区虎城镇清河村7组
7	梁平县大观柚子专业合作社	姚正勇	2007年10月29日	柚子种植经营	梁平区大观镇梅花村8组
8	梁平县荣民竹木种植专业合作社	朱兴东	2010年9月7日	柚子种植经营	梁平区蟠龙镇新店村3组
9	重庆市梁平区全华柚子种植专业合作社	龙跃保	2016年11月1日	柚子种植经营	梁平区石安镇北街16号
10	梁平县茅坪柚子种植股份合作社	蒋爱国	2015年10月19日	柚子种植经营	梁平区复平乡小山村2组
11	梁平县啟海种植专业合作社	蒋啟海	2016年6月8日	柚子种植经营	梁平区星桥镇横黄桥村8组
12	梁平县碧青农业股份合作社	王任平	2016年9月1日	柚子种植经营	梁平区碧山镇黄桥村8组
13	梁平县荫甜柚子股份合作社	罗永胜	2014年6月13日	柚子种植经营	梁平区双桂街道迎宾路
14	梁平县益农柚子专业合作社	陈代华	2010年7月1日	柚子种植经营	梁平区双桂街道皂角村4组
15	梁平县三岔河农业专业合作社	熊中菊	2016年5月13日	水产养殖、柚子种植经营	梁平区和林镇大冲村1组
16	重庆市梁平区友友蜜柚股份合作社	孙自友	2014年5月5日	柚子种植经营	梁平区虎城镇砂石村7组

续表

序号	企业名称	法定代表人	成立日期	经营范围	经营场所
17	梁平县能友柚树种植专业合作社	朱朝碧	2011年12月14日	柚子种植经营	梁平区虎城镇永和村村委会
18	梁平县七斗寨柚子专业合作社	鄢树飞	2015年3月18日	柚子种植经营	梁平区荫平镇柚香街22号
19	重庆市金带柚子股份合作社	董万贵	2009年6月17日	柚子种植经营	梁平区金带镇双桂村6组
20	梁平县胜峰柚树种植专业合作社	谢晓君	2011年3月2日	柚子种植经营	梁平区安胜镇高峰村村委会
21	梁平县虎城镇睦兴柚子种植专业合作社	石安浪	2015年9月18日	柚子种植经营	梁平区虎城镇波漩村10组
22	梁平县虎峰柚子专业合作社	龚仕连	2015年11月16日	柚子种植经营	梁平区虎城镇虎寨路80号
23	梁平县明新柚子种植专业合作社	李亚春	2015年11月11日	柚子种植经营	梁平区明达镇新益村8组
24	梁平县绿丰种植专业合作社	胡高	2016年2月25日	柚子、中药材种植经营	梁平区荫平镇七斗村8组
25	梁平县红柚柚子种植专业合作社	金代明	2016年2月25日	柚子、柑橘苗培育种植	梁平区和林镇爱国村3组
26	重庆市梁平区佛柚柚子股份合作社	袁先亮	2013年7月18日	柚子种植经营	梁平区金带镇双桂村4组
27	重庆市梁平区乐英柚树种植专业合作社	黎万书	2010年8月26日	柚子种植经营	梁平区荫平镇乐英村3组
28	梁平县宁合柚子专业合作社	王世乾	2016年5月4日	柚子种植经营	梁平区曲水镇龙山村1组
29	梁平县旭日柚子种植专业合作社	李川	2016年5月30日	柚子种植经营	梁平区明达镇明达村4组
30	重庆市梁平区石缸井柚子种植专业合作社	游天凡	2018年1月24日	柚子种植经营	梁平区石安镇莲花村
31	梁平县庙坝柚子种植专业合作社	杨人政	2016年11月2日	柚子种植经营	梁平区大观镇庙坝村2组
32	梁平县铁山坪柚子种植专业合作社	唐万莲	2016年11月9日	柚子种植经营	梁平区梁山街道云佛村4组

续表

序号	企业名称	法定代表人	成立日期	经营范围	经营场所
33	重庆市梁平区平都柚子种植专业合作社	张同文	2007年10月29日	柚子种植经营	梁平区和林镇平都社区8组
34	梁平县和清柚子专业合作社	吴万江	2016年10月28日	柚子、中药材种植经营	梁平区和林镇和林村11组
35	梁平县君威柚子种植专业合作社	龚林威	2017年1月4日	柚子种植经营	梁平区复平乡小山村2组
36	重庆市梁平区谢波农作物种植专业合作社	谢章波	2016年9月28日	柚子、花椒种植经营	梁平区福禄镇中路福韵佳苑
37	重庆市梁平区波漩柚树种植专业合作社	石思学	2010年10月15日	柚子种植经营	梁平区虎城镇波漩村2组
38	重庆市梁平区柚堂柚子种植股份合作社	苟应德	2014年5月16日	柚子种植经营	梁平区金带镇双桂村4组
39	重庆市梁平区如月香丝柚子种植股份合作社	王晓娟	2019年9月6日	柚子种植经营	梁平区梁山街道机场路
40	梁平县虎城镇水口红心蜜柚种植股份合作社	孟邦谦	2013年	柚子种植经营	梁平区虎城镇水口村1组
41	梁平县天权果树种植专业合作社	吴天兴	2001年	柚子种植经营	梁平区明达镇新益村1组
42	梁平县坤峰柚子种植专业合作社	蔡明峰	2015年	柚子种植经营	梁平区回龙镇杨柳村3组
43	重庆市路路通柚博专业合作社	颜永慰	2018年	柚子种植经营	梁平区合兴镇龙滩村
44	钟家志农场	钟家志	2015年12月	柚子、柑橘种植经营	梁平区大观镇梅花村11组
45	玺思农场	文其超	2015年12月	柚子种植经营	梁平区大观镇庙坝村6组
46	梁平县华云蜜柚股份合作社	刘家云	2015年	柚子种植经营	梁平区袁驿镇清顺村
47	梁平县尖峰农业发展股份合作社	张端	2015年	柚子种植经营	梁平区明达镇字库村
48	梁平县长久柚子股份合作社	江宗久	2016年	柚子种植经营	梁平区明达镇长久村
49	梁平县杨明柚子种植专业合作社	杨德明	2015年	柚子种植经营	梁平区明达镇坪山村

续表

序号	企业名称	法定代表人	成立日期	经营范围	经营场所
50	梁平区虎城镇八林村集体经济股份联合社	石群艺	2018年	柚子种植经营	梁平虎城镇八林村

柚产业协会

2001年，成立明达果品协会，主要业务是种植柚子，种植面积200公顷。

2003年，成立金带镇果品协会，种植梁平柚100公顷。

同年，梁平县供销社成立梁平果树协会，发展种植梁平柚166.67公顷。

2006年1月17日，成立重庆市梁平县梁平柚协会。业务范围：梁平柚种苗培育、供给、栽培技术咨询、培训、指导，农药、化肥施用指导，销售服务。法定代表人张文辉，注册资金3万元。

2018年6月29日，成立重庆市梁平柚产业协会。业务范围：以市场为导向，加强产业引导，围绕维权、自律、服务开展工作。搭建企业信息平台，编制梁平柚产业中长期规划，开发柚子系列深加工产品，提高柚子种植户综合经济效益；积极推动相关优惠政策落实，加强与政府相关职能部门沟通，积极争取柚子产业发展基金和扶持政策；保护会员的合法权益，开展柚子种植户业务培训，组织会员参加农产品展销活动；承办政府有关部门、社会团体、会员委托的有关合法事项。法定代表人唐满涛，注册资金3万元。

2020年，梁平区梁平柚产业协会6个，分别是：梁平区明达果品协会、梁平区供销社梁平果树协会、重庆市梁平县梁平柚协会、金带镇果品协会、重庆市梁平区梁平柚协会（法定代表人张文辉）、重庆市梁平柚产业协会（法定代表人唐满涛）。

龙头企业选介

重庆市龙滩梁平柚开发有限公司 成立于2004年9月，位于梁平区合兴镇龙滩村，法定代表人张文辉。该公司主要从事梁平柚繁育种植、管理、销售，技术培训等业务。公司在合兴镇龙滩村建立优质梁平柚示范基地333.33公顷，2006年11月获“中国优质梁平柚基地”称号，年产商品柚果8000余吨，产值4000余万元。2010年9月，公司“双桂牌”梁平柚被评为“重庆市名牌产品”，“双桂牌”商标被评为重庆市著名商标，2011年被评为梁平县“县级龙头企业”，2017年获生态原产地产品保护产品。

重庆旭焰实业有限公司 原名“重庆市澎湃农林发展有限公司”，成立于2013年4月，2017年4月更名，位于梁平区合兴镇护城村9组，主要从事梁平柚繁育、种植和柚产品加工。法定代表人唐晓东。该公司先后在梁平区明达镇明达村、合兴镇龙滩村、金带镇双桂村建立优质梁平柚种植基地180公顷，苗圃20公顷，年产优质柚果3000余吨，产值2400万元。公司注册的“刁老爷牌”梁平柚2017年12月通过绿色认证，2017年6月被评为梁平区区级龙头企业。11月，“刁老爷牌”梁平柚通过国际GAP认证，12月通过绿色认证，2018年5月“刁老爷牌”梁平柚通过海关出口资质认证，12月被评为重庆市市级龙头企业。2019年12月金带柚园获“出口示范基地”称号。

2019年12月，重庆梁平旭焰实业有限公司被重庆农业农村委员会、重庆海关认定为“出口示范基地”

重庆市夸克生态农业发展有限公司 位于重庆市渝中区杨家坪，法定代表人刘钢。2012年12月，在梁平县金带镇双桂村3、4、5、6组建立梁平柚种植基地66.67公顷，年产果400余吨。

重庆市恒顺农业开发有限公司 成立于2015年5月12日，法定代表人张志红，位于梁平区合兴镇龙滩村，主要从事果树种植、果品销售、柚产品加工、水产养殖等业务。公司在合兴镇龙滩村银恒村建立20公顷梁平柚种植基地，其中标准柚园10公顷。柚产品加工品种有柚子酒、

重庆恒顺农业开发有限公司展览柜

柚子蜜饯、柚子茶、柚皮糖等，综合年产值约1000万元。2017年11月公司被评为梁平区区级龙头企业。

重庆市梁平区奇爽食品有限公司 成立于2009年，位于梁平区工业园区，该公司以梁平柚深加工为重点，投资7000万元，修建了大型的标准化无菌车间及引进柚子系列自动化生产加工流水线，项目涵盖蜂蜜柚子茶、柚子精油、粒粒柚汁饮料、柚皮果系列产品。为了给柚产品提供充足的原料供应，2012年在梁平县金带镇石燕村建立梁平柚宜机化示范园，面积133.33公顷，所产有机梁平柚主要用于公司的柚产品加工。奇爽公司年产值上亿元，2009年至2012年，公司先后被评为重庆市农业产业化龙头企业，农业产业化龙头企业30强，重庆市优秀民营企业。

柚品美食

2004年4月22日，梁平柚专业发展办公会决定，梁平县人民政府酌情解决，开发梁平柚精深加工系列美食产品业主的前期考察、调研及可行性认证费用。

2016年，重庆市梁平区奇爽食品有限公司、重庆明乾农业科技服务有限公司、梁平县柚神酒业有限公司等生产的柚子茶、柚子糖、柚神酒、柚子精油等精深加工产品面世，解决了柚农的小果、次果销售难的问题。是年加工梁平柚果8000余吨，产值4000余万元。

2018年4月11日，重庆市梁平区人民政府办公室《关于印发梁平柚产业化发展三年行动实施方案（2018—2020年）的通知》，确定以市场为导向、以梁平柚产业化研究院为依托；持续开展梁平柚精深加工；支持重庆市梁平区奇爽食品有限公司、重庆明乾农业科技服务有限公司等梁平柚加工企业，推进梁平柚精深加工；支持重庆市梁平区丰瑞建设开发有限公司与重庆市梁平区奇爽食品有限公司，打造1万吨柚果商品化处理及智能化贮藏保鲜库，建设年加工1万吨的梁平柚果系列产品生产线；深入研发生产柚子香精油、果酒系列、低糖柚子蜜饯、柚子茶、柚汁胞原料、粒粒柚汁饮料及功能性柚子全果粉等产品。

2019年，重庆市梁平区举办第二届国际柚博会后，更加注重梁平柚精深加工产业发展，形成以龙头企业带头、柚协会服务、全面推广标准化生产的产业化发展模式。生产出柚子茶、柚子酒、柚子蜜饯、柚皮糖等20余种精深加工产品，实现梁平柚全果综合加工利用，延伸其产业链，提高梁平柚附加值，促进柚农增收和企业增效。11月14日，韩国黄金柚子有限公司首席执行官到“中华·梁平柚海”考察，对梁平柚进行进一步分析研究，开发新的功能性产品，进而提升产品附加值和梁平柚的品牌价值。

2020年，重庆市梁平区推进梁平柚精深加工产品的研发，坚持以市场为导向，以科研院所为依托，以提高梁平柚果综合利用率和附加值为目标，围绕休闲养生产品及特色生活日需产品进行研发攻关，研发出柚子酒、柚子蜜饯、柚子茶、柚子汁、柚子面、柚子酥饼、柚子香精油、柚子香皂、柚子洗发露、柚子沐浴露、柚子面膜等20余类60余个品种，申请专利26项，10余个梁平柚精深加工产品独具特色，引领消费时尚，贴近大众生活。

柚汁柚酒

2009年，梁平县人民政府将重庆市奇爽实业（集团）有限公司招商引资到梁平，成立重庆市梁平区奇爽食品有限公司，公司坐落于梁平食品工业园区。生产加工销售休闲食品，属大型民营企业，占地面积8公顷，总投资1.85亿元，就业人员500余人。公司在重庆市梁平区金带镇建有70公顷的梁平柚园，生产的产品有柚子制品，豆制品、肉制品、竹笋制品、金针菇制品、炒货和油炸糕点。2011年10月21日，“Q爱柚”经国家工商行政管理总局商标局注册为商品商标，核定使用商品第29类，生产加工以梁平柚等罐装水果为主的零食小吃。2012年，公司投资7000万元实施梁平柚加工项目，修建大型的标准化无菌车间，引进梁平柚系列产品自动化生产加工流水线，加工柚子蜂蜜茶、柚子精油、粒粒柚汁饮料、柚子蜜饯等休闲食品。2016年4月28日，“有陈意”经国家商标局注册为商品商标。2018年，重庆市梁平区奇爽食品有限公司投资3000万元，新建一条以梁平柚为主要原料的自动化易拉罐饮料生产线，年生产4.2万吨。2019年，日产柚子汁可达30万罐，日产值80万元。

柚汁

有陈意·柚汁

梁平柚经过分级处理进入榨汁车间，其工序为生鲜柚子切块、削皮、脱离籽分离、预处理、保鲜、装罐等多道工序变成柚汁。配料：饮用水、柚子肉、白砂糖、果葡糖浆、柚子浓缩汁、苹果浓缩汁、食用菌、食品添加剂柠檬酸、异抗坏血酸钠、胡萝卜素、山梨酸钾、安塞蜜、食用香精。柚汁营养成分：每100毫升能量122千焦、营养素参考值1%；蛋白质和脂肪分别为零克、营养素参考值分别为0%；碳水化合物6.6克、营养素参考值2%；

有陈意·柚汁

钠20毫克、营养素参考值1%；柚汁中柚含量大于10%。2020年，重庆市梁平区奇爽食品有限公司在全国设2万余家商铺网店销售易拉罐柚汁及柚子蜜饯，创销售收入3.5亿元。

柚酒

2012年11月，梁平县举办采柚节，柚子酒亮相活动现场让游客品尝。2013年，梁平县柚神酒业有限公司生产的柚子酒批量上市。是年生产柚子酒600吨，年产值5000万元。

2015年5月，重庆市恒顺农业开发有限公司成立，该公司注册资金100万元，总资产500余万元，主营梁平柚并精深加工出系列产品。2017年1月7日，其“柚韵”牌商标经中华人民共和国国家工商行政管理总局商标局注册为商品商标。公司拥有柚韵酒坊、柚乡酒业、柚子蜜饯车间、水果冷冻保鲜库、柚树种植基地、柚韵阳光餐厅、柚乡钓鱼城等实体项目。公司生产经营地址：重庆市梁平区合兴镇龙滩村4组，从业人员6人到30人，年加工柚子200余吨。2018年6月15日，恒顺公司获国家知识产权局授权的“一种新型柚子酒发醇箱”实用新型专利证书（专利号ZL 2017 2 1445572.6）。年生产柚子系列酒15吨，可生产柚子果酱、柚子挂面，年销售收入100余万元。

柚韵·柚子白酒

以梁平柚为主要原料，精心蒸馏酿造而成，保留柚子原始风味及营养成分。酒精度含量分为40%、52%两种。

柚子白兰地

以梁平柚为核心原料、白砂糖、利用白兰地工艺精心蒸馏酿造而成，保留柚子原始风味及营养成分，酒精度含量42%。

柚韵·柚子白酒

柚子白兰地

柚韵红 · 柚子酒

柚韵 · 配制酒

柚之春 · 养生酒

柚韵红 · 柚子酒

以梁平柚为主要原料、利用传统工艺发酵而成，成功保留柚子原始风味及营养成分，酒精度含量8%至13%。

柚韵 · 配制酒

以梁平柚、猕猴桃为核心原料、利用传统工艺发酵而成，保留梁平柚和猕猴桃维生素C“之王”的营养成分及独特风味，酒精度含量8%至13%。

柚之春 · 养生酒

以梁平柚、松露、玛咖等原料，利用独有的配方配制酿造而成，酒精度含量28%。

柚韵 · 高粱酒

以柚汁、高粱、百米深井水为原料、利用蒸馏传统工艺酿造科学窖藏3年而成，酒精度含量分为45%、55%两种。

果脯果糕

2017年10月14日，重庆柚香谷科技有限公司注册了“碧柚源”商品商标，加工生产柚子蜜饯类产品，有梁平柚果脯、梁平柚果糕、多味柚子果糕等。

碧柚源果糕袋装

梁平柚果脯（原味）袋装

配料：梁平柚、白砂糖、食用盐、食品添加剂、柠檬酸、维生素C、甘草酸一钾、山梨酸钾；营养成分每100克能量1164千焦、营养素参考值14%，蛋白质和脂肪分别为零克、营养素参考值分别为0%；碳水化合物68.5克、营养素参考值23%；钠1119毫克、营养素参考值56%。

梁平柚果脯（原味）罐装

配料：梁平柚皮、白砂糖 、麦芽糖浆、柠檬酸、柠檬酸钠、环状糊精、维生素C、乙基麦芽酚、山梨酸钾、甘草酸一钾、食用盐、食用香精、纯净水。营养成分每100克能量1164千焦、营养素参考值14%；蛋白质和脂肪分别为零克、营养素参考值分别为0%；碳水化合物68.5克、营养素参考值23%；钠1119毫克、营养素参考值56%。

梁平柚果糕（原味）袋装

配料：梁平柚、白砂糖、果葡糖浆、饮用水、糯米纸（玉米淀粉、木薯淀糖粉）、食品添加剂（卡拉胶）、柠檬酸、维生素C、山梨酸钾；营养成分每100克能量1477千焦、营养素参考值18%；蛋白质和脂肪分别为零克、营养素参考值分别为0%；碳水化合物86.9克、营养素参考值29%；钠241毫克、营养素参考值12%。

梁平柚果糕（原味）罐装

配料：梁平柚、白砂糖、麦芽糖浆、玉米淀粉、食用盐、饮用水、卡拉胶、果胶、柠檬酸、柠檬酸钠、维生素C、山梨酸钾、食用香精、甘草酸一钾。营养成分每100克能量1477千焦、营养素参考值18%；蛋白质和脂肪分别为零克、营养素参考值分别为0%；碳水化合物86.9克、营养素参考值29%；钠241毫克、营养素参考值12%。

“梁小柚”果糕果脯系列产品

多味柚子果糕

配料：梁平柚、白砂糖麦芽糖浆、苹果酸、食用盐、饮用水、果胶、柠檬酸、柠檬酸钠、柠檬黄、六偏磷钠、山梨酸钾、食用香精、诱惑红、亮蓝色；营养成分每100克能量1369千焦、营养素参考值16%；蛋白质和脂肪分别为零克、营养素参考值分别为0%；碳水化合物38克、营养素参考值1.8%；钠25毫克，营养素参考值2%。

果干柚茶

2011年，重庆市梁平区奇爽食品有限公司，研发出柚子蜜饯类产品——清凉味、咸味、原味奇爽Q爱柚·蜜柚干。其制作工序为：挖去柚子表皮的深色斑点、病斑、虫蛀点，削掉柚子顶端坚硬部分；用温度55℃至60℃、浓度0.8%的氢氧化钠溶液清洗柚子表面农药残留物，在滚筒毛刷机槽内反复洗刷2至3分钟；冲洗氢氧化钠残液要求为，其表面游离子酸碱度接近自来水酸碱度的要求；用百万分之80至百万分之100的二氧化氯溶液喷淋消毒，定时检测，确保二氧化氯浓度相对稳定；剥皮时将一只柚分成四瓣、进入输送带人工剥皮，用专用工具紧贴柚子瓤衣剥皮，柚子皮厚度一致，剥下的柚子皮必须及时切丁处理。特殊情况处理不了的则在12小时内送入5℃至10℃的保鲜库保存；柚子切丁的成型规格为长2厘米、宽3.8厘米、厚度以柚子皮的自然状态的厚度为规格；柚子皮分切后进入分级机，一级出料口都是不规则的碎料；二级出料口为长2厘米、宽3.8厘米的正品；碎料用于制作其他柚产品；正品用于制作蜜柚干。

奇爽Q爱柚·蜜柚干

清凉味配料：梁平蜜柚皮、白砂糖、食品添加剂、柠檬酸、薄荷脑、山梨酸钾、食用香精。营养成分每100克能量1255千焦、营养素参考值15%，蛋白质和脂肪分别为零克、营养素参考值分别为0%；碳水化合物73.8克、营养素参考值25%；钠15毫克、营养素参考值1%；柚皮总量占40%。

奇爽Q爱柚·蜜柚干

咸味配料：梁平蜜柚皮、白砂糖、食用盐、食品添加剂、柠檬酸、山梨酸钾、食用香精。营养成分每100克能量1238千焦、营养素参考值15%；蛋白质和脂肪分别为零克、营养成分分别为0%；碳水化合物72.8克、营养素参考值24%；钠18毫克、营养素参考值1%；柚皮总量占40%。

原味配料：梁平蜜柚皮、白砂糖、食品添加剂、柠檬酸、山梨酸钾、食用香精。营养成分每100克能量1248千焦、营养素参考值15%；蛋白质和脂肪分别为零克、营养素参考值分别为0%；碳水化合物73.4克、营养素参考值24%；钠11毫克、营养素参考值1%；柚皮总量占40%。

蜂蜜柚子茶

2015年5月13日，重庆市梁平区奇爽食品有限公司、西南大学柑橘研究所共同获得“梁平柚皮脱苦脱麻的工艺”发明专利证书。此专利为制作蜂蜜柚子茶，达到口味纯正，奠定了基础。蜂蜜柚子茶（亦称柚子果酱）。制作工序为：挖去表皮的深色斑点、病斑、虫蛀点，削掉柚子顶端坚硬部分；用温度55℃至60℃、浓度0.8%的氢氧化钠溶液清洗柚子表面农药残留物，在滚筒机毛刷机槽内反复洗刷2至3分钟；冲洗氢氧化钠残留液的要求为：其表面游离子酸碱度接近自来水酸碱度的标准；用百万分之80至百万分之100的二氧化氯溶液喷淋消毒，定时检测，确保二氧化氯浓度相对稳定。柚子皮进入分切机后进行分级，其碎料进入绞肉机绞一遍待制作柚子茶。

奇爽Q爱柚·蜂蜜柚子茶 重庆市梁平区奇爽食品有限公司批量生产蜂蜜柚子茶，配料梁平柚柚汁及柚皮，柚含量大于15%，与蜂蜜营养搭配，看得见果肉、闻得到柚香、品得出蜜甜。柚子经加工后为浓缩汁，通过溶解、调配、杀菌、高温灌装、隧道杀菌及冷却自动装瓶，根据个人喜好掌握浓淡度稀释兑开水喝，口感纯正、色香味俱全、酸甜可口。产品功效：促进肠胃蠕动、降低血液粘稠度。2020年，重庆市梁平区奇爽食品有限公司日生产柚子茶3.6万罐，日产值达137万元。

蜂蜜柚子茶

柚韵·柚子果酱（亦称：柚子茶） 重庆恒顺农业开发有限公司研发生产，配料梁平柚、果糖、饮用水、蜂蜜、食品添加剂、柠檬酸、卡拉胶、黄原胶、维生素C、羧甲基纤维素钠、食用香精；营养成分每100克能量1259千焦、营养素参考值15%；蛋白质0.7克、营养素参考值1%；脂肪零克、营养素参考值0%；碳水化合物73.4克、营养素参考值24%；钠11毫克、营养素参考值1%。柚子茶功效：去肠胃恶气，止咳化痰。

创意全柚宴

全柚宴，以梁平柚的柚叶、柚皮、柚皮肉、柚果肉为元素，辅以鸡、鸭、肉等食材，拼成一桌花色品种、味香俱佳、富有创意的美宴。创意全柚宴，由家住重庆市梁平区合兴镇龙滩村（中华·梁平柚海）4组，经营清雅果树基地的乡村美食家严官无于2013年创办。严官无，1966年生，能将柚果烹调出10多个菜品。2018年12月14日，中央电视台10频道的《味道》栏目主持人孙迅一行人到“清雅果树基地”采访、品鉴严官无的全柚宴，将其菜品在《味道》栏目中向全国播放。创意全柚宴菜品如下：

创意全柚宴

柚皮酥

组成：柚皮肉，适量生粉、鸡蛋清、食盐、菜籽油。

制法：柚皮肉去黄皮，切成0.5厘米厚的正方形片状，置入器皿中用盐腌制1小时后，用饮用水透尽盐分挤干，与鸡蛋清、生粉、食盐和适量饮用水拌均匀，入油锅前将柚肉片展平，炸熟出锅时呈正方形候凉。候凉后再次置于油锅中酥一下出锅即成柚皮酥。形色像虾片，吃起来外酥内绵，不失柚香味。

柚皮酥

柚子八宝饭

组成：柚皮肉、糯米、枸杞、莲米、苡仁、百合、大枣、化猪油、白砂糖。

柚子八宝饭

制法：将柚皮肉切成长10厘米，厚0.5厘米的长片状，用少许食盐腌制于器皿中，适时取出用饮用水透尽盐分挤干，展开恢复成原片形，白色柚肉向上整齐依次排列，置入圆形土陶碗中待装食材；将糯米置入沸水锅内搅拌焯制，观其糯米成夹生饭时出锅滤干候凉；将糯米、枸杞、莲米、苡仁、百合、大枣、白砂糖、适量化猪油拌均匀，装入带皮柚肉片的土陶碗内，置入竹制蒸笼。蒸熟后将碗翻过来八宝饭在下，面呈碗底圆顶形状，带皮柚肉，金黄发亮，散发出带有柚香味与竹子清香味的异香来。

柚子粉蒸肉

组成：带皮柚肉，羊肉，红辣椒粉、老姜末，蒜末、花椒粉、食盐、大米粉、豆瓣、料酒、红薯（洋芋、山芋、萝卜亦可替代）、菜籽油。

柚子粉蒸肉

制法：将带皮柚肉切成长10厘米至15厘米的丝状，置于器皿用少许盐腌制，约1小时后用饮用水透尽盐分挤干展开候用；红薯去皮切成3厘米至5厘米见方候用；将羊肉切成小条形，将八分细的大米粉、饮用水、花椒粉、老姜末、大蒜末、红辣椒粉、菜籽油（或花生油）、豆瓣、料酒、食盐适量放在器皿中用手与羊肉拌揉均匀，手感羊肉条与食料为糍粑状时即停；红薯适量铺于竹制蒸笼垫底，将羊肉置于红薯上，最后将带皮柚肉丝散放在羊肉上，从散发的蒸气里可闻到柚香羊肉气味，蒸熟即食。

柚子老鸭汤

柚子老鸭汤

组成：柚果肉、空腹腔老鸭一只、老陈泡萝卜、老姜片、酸泡椒、连茎带叶小葱，胡椒面、醪糟、化猪油、食盐。

制法：老鸭一只掏尽鸭腹腔内脏，洗净去掉鸭爪，在沸水锅里焯制去嘌呤，入热猪油锅酥至鸭皮稍脆出锅，根据鸭腹腔大小将500克至800克柚果肉置入鸭腹腔内；将老陈泡萝卜、酸泡椒、醪糟同时入热猪油锅内，旺火炒香数分钟后，与胡椒粉同炒2秒钟，适量饮用水、老姜片入锅与老鸭一起烧开后，转至砂锅内文火炖熟。出锅剖开鸭腔见柚果肉，连茎带叶小葱置于鸭上作摆样。

柚子麻辣鸡

柚子麻辣鸡

组成：柚果肉、鸡一只（公鸡为宜）、青花椒、干红辣椒、八角、短截大葱、老姜片、山奈、大蒜、豆瓣、花椒油、鸡精、味精、生抽酱油、啤酒、食盐、菜籽油。

制法：柴火燎炙至鸡皮微黄，掏尽鸡腹腔内脏洗净，连鸡骨砍成3厘米见方的鸡块、置于盛有啤酒的器皿内浸泡候用；将干红辣椒（偏重）切成长2厘米与青花椒、豆瓣、八角、老姜片、大蒜在八分热的油锅里炒香后出锅候凉（称为候用食料）；将鸡块滤干置入十分热的油锅中酥5分钟出锅，热油续煎除尽油中水分，又将鸡块置入油锅中炸熟出锅候凉；柚果肉分成樱桃般大小的颗粒拌生粉（俗称穿衣）置入热油锅中酥数秒钟后出锅候凉，最后将鸡块与候用食料入锅快炒后，将大葱、花椒油、生抽酱油、食盐、鸡精、味精、柚果肉拌炒数秒钟后起锅装入盛皿。

柚子炒腊肉

组成：带皮柚肉、熟腊猪肉、新鲜蒜苗、菜籽油。

制法：带皮柚肉切成长5厘米至7厘米、厚0.5厘米的片状，置于器皿中用盐腌制，1小时后用饮用水透尽盐分挤干展平候用。腊肉片长度厚度与带皮柚肉片相等，菜籽油适量入锅，六分油温时将腊肉、带皮柚肉片一齐入锅混炒，炒至带皮柚肉成熟时放入短截蒜苗起锅装入盛皿。

柚子炒腊肉

柚子珍珠汤

组成：柚汁、糯米小汤圆（珍珠般大小），醪糟、枸杞、鲜淡鸡汁、白砂糖（或冰糖）、生粉、饮用水。

制法：待锅中饮用水烧开后，将糯米小汤圆、枸杞、醪糟、柚汁（偏重）、适量白砂糖一齐煮沸、至汤圆成熟时将鲜淡鸡汁入锅，生粉勾芡，汤成微稠时出锅。

柚子珍珠汤

柚子酥肉

组成：带皮柚肉、食盐、生粉、鸡蛋、菜籽油。

制法：将带皮柚肉切成长5厘米至7厘米的条状，置入器皿用少许盐腌制一小时，饮用水透尽盐分挤干后疏松分散。根据带皮柚肉多少，决定用蛋黄的个数，与生粉拌均匀成半凝固状，不规则的小丸置入八分热的油锅中，炸成半熟出锅候凉。食用时再回油锅酥至外脆里软时出锅，即成柚皮酥肉。

柚子酥肉

柚子烧白肉

组成：柚皮肉、猪三线肉（亦称五花脯）、菜籽油、老陈干咸菜、生粉、食盐、老抽酱油。

柚子烧白肉

制法：柚皮肉切成长10厘米至12厘米、厚0.6厘米的长片形，置于器皿用少许盐腌制一小时后，饮用水透尽盐分挤干后恢复成原片样，每片拌干生粉候用。猪三线肉跑肉坯，坯上抹少许盐和刷老抽酱油于猪肉皮上腌制，数小时后置入八分热的油锅中，炸成深黄色半熟品出锅即成烧白毛坯候凉，毛坯的长厚度与柚皮肉片相等，排列的烧白肉片置于土陶小碗内，细碎的老陈干咸菜放入烧白肉片上，入竹器蒸笼蒸熟后出笼候凉。在每两片猪肉烧白之间嵌一片柚皮肉嵌完为止回笼后续蒸。蒸熟后，将碗翻过来老陈干咸菜在下，面上既见肉片又见柚片，即为柚子烧白肉。

金蝉恋柚

组成：一只全柚、生粉、肥猪肉、瘦猪肉、鸡蛋、食盐、幼蝉（别名：知了、催谷黄）4只、干红辣椒。

金蝉恋柚

制法：一只全柚用盐水洗净柚子表面农药残留物，去顶见柚内柚汁，掏尽柚内柚汁为空壳柚，呈碗样盛皿候用。二分肥肉八分瘦猪肉剁成肉粒状与生粉、适量饮用水拌均匀，置入竹制蒸笼蒸熟后取出候凉拆散，放入空壳柚内续蒸数分钟；蒸熟的蛋黄羹倒入柚壳内的猪肉面上，再用一个鸡蛋调成羹状淋在蛋黄上，续蒸至蛋羹熟出笼。干红辣椒切成长2厘米，用少量干红辣椒微酥成鲜红色作摆样。将多只幼蝉在热油锅中酥熟，等距离爬在柚壳口沿周围，名为金蝉恋柚，除干红辣椒不宜食用外，其余包括柚壳、幼蝉及柚壳内的食料可全部食用。

严官无烹饪的上述10道菜肴，创意出以梁平柚为特殊元素的全柚宴，风味独特，回味有余。

民间美食

霜降节后，梁平柚进入成熟采收期，喜欢吃柚子的市民就可以大显身手，用柚子制作各式各样的美食。从柚子肉到柚子皮，各种好吃的做法，保证你吃的连汁带渣都不剩。下面来践赏具体的做法。

柚香桂花羹

选用霜降节以后采收的鲜梁平柚一只，去顶掏尽柚内柚汁，空壳雕刻成盛皿，将柚汁、饮用水、冰糖、干桂花慢火熬制黏稠后入皿，以柚花、柚叶摆盘衬托，未食其味、先闻柚香。

柚香腌肉煲

组成：柚子皮200克，五花脯400克，适量油、蕨菜、老抽酱油、白砂糖、老姜片、食盐。

制法：削去黄色柚皮，见白色肉切块；在沸水里煮1至2分钟；捞出锅候凉挤干水分，锅里放油烧热放糖将柚肉块炒成糖色，待糖色均匀后下五花脯；放入酱油、老姜片、食盐，加一大碗水煮开，倒入煲内加盖，煮开后转成小火慢慢煲，20分钟时汤收至一半，加入柚子皮用筷拌均匀盖上锅盖，小火再煲20分钟即食。

辣炒柚子皮

组成：柚子皮250克、青辣椒25克、红辣椒25克，4至6瓣大蒜、适量豆豉、瘦猪肉100克，适量色拉油。

制法：柚子皮放入锅里煮至断生，然后在冷水里漂两天，将漂过的柚子皮控干水分切成小块，瘦肉切丝，青红辣椒、大蒜切片，热锅冷油炒肉丝，蒜片、青红辣椒片和豆豉炒香，下柚子皮大火快炒，同时入生抽酱油出锅。

鲜榨柚子汁

组成：柚果肉417克，适量冷开水，蜂乳、七彩糖。

制法：将柚果肉放入搅拌容器内，倒入适量冷开水，放入适量蜂乳，搅拌成羹状时断电食用。

自制柚子茶

组成：柚子一只、适量蜂乳、冰糖。

制法：柚子在热水中浸泡10分左右，用食盐在柚子上轻轻搓揉，使柚子表皮更加干净；将柚子皮剥开刮去里面的白瓤；刮成薄片的柚子皮改刀切成细丝；柚子瓣去掉外层薄膜和种籽，然后切成碎块；锅内适量放入冰糖、熬化后放入切好的柚子细丝，熬大约10分钟后，让其充分吸收冰糖水的甜味；待柚皮细丝熬成半透明时就可放入柚子瓤；柚子茶的颜色就会由白色变为黄色；待水分耗干呈羹状即可关火候凉，之后装瓶加入适量蜂蜜拌均匀。根据个人喜好的浓淡度，稀释兑开水喝。

柚子盐

组成：一只柚子的皮、适量盐。

制法：柚子皮洗净、滤干；去掉里面的白瓤、取皮；皮尽量削薄，使其容易烘干；烤箱内温度75℃，每10分钟加热，一边加热一边翻烤，待柚子皮烤得像秋天干枯的树叶一样的手感就好了；将干柚子皮捣碎过筛至粉末质地比较细腻；与盐拌均匀用量与盐同量。

柚香鸡翅

组成：适量柚子盐，鸡翅250克，适量五香粉、生抽酱油、白砂糖、葱、老姜、食用油。

制法：葱切成颗粒，老姜剁成末；用刀在鸡翅上划几道口子，以便入味；鸡翅入器皿，加柚子盐、五香粉、姜、葱、白砂糖、生抽酱油、腌制一夜左右；烤盘铺上锡纸、刷一层油，把腌好的鸡翅放在烤盘上刷油；烤箱内温度220℃、先烤20分钟左右，取出再烤20分钟至烤熟取出食用。

柚子塔

组成：柚汁75克（20克柚子皮磨成羹汁、7个直径7厘米的速冻塔皮、40克糖）、2个鸡蛋、75克淡奶油。

制法：将鸡蛋、糖和淡奶油混合拌均匀，加入柚汁搅拌；过滤后加入柚皮羹汁拌匀；将拌好的混合物，分别放入速冻塔皮中，塔皮外包裹锡纸；进烤箱温度150℃，烤35分钟即可。

柚韵·柚子挂面

配料：小麦粉、梁平柚、青稞粉、燕麦粉、天然柚子酵母发面，每100克能量15224千焦、营养素参考值18%；蛋白质13.4克、营养素参考值22%；脂肪1.5克、营养素参考值3%；碳水化合物70.9克、营养素参考值24%；膳食纤维4.2克，营养素参考值17%；钠10毫克、营养素参考值1%。

梁平柚文化

梁平——中国名柚之乡。梁平柚，中国三大名柚之一。每年4月、5月柚花盛开和11月、12月柚果成熟时节，众多文人墨客汇聚中华·梁平柚海和虎城、荫平、大观等乡镇柚园基地，进行多项涉柚文艺创作。有的摄影、有的绘画、有的书法、有的创作诗词歌赋、有的创作散文、有的展演梁平国家级和市级非物质文化遗产，极大地丰富了梁平柚文化内容，提升了梁平和梁平柚的知名度和美誉度，促进了农旅融合发展和柚产业的发展壮大，增加了农民收入，助力梁平脱贫攻坚任务的全面完成。

梁平柚

诗词楹联

万亩名柚园

彭　敏

柚香搬来一座座山
这不是松柏不是竹山
这是果农手描的年画：柚树闹春
从广东的制衣厂回到柚园
从福建的瓷砖厂回到柚园
这些返乡的弄潮儿
栽植金山银山
生产花香鸟语
那漫山遍野的绿
那千簇万簇的花
那黄橙橙的果
那高高飘飞的云
在满是老茧的果农手上翻飞
摘下太阳摘下月亮摘下星星
生活的重负从柚树上卸下来
收获一串串笑声

（作者简介：彭敏，中国诗歌学会理事、中国摄影家协会理事、重庆市作协全委会委员，现供职于重庆市文联）

梁平柚

骆毓龙

沙田文旦梁平柚，三地贡品名五洲。
梁柚移自清文旦，知县思卓乡里由。

平尖蜜柚多品种，皮薄肉胞晶莹透。

味甜多汁数珍品，绿色梁柚中华牛。

（作者简介：中国商业联合会副会长）

柚花馆吟

蒋桂芬

馆中吟声起，馆外柚花放。

枕书卧花阴，绿云作高帐。

宜酒兼宜诗，香风吹月上。

［作者简介：蒋桂芬，字桂五，民国时梁山县双河场（今柏家镇）人，庠生］

七绝·四月过柚乡

尹绍明

日照梁平麦已黄，春风鸣鸟满山冈。

生来花草无私欲，时送行人一阵香。

（作者简介：尹绍明，重庆梁平人，梁平区老年诗书画研究会会员）

咏梁平柚

张树臣

叶墨绿，果灿黄，扎根沃土院落旁。

枝繁茂，茎苗壮，辅佑主人奔小康。

花开处，蜂蝶狂，传精授粉育果香。

霜降后，商贾忙，梁山平柚度重洋。

（作者简介：张树臣，重庆合川人。中国楹联学会会员，梁平区老年诗书画研究会秘书长）

七言·梁山柚（新韵）

李成文

暖回大地百花芬，柚蕊飘香万里醇。
春夏满枝妆翡翠，秋冬一树挂黄金。
纳财进宝农家乐，溢彩流光海客欣。
乍见月牙急喊爽，懿馨盈口沁灵魂。

七绝·柚花

李成文

中华遍地有奇葩，最美梁山柚树花。
观赏游人谁不赞，芳香扑鼻白无瑕。

（作者简介：李成文，重庆梁平人，重庆市诗词会会员，梁平区诗词楹联学会副会长）

梁平柚花

清平乐·第二届长江三峡（梁平）国际柚博会感怀

曾志忠

熙阳高照。未觉寒冬到。梁柚靓装枝头闹。疑似金灯映耀。
柚花初夏飘香。季秋成果丹黄。农旅双飞展梦，村民醉享殷昌。

十一字联·合兴刁家大院联

曾志忠

山水峥嵘，育成梁柚香中外。

时光荏苒，凝就刁公誉古今。

（作者简介：曾志忠，重庆梁平人，重庆市诗词学会会员）

七律·赞梁平柚

张　奎

棚冠叶茂缀星辰，硕柚圆圆梦醉人。
冻露晶晶秋色艳，凝霜淡淡玉颜臻。
皮开喜见三弦月，果采欣存四季春。
蜜酪清甜回众口，高梁山上品奇珍。

（作者简介：张奎，重庆奉节人，中国作家协会、重庆市作家协会会员，中国金融作家协会和重庆市报告文学研究会理事）

七律·梁平柚

谭永亮

五岭三山屯沃土，九溪六水涌清泉。
哺成十万黄金树，染绿荒丘两百年。
薄袄一撕盈嫩肉，浓香四溢诱潜仙。
七星昭亮营销网，八面乘风到客船。

（作者简介：谭永亮，重庆梁平人，中华诗词学会会员，中国楹联学会会员、重庆诗词学会会员）

中国名柚园联

常　乐

龙滩郁金树，花香三百载，春引五洲游客观花海；
中国名柚园，果熟九千家，秋迎四海高朋踏果山。

赞荫平采柚观光楹联

常　乐

登山觅迹，江畅路通，特去双河采柚；

访古探幽，水清烟碧，专来七斗观光。

（作者简介：常乐，字开国，重庆梁平人。中国作家协会、中华诗词学会、中国楹联学会会员，梁平区作协名誉主席）

七律·荫平采柚节抒怀（中华新韵）

周建平

客至荫平采柚狂，烟花胜日瑞云香。

霜催老树先熟透，品诱良商早订光。

还剩庭柯绝不卖，将留俊友定然尝。

当今天下多奇果，醉酒惟斯可解郎。

七律·采摘梁山柚（中华新韵）

周建平

霜降应时催柚黄，株株碧树不寻常。

老枝挂果怀中抱，童木结实脚下藏。

平顶鼓腰沉甸甸，薄皮呈质亮堂堂。

掰开玉粒方张口，浓郁幽芳动锦肠。

（作者简介：周建平，重庆梁平人，重庆市诗词会会员，梁平区诗词楹联学会副会长）

梁平柚

彭二奖

柚海飘香金满树，盛名博会夺头魁。

甘甜粒粒心中美，一样农家奔未来。

（作者简介：彭二奖，中华诗词学会、中国楹联学会会员）

七绝·荫平柚子节印象（新韵）

祝中华

遍坡浓翠挂金黄，姿引冬风弄郁香。
锣鼓喧天宾客闹，声名鹊起乐英庄。

（作者简介：祝中华，重庆市诗词楹联学会会员，梁平区诗词楹联学会会员）

五绝·刁家院子（新韵）

罗雯

隐身名柚园，户外水潺潺。
岁岁金秋果，丰登慰俊贤。

（作者简介：罗雯，重庆市梁平区作家协会会员）

梁山柚

周晓平

山光水色都梁美，最爱霜秋蜜柚黄。
谁挂灯笼依碧叶，金风一起满城香。

（作者简介：周晓平，重庆市诗词楹联学会会员，梁平区诗词楹联学会会员）

七绝·咏梁平柚

王放鸣

百载嘉声动帝京，梁平柚子远驰名。
青山绿水长相伴，天下谁人不识卿。

（作者简介：王放鸣，中华诗词学会会员，中国楹联学会会员，重庆市诗词学会会员，《诗刊》子曰诗社社员，梁平区诗词楹联学会副会长）

满江红·刁家大院柚飘香

游三林

花落花开，三百载、几经风雨。
方食得、柚香如蜜，蝶飞蜂舞。
硕果出枝章秀色，小桥停步无闲语。
看梁山、碧水绕龙滩，难忘祖。
南飞雁，千里路；归似箭，非孤旅。
纵功成名就，致身勤苦。
外放十年忘却累，转回万亩形成树。
落烟云、金色缀青山，幽深处。

（作者简介：游小林，笔名游三林，斋号：看云归岫草堂。《海南经济报》名誉社长，北京联合大学客座研究员、国学基地副主任，中华诗词学会、海南省作家协会会员，文化部中国山水画创作院、清华美院李铁生山水工作室画家）

五律·都梁柚花（新韵）

罗心利

高铁进都梁，深春柚遍岗。
含羞闺里俏，破蕾绿中藏。
不与桃争艳，偏和槐竞芳。
清风携粉黛，馥郁满车厢。

七律·柚乡冬韵

罗心利

黄橙馨逸九州香，满挂枝头艳柚乡。
孟夏绽芳怀冀望，仲冬摘果乐心房。
千家万户营商喜，四面八方邮递忙。
生意兴隆通海外，财源滚滚富都梁。

（作者简介：罗心利，重庆梁平人，中华诗词学会会员，重庆市诗词学会会员、理事，

梁平区诗词楹联学会副会长）

五绝·逐景名柚园（新韵）

王安华

千山染暮霞，十里柚香花。

闻味鹅鸭聚，临风雀鸟夸。

七绝·梁山柚

王安华

春吐妍花万里香，秋收满树坠金黄。

汁甘味美人人赞，不愧中华名柚郎。

（作者简介：王安华，重庆梁平人，中华诗词学会会员，子曰诗社社员，重庆市作家协会、重庆市诗词学会、重庆市散文学会会员）

荫平采柚节随感

唐红花

春绽琼花十里香，霜收柚果万株黄。

登丰莫忘刁知县，引种都梁漫四方。

（作者简介：唐红花，重庆梁平人，子曰诗社社员，重庆市诗词学会会员，重庆市梁平区作家协会、梁平区诗词楹联学会副秘书长）

龙滩柚子园（古体）

刘德明

霜树虬枝拨大吕，青条弧蒂捺黄钟。

甜色庄中奏鸣曲，蜜香园里唱柚丰。

七绝·柚海柚香气（新韵）

刘德明

黛色丛中柚泛黄，香姑无语自出场。
张歙欲捕心弦乱，难避芳娘吻口旁。

注：香姑、芳娘指柚香气

（作者简介：刘德明，重庆市梁平区作家协会会员）

龙滩薄暮

周　蓉

细雨后的龙滩　此刻
刁家大院放慢了脚步
斜刺里挑出灯笼
金黄的柚子在镜面摇晃
大门喑哑
和着福建的咳嗽声
刁思卓在暮色中隐去
我的脚步更早一步
碾碎桂香　只为
丈量中秋的月光
不要惊醒勤学与仁义
把视线放低一些
与远方的流水相遇
划开群峰闯入的绿皮火车
带走更远的乡愁
横过小河的跳墩
为降临眼前的薄暮
叹出一串省略号

（作者简介：周蓉，笔名：雪子末，梁平区作协会员）

冬至恋想·梁平柚

刘新平

每年的这个季节，这遍沃土
都梁，散发出浓浓乡愁
那么熟悉，那么独特的梁平柚香
瑞丰亭雕刻出来的时光
把庭院，山丘，田野精装成册
翻开绿色书页，文旦知县刁思卓
嫁接形成的优质母本，从清乾隆五十七年
至今。风煮岁月。梁平柚
从不轻易说出孤独和辛劳
你用露水，日月星辰熬成坚韧
融入我的体内和我内心深处
对这遍故土的眷恋
柚香。责任，担当

冬季柚园景色

从遍地的柚树林飘过
从“五子登科”的身旁飘过
从村庄，街巷，城市的上空飘过
缀满簇簇金黄的柚子，消除贫穷
贫穷的山村富裕起来
冬至，特殊的节气
邀请我围坐柚树下
笑声和富裕同时到达
浮生物语，馈赠殷实
微甜蜜味告诉我柚子的初味
以及时间的厚度。冬日凛冽的空气
被柚香美丽的生活占据
一棵树
两个一百年

刁家院子的月亮

刘新平

刁家院子的天井里
屯着一坛老酒
年轻的主人，蹚过
门前的那条河
绿皮火车拖着长长的尾巴
走遍天下
舀酒的碓窝
有时，舀起一个月亮
有时，舀起一碗米
月亮倒进酒里
糯米倒进碓窝里

（作者简介：刘新平，重庆市诗词楹联学会会员，重庆市梁平区作协会员）

聆听柚花绽放

曾定富

每当柚花芬芳，
柚乡有种清香。
轻轻走进柚林，
聆听柚花绽放。
嗡嗡……嗡嗡……
那可是
柚花绽放的声响？
禁不住循声望，
有无数小精灵，
正挥舞着金色的翅膀，
在簇簇花丛中
采蜜忙。
沙沙……沙沙……
这是微风穿过柚林，
摇曳树叶沙沙作响。
送来阵阵醉人的花香，
弥漫整个林间，
沁心房。
布谷……布谷……
布谷鸟也在催柚花开放。
布谷一声啼，
引来百鸟唱。
各种鸟儿都亮开歌喉，
茫茫柚海成了鸟的天堂。
“柚香，柚香——
依啰啰，依啰啰……”
动人的旋律使你陶醉，

天籁之音让人神往。
柚海深处是谁在歌唱?
一定是她
美丽的柚花姑娘。
听见了吧,
这就是柚花绽放。
朋友啊,快来柚乡,
一起在柚林间轻闻芬芳。

(作者简介:曾定富,梁平区蟠龙镇小学退休教师,文学爱好者)

一场秋雨过后

谢泽雄

九月香菇悄悄地探出头来
打望,这秋熟的人世
被分开的一丛丛杂草荆棘
有多少慌不择路的欲望
前赴后继
我侧身站在路边
盯着一只一动不动的鹰形音箱
从它体内传出的嘀咕
像一个人的歌唱
也像一个人的哭泣
刁思卓,一个外放福州的官员
想起明天的归程
风也在不停地搓手
感叹,千里万里的乡愁
院中柚树上的柚果如此金黄

(作者简介:谢泽雄,重庆市作协会员,重庆市梁平区作协常务副主席)

柚　园

斯　原

阳光，父亲般
馈赠着大地
土地，母亲般
承载着世界
柚树，散发着
挚爱的花香
我们，感受到
田园式牧歌
哦，根
离开得越远
越会把你的心 痛痛地牵扯

（作者简介：斯原，原名师运山，河北邯郸人。中国作家协会会员）

柚子花开

傅天琳

曾经给过我一千只蝴蝶
一千片叶子，一千亩春天的柚子树
你把花朵和波涛都同时刻写在我的履历表上了
这灿烂的白，同时兼具
阳光和冰雪品质的白
你是阴霾天气里唯一照亮我的灯盏
我是从一棵柚子树出发的
第一只酒杯盛满的是泪水、汗水和雨水。你的洁
净、典雅
淡淡的绵绵持久的香味
早已沿着叶脉渗进我的肌肤和骨头

一匹怀旧的马，四蹄醉卧于草丛
在梁平我鼻子一闻便闻到了青春
别说芬芳的时代早已过去
就是落叶一筐，灰烬一堆
我苍老的眼窝依然能从这样的花香里
抽出几粒新芽流出几滴钻石

（作者简介：傅天琳，四川资中人。当代女诗人）

在重庆，我只吃梁平柚子

洋 滔

在重庆
我只吃梁平柚子，醉一句成语
带露的香甜缀满枝头，笑声飘下深秋
生态，优质

在百年柚园里的美好时光

微麻里溢出淡淡清香，微苦里漾出异样风景
每一缕意境都抒写着最美丽的芳馨
鲜甜把中华名果的广告刻在人民心里
味觉里，无穷的乡味乡情
树枝滴翠鸣，山路蜿蜒出干净的呼吸

（作者简介：洋滔，原名杨从彪，四川达州人）

友谊照耀的梁平柚子

杨辉隆

我不知道该怎样来形容她
这一年一亲吻的梦里情人
梁平柚子 已在我的生活里
占据了不可替代的位置
时间已经久远
夜行的汽车和我一样饥渴
在一个加油站汽车加油
我和驾驶员用柚子充饥
那微麻带甜的独特味道
一直没离开我的枯唇
这些年
总有梁平朋友为我送来柚子
我在品尝柚子的时候
味蕾的快感远没有友谊悠长
可以温暖我一生

（作者简介：杨辉隆，重庆奉节人。中国作家协会会员）

乘着春风来娶你

吴天胜

沐着你的芬芳
我慢慢有了醉意
夕阳下，你似睡非睡
每　瓣柚花的绽放
分明是在等我
一群小姐妹，簇拥着你
个个笑得心花怒放
花枝乱颤
我乘着春风而至
一片蛙声响起
她们也在起哄
让我亲你
我细嗅着你的体香
深吸一口，晚霞羞红
燕雀们叽叽喳喳
忙着争抢我写给你的情书
我搬出聘礼
刁家二少反对
唐家三少反对
龙滩老爹让我坐了上席
美景美人美酒
怎能不让我贪杯
微醺的我
大胆揭开柚花妹妹的盖头
一张洁白如雪的笑脸
让我就此决定了入赘

（作者简介：吴天胜，男，重庆市梁平区作协会员）

歌曲戏剧

柚园飘香

柚香美滋味

1=♭B或 C $\frac{2}{4}$

佟文西 词
向菊英 曲

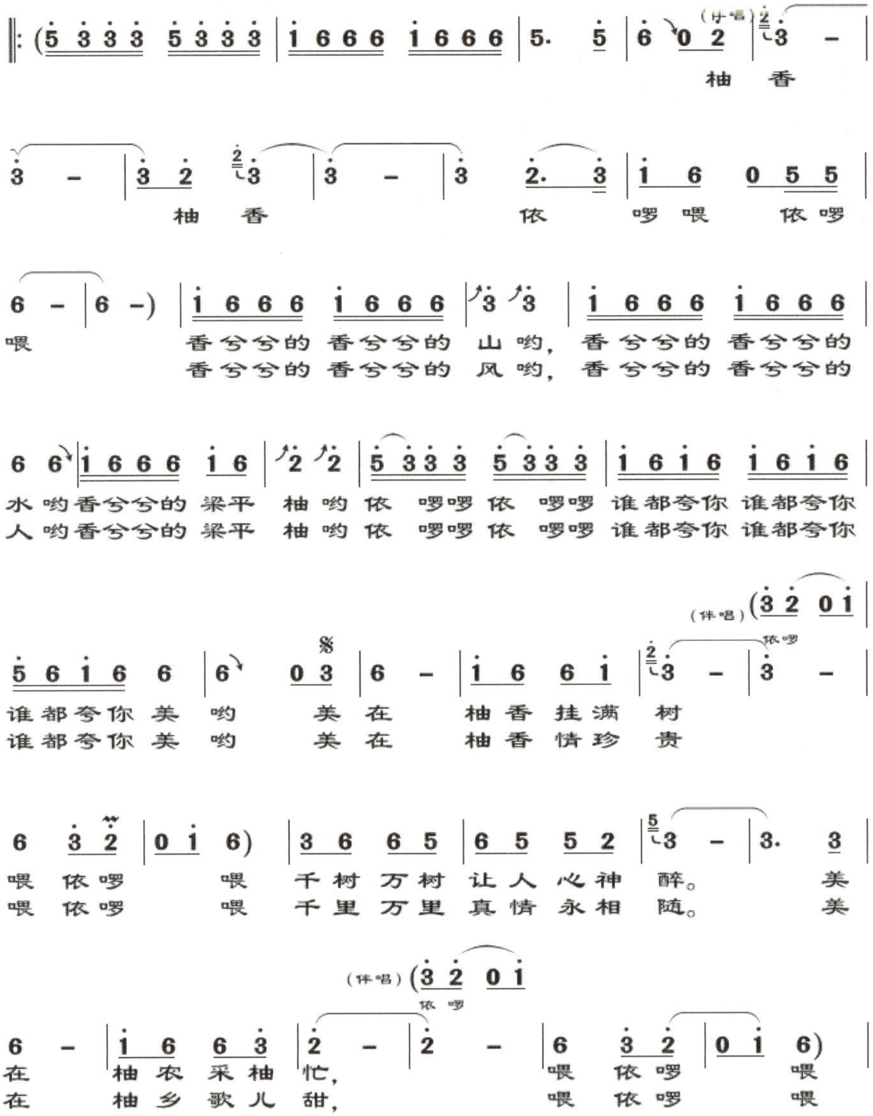

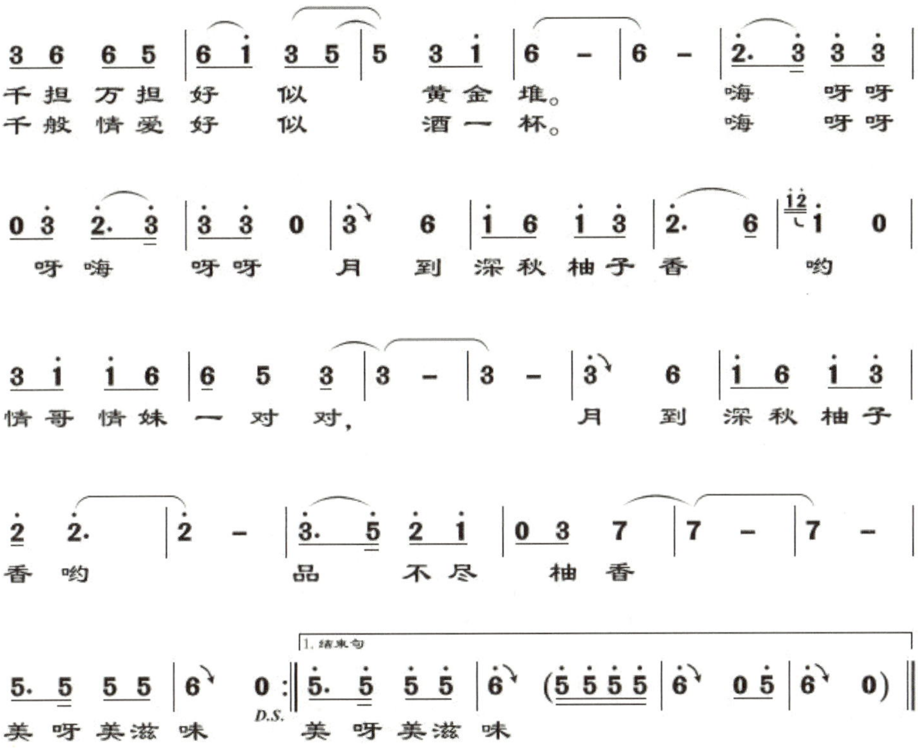
千担万担好似黄金堆。嗨呀呀
千般情爱好似酒一杯。嗨呀呀
呀嗨呀呀月到深秋柚子香哟
情哥情妹一对对，月到深秋柚子
香哟品不尽柚香
1. 结束句
美呀美滋味
D.S.
美呀美滋味

摘柚欢歌

（男高音独唱）

1=B $\frac{4}{4}$

周廷发 词
阎 乔 曲

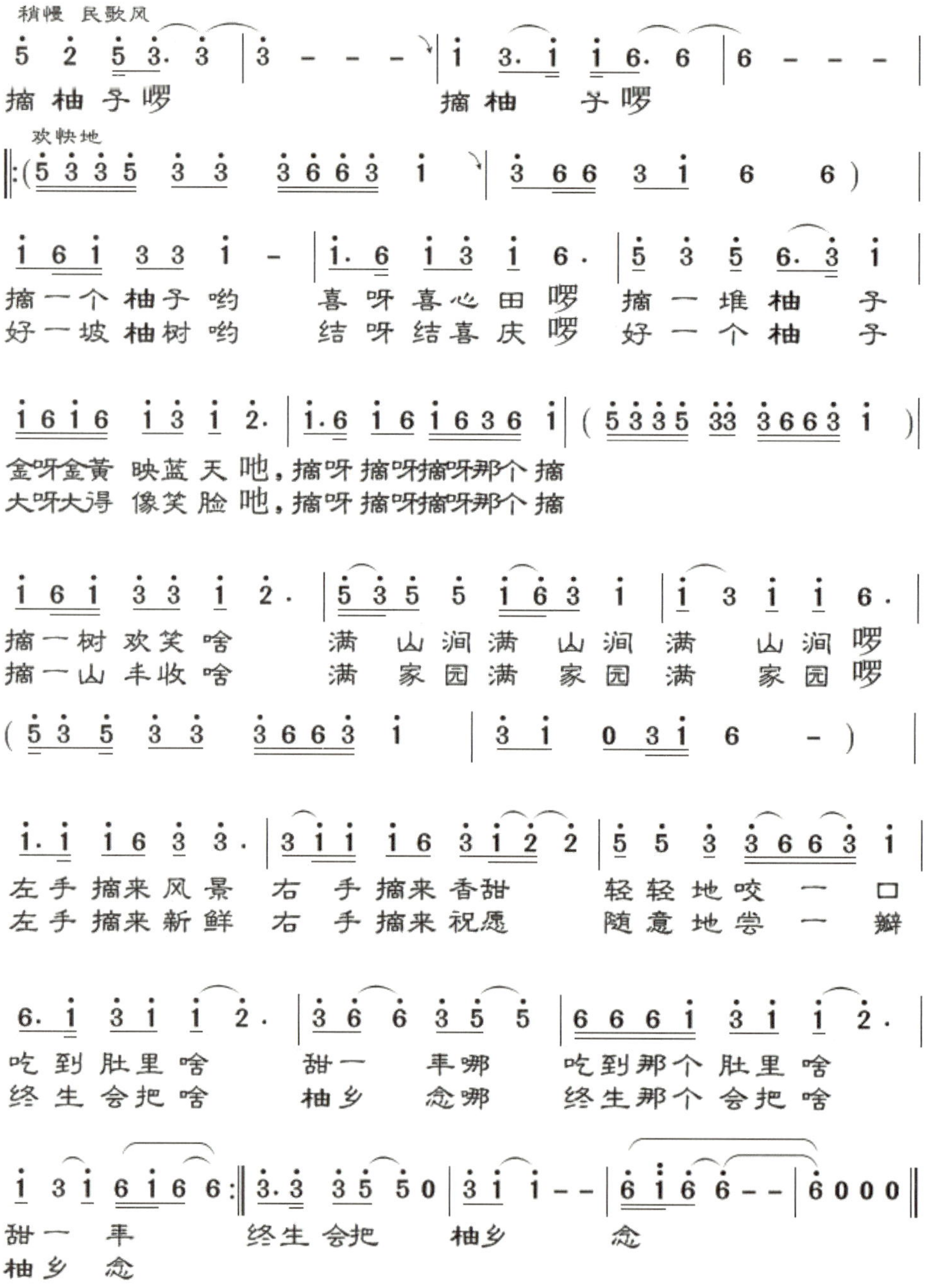

思念送给柚乡

（女 独）

1=♭A $\frac{4}{4}$

♩=80 质朴欢快地

周廷发 词
朱加农 曲

柚花飘香

周廷发 词
王泽亮 曲

1=D $\frac{2}{4}$

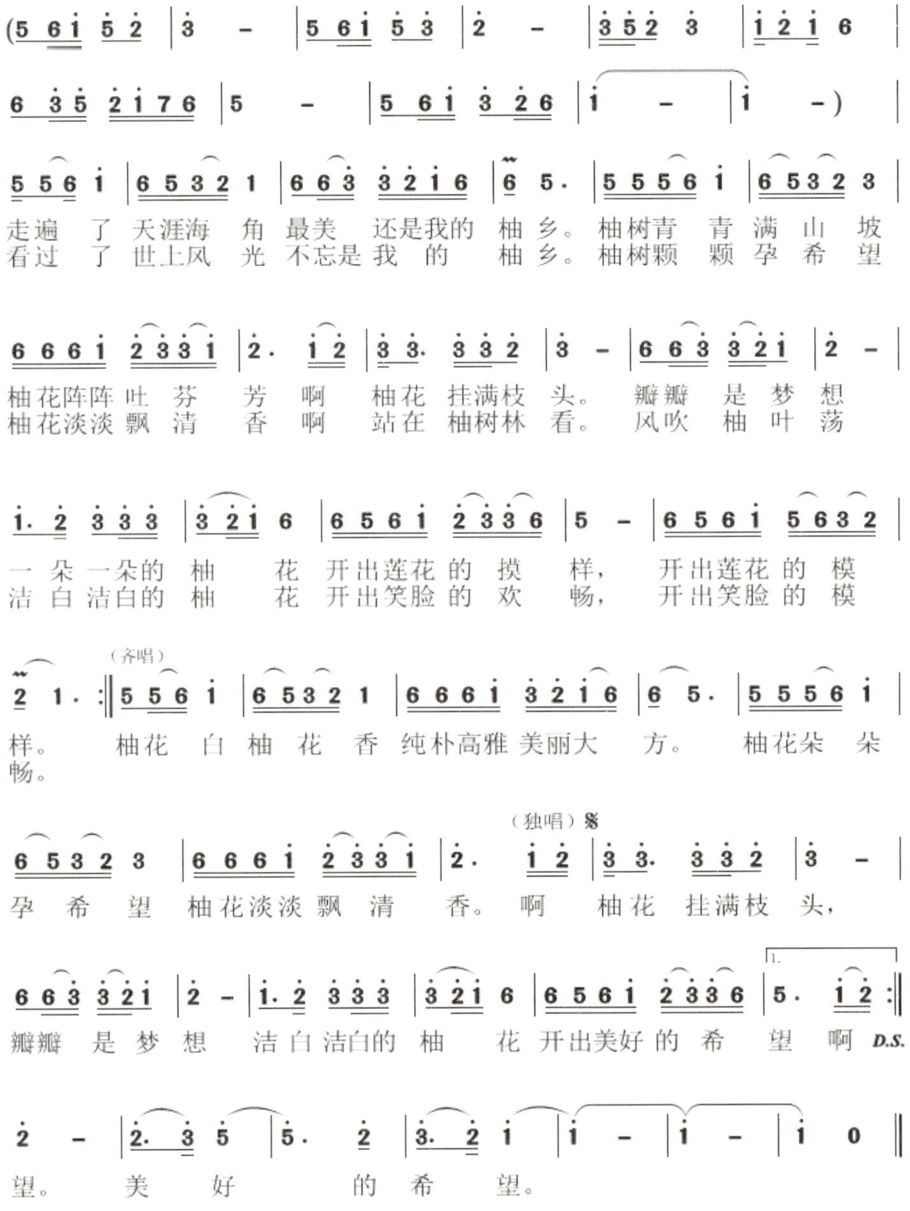

柚乡欢歌

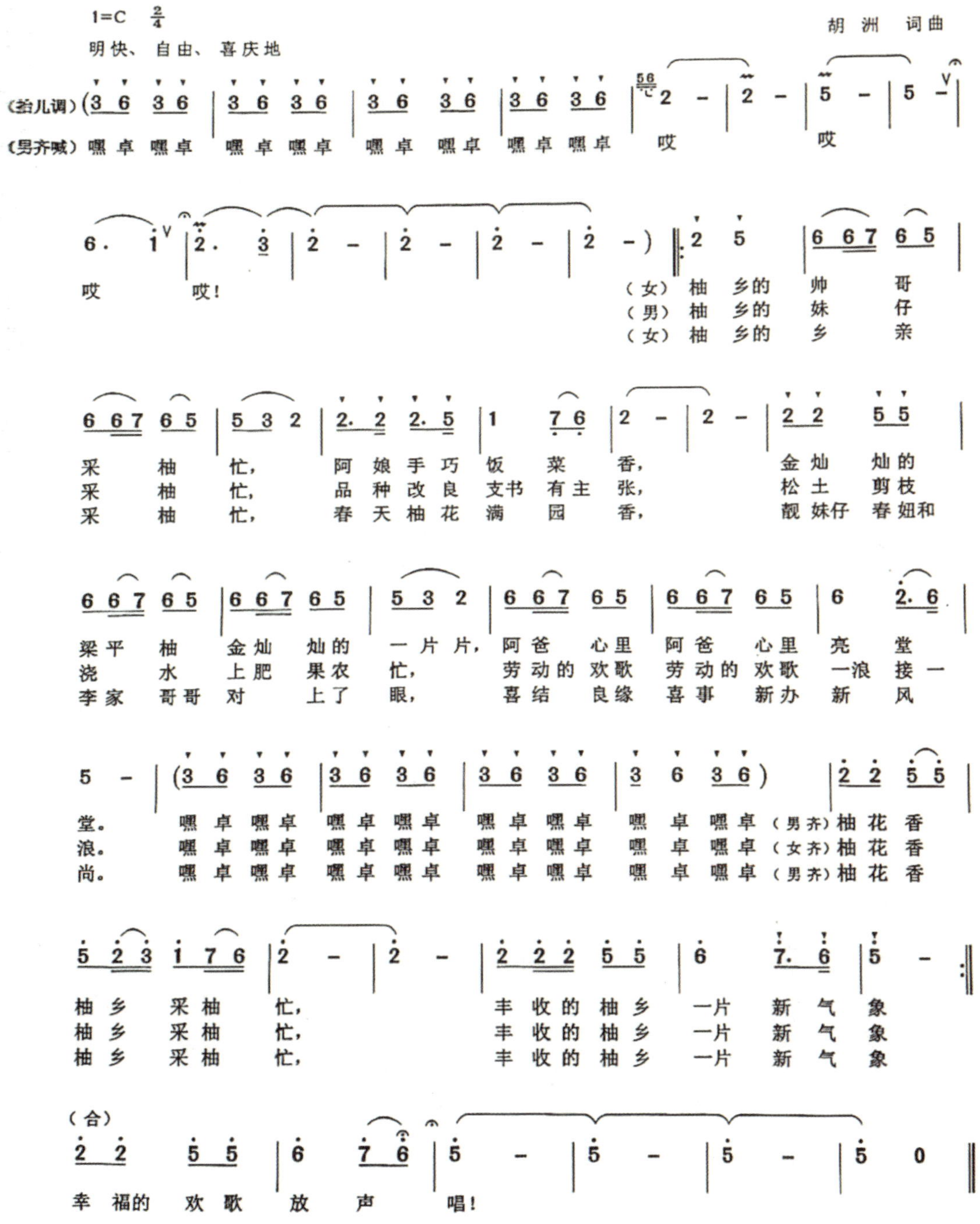
1=C 2/4
明快、自由、喜庆地
胡洲 词曲
（抬儿调）
（男齐喊）嘿卓嘿卓 嘿卓嘿卓 嘿卓嘿卓 嘿卓嘿卓 哎 哎
哎 哎！
（女）柚乡的帅哥
（男）柚乡的妹仔
（女）柚乡的乡亲
采柚忙，阿娘手巧饭菜香，金灿灿的
采柚忙，品种改良支书有主张，松土剪枝
采柚忙，春天柚花满园香，靓妹仔春妞和
梁平柚金灿灿的一片片，阿爸心里阿爸心里亮堂
浇水上肥果农忙，劳动的欢歌劳动的欢歌一浪接一
李家哥哥对上了眼，喜结良缘喜事新办新风
堂。嘿卓嘿卓嘿卓嘿卓嘿卓嘿卓嘿卓嘿卓（男齐）柚花香
浪。嘿卓嘿卓嘿卓嘿卓嘿卓嘿卓嘿卓嘿卓（女齐）柚花香
尚。嘿卓嘿卓嘿卓嘿卓嘿卓嘿卓嘿卓嘿卓（男齐）柚花香
柚乡采柚忙，丰收的柚乡一片新气象
柚乡采柚忙，丰收的柚乡一片新气象
柚乡采柚忙，丰收的柚乡一片新气象
（合）
幸福的欢歌放声唱！

柚园惊梦

（梁山灯戏剧）

时间：某年秋天

地点：重庆梁平

人物：

钟柚花，女，24岁，高中毕业，中国名柚园副总经理。

孟金果，男，26岁，高中毕业，深圳金玉食品公司总经理。

钟大妈：女，58岁，柚花妈，农村妇女。

置景：中国名柚园之一角，底幕上几株柚树，果实累累。

在梁山调乐曲声中启幕：

柚花（上）

（唱）：我的名字叫柚花，评为“柚王”人人夸。

今天心里好欢喜，一树柚子卖六万八。

树上喜鹊叫喳喳，漫天白云披彩霞。

金果约我来相会，等了半天不见他。

柚花：我不如先躲起来，看他啷个来找我。（做躲藏状）

帮腔：柚花本是个聪明娃， 今天做事可有点傻。

金果（上）

（唱）：满山柚子泛金光，园里清气扑鼻香。

我先把“柚王”还柚花，再相亲来也无妨。

（做观察状，然后接着唱）：

金果我举目四下望，丛丛玉树着绿装。

满园秀色风光好，就是不见“女柚王”。

金果：柚花，柚花，你在哪里呀？

哎，你不是说在柚子园门口等我嘛，啷个不见你的人影呢？

帮腔唱： 她在和你捉迷藏，要不你也同她扯个谎。

金果（自语）：好哇，你要和我捉迷藏，那么，我也要和你扯个谎（他从包里掏出一副墨镜戴上）。

金果（唱）：既然柚花你不在，那我就转身把家还。

（唱罢即转身往回走）拜拜！

柚花（见金果走了，赶忙钻出来）：金果，莫忙走，我在恁里吔！等你好半天了，哪个恁时候才来呀？（一边说，一边走近金果）

金果（装莽 māng）：我不是金果。金果有急事，今天一早就回深圳去（kê）了。

柚花：啥子，金果回深圳去了？那你是……

金果（唱）：我是公司董事长，姓胡名为，外号黑狼。

今天有幸来相会，祝你快乐和健康！

金果：柚花，金果让我来和你联系。

柚花：嘿，金果也不跟我打个招呼就恁个走了。

金果：是噻，他本来就是恁们个粗枝大叶的人嘛。

（唱）：毛毛躁躁只顾自己，大大咧咧哪管他人。

随心所欲不拘小节，自由散漫不讲诚信。

金果：我批评过他多次，就是不改。这样下去，他迟早会碰钉子的。

柚花（有些疑惑）：胡先生，那你今天来找我有什么事吗？

金果：金果昨天买回来的这个“柚子王”，叫我带来还给你……

柚花：还给我，啥子意思啊？

金果：看来他是不想要了，所以还给你。他说对不起，请你原谅！

柚花：不想要了，就恁个还给我。

（唱）竞卖会上自主张，六万八千没商量。

一觉醒来就反悔，金果做事（你）好荒唐。

柚花：天底下有这样不讲道理的事吗？

金果：是噻，我当时就劝过他，他不听。还是叫我今天带来还给你。

柚花：要还，还是让他自己来还吧。

金果：他人已经回深圳去（kê）了，怎么能来呢？

柚花：他既然来不了，那我也不会收的。请你带回去吧。

金果：要不恁样，暂时就搁在我这儿，就算是我买的好不好？

柚花：那我就管不着了。

金果：好吧，恁个事就暂时搁下不说了。

柚花：那胡先生还有什么事吗？”

金果：噢，是这样。

（唱）：金果夸你山里凤凰，今日得见果真漂亮。

亭亭玉立令我陶醉，交个朋友能否赏光？

柚花：如果是联系工作，可以；若是交朋友，那就免了。胡先生，您请回吧。（说完就打算回走）

金果：你莫忙走。

（唱）：柚花你莫再装傻，总得说个心里话。

金果你能喜欢他，我比他来又哪点差？

金果：柚花，你总得给我一个理由吧。

柚花：没有理由。这是我个人的事，我有自己的自由和选择。

金果：那你说说我到底哪点比不上他？

柚花：你样样都比他好。可是我不能接纳你。请你原谅！

金果：那……若是金果本人来呢，你接不接待？

柚花：金果本人来，我当然要接待，因为我已经答应过，今天在这儿等他。可是你刚才不是说他已经回深圳去（kê）了吗？

金果（摘下墨镜）：嘿嘿！柚花，刚才我逗你玩的。我就是金果呀！

柚花：你是金果？（生气了）我不信，你又想来骗我。

金果（唱）：昨天已经见过面，今天你就不认得啦？

柚花（唱）：昨天虽然同台坐，哪能记得那们多？

金果（唱）：我们在网上也见过，应知金果就是我？

柚花（唱）：网上见的人很多，谁知你是哪一个？

金果（唱）：再看名片、身份证，这是最好证明啰。

（做摸名片、身份证状）

柚花（唱）：名片可以随处印，身份证也有假的啃。

金果（唱）：我打电话找姑妈，让她向你亲口说。（掏出手机拨号）

柚花：你别打了。

（唱）：电话哪能说得清，姑妈也有假和真！

金果：那，那你说，你说我该咋办啊？

柚花：你还是回去（kè）吧，我也分不出你到底是金果还是银果啊。

金果（左右为难）：嘞，嘞，嘞（这）到底怎么办才好哇？

帮腔（唱）：搬起石头砸了脚，快快上前去认错。

主动道歉求宽恕，这样才能平风波。

金果：哦，我明白了（微笑着，右手抚胸，弯腰九十度，鞠躬道歉），柚花，我错了，你就原谅我一次吧，以后我决不再对你扯谎了。

柚花（赶忙将金果扶起）：金果，莫恁样，我不是有意为难你。其实一开始我就认出你了。主要是我不想让喜欢我的人蒙骗自己。真的，我不愿你对我说假话啊！

金果：本来我想和你开个玩笑，没想到把你惹恼了。柚花，我们今天见面，真的不应该恁个做（zù）。

柚花：好了，这事就让它过去吧，我们不再提啦。孟先生，我们先到广场去（kê）走走吧。

金果：不要叫我孟先生，就叫我金果好了。恁个随便一些好吗？

柚花：好。金果，请。

金果：还是你前面带路吧。

柚花（前边引路）：金果，你看那边。

（唱）两边柚树一排排，枝繁叶茂绿如海。

万亩名园连成片，你看它可爱不可爱？

金果（做观赏状）

（唱）：漫山遍野绿茵茵，玉叶琼枝如画屏。

千山硕果一串串，疑是王母亲手耕。

柚花：你说对了，请到恁边来看看石碑上的碑文吧。

金果（朗诵）：

春风浩荡，花影缤纷。梁山拥翠，蓼水流银。倚百年之老树，立名园之新旌。择万亩之沃土，植千车之幼林。虬枝蔓蔓，玉叶青青。春花馥馥，秋果芸芸……

柚花：你看恁里。（她接着朗诵）

洞天宝地，桃园圣境。西王母施仙种，世代繁衍；张果老赐灵丹，渐次萌生。两千年垦殖艰辛，三百载培育成林……

金果：恁是真的吗？

柚花：恁是民间传说，当然也有史书为证。

金果（接着朗诵）：

聚名流、逛雅园、品嘉茗、饮美酒、赏俚曲、采香柚，皆欣欣然而忘情也。颂曰：万亩名园碧玉妆，银花金果满山香。一方拥翠添新色，四海游人醉柚乡。

金果：美啊，中国名柚园！文章也写的好，它正说明了恁个柚园确是西南唯一，全国无双，真是太可爱了！我现在就陶醉在恁个柚子园里，不想回家了！

柚花：真的吗？

金果：真的。唉，柚花，你们恁个名柚园是哪个办起来的呀？

柚花：（唱）阳光普照山河美，东风拂来万象苏。

齐心协力创大业，与时俱进展新图。

合作社打好基础，科研班培训技术。

展销会引进外资，柚子节迎来商贾。

而今柚子销路好，家家户户都富足。

金果：那你们原来是个啥子样儿呢？

柚花：说来话长啊，解放后我们家：

（唱）：祖祖辈辈种柚树，我的爷爷最辛苦。

躬耕幼苗千万株，期盼成为专业户。

柚糖柚酒都尝试，梦想创业展宏图。

奈何技术不过关。一病去了黄泉路。

金果：后来呢？

柚花（唱）：大跃进时炼钢铁，全民动员滥砍树，

砍完山林砍园林，我爸心疼抱头哭。

十年以后育新苗，柚子挂果刚成熟，

以粮为纲学大寨，果树被伐真无辜。

金果：再往后呢？

柚花（唱）：新种果木应无数，质量不好无销路。

柚树再次遭屠戮，我爸一气就病故。

金果：唉，梁平柚子也经历了三起三落，果农都深受其苦啊！我家也不例外。

柚花：你家也受过苦？我只听你姑妈说，你是梁平人，家在天竺土桥村，后来到广州打工去了。难道你也有过和我相同的命运吗？

金果：是啊。

（唱）：一九八八年，柚子堆满山。

因为管理差，味道苦又酸。

村长叫砍树，我爸心不甘。

弃家往外走，打工南海边。

金果：当时我爸一气之下，就带着我跑到广州打工，后来又去了深圳做生意，赚了一些钱才把母亲和弟弟也接到那里去安了家，办起一个食品加工厂，前年又扩大到一个食品公司，就是现在的深圳市金玉食品有限公司啊。

柚花：哦，原来是恁个的，你现在发了啊！

金果（微微点头）：柚花，你现在好吗，生活啷个样啊？

柚花：还算可以，不过比起你来就差远呐。

金果：不用客气，你当上了中国名柚园副总经理，还兼园艺师，就很了不起嘞！哎，听说你家里现在只有母亲了，能不能同我一起到深圳去呀？

柚花：不行。

金果：为啥子呀？

柚花（唱）：

爹爹临终遗嘱：好好照顾亲娘，保住园林果树。

而今秉承父业，带领全村果农，齐奔致富之路。

金果（唱）：

你我同甘共苦，壮大柚子产业，绘就宏伟蓝图。

金果：你看好吗？

柚花：好哇，金果。说句老实话，本来很多人向我求婚，就是因为我不愿意离开柚园，不愿离开故土，更不能离开我相依为命的母亲啊！

金果：噢，你对恁个柚子园有着特殊的感情啊！要不恁样，你和你妈都到我的公司来，我一定把她当成自己的母亲一样看待，你尽管放心好了。

柚花：不，我刚才已经说了，我永远也不会离开我的柚园，离开我的家乡。

金果：难道就没有商量的余地吗？

柚花（摇头）：没有。要不然我早就答应你的要求了。你想，你是那样的优秀，家庭环境也那样好，我有什么理由拒绝你呢？所以请你千万理解我。

（钟大妈上）

（唱）：天上一片白云，园里那么清静。

谁在林子里说话，好像柚花的声音。

钟大妈：柚花在跟哪个说话呀？（一边悄悄地听，一边在林下喂鸡）

金果：恁个说来，只有把你提出的难题解决了，你才会答应做我的女朋友，是不是？

柚花：就是。

金果：你说话算数？

柚花：一定算数。

金果：那好，请你把恁个“柚子王”先收下。

柚花：你这是啥意思，死皮赖揣地要把“柚子王”还给我！

金果：我的意思，恁“柚子王”应该属于你。

柚花：属于我？

金果：对，它应该属于你才有意义；如果放在我这儿，不但毫无意义，而且……

柚花：是个包袱，是个累赘吗？那好，你把“柚子王”还给我，我也把钱退给你。从此以后我们就互不来往。

金果：不，不能那样。我们不但要来往，而且一辈子都在一起，你帮助我，我帮助你，互敬互爱，生儿育女……

柚花：你胡说八道。既然你不爱我，还为你生儿育女？你在做梦，简直越说越离谱了。金果，你走，你走！

金果：谁说我不爱你？我把“柚子王”还给你，就是不爱你吗？

柚花：“柚子王”就是我们感情联系的纽带，既然你不要它了，那就意味着我们感情的破裂。癞子头上的虱（shê）子——明摆摆的，你还能想麻我吗？

金果：柚花，你……

柚花：莫说了，你走吧，我不想再见到你。你走，你快些走！（推他）

钟大妈（急忙走上前）：柚花，你发恁个大的脾气干啥呀，有话好好地说嘛。

柚花：妈，我心里好苦哦……（她趴在妈妈的胸前呜呜地哭了起来）

帮腔：柚花扑在母亲怀里好伤心，
　　　金果却懵里懵懂不知情？
　　　女儿婚事好难办真伤脑筋，
　　　母亲心内如汤煮假装镇静。

金果：伯母，柚花她误会了。我是想，“柚子王”恁个好的品种，如果把它种在名柚园的土地上，让它生长繁殖，子子孙孙发展下去，对中国的柚子业将作出多大的贡献啊！如果把它放在我这儿，烂了，吃（qí）了，多可惜呀。你说对不对？

钟大妈：是啊，你说得对。做种子把它种到柚子园里，让它生儿育女，子子孙孙连续不断，那是多好哇！

柚花：好个屁？妈，他是在糊弄我。我提出不能离开柚子园，不能离开我的家乡，他一直闭口不谈，总是拿出“柚子王”来搪塞我，敷衍我，愚弄我，戏弄我，你没听见吗？恁个人根本不可靠，你莫相信他那些鬼话。

金果（大笑）哈哈哈哈，……闹了半天，原来是为了恁么个事啊。柚花，那我现在就明确地答复你。

柚花：好哇，你说，我看你又想要什么花招？

金果：（唱）

柚花柚花，你莫急躁，你的条件我能全部办到。

我们已经开了董事会，决定在梁平办公司分号。

专营柚子食品加工业，我当总经理你做技术指导。

名柚园的柚子我全包，一边加工一边搞外销。

昨天已办好建厂手续，明年再去办营业执照。

金果：我们办一个食品公司，专搞柚子加工。上个星期我就提前来到梁平，与有关部门协商，已经达成协议，签订合同，办好了一切手续。

柚花：那你们深圳那个公司由谁来管呢？

金果：我兄弟呀，由他来接替，加上我爸在那里坐镇，还担心什么？

柚花：我不信。

金果：你不信？那我把合同书给你看看。（马上从皮包里抽取合同书递给柚花）

柚花（仔细地看合同，笑了）：那你为什么不早告诉我？

金果：我想给你一个惊喜呀。

柚花（在金果的胸前轻轻地拍打了几下）：你，真讨厌！

（金果趁机拥抱柚花，柚花依偎在他的肩头；金果用右手将她的头轻轻扶起想吻她，柚花用左手蒙住他的嘴巴）

金果：柚花，我请你跳个舞好吗？

（柚花点头。于是他俩跳起了交际舞、拉丁舞……。边唱边舞，兴致越来越浓，金果率性把柚花抱起来，原地转了三个圈）

钟大妈（开怀大笑）：好哇！

（唱）见柚花金果一起歌舞，我心里感到格外舒服。

只要你两个亲密相处，我这一辈子就安稳幸福！

金果（发现钟大妈在身边，感到不好意思，忙将柚花放下）：伯母，您尽管放心，我会对柚花一辈子好的。从今天起，我就把您当我的亲生母亲一样，永远孝敬您。

钟大妈（笑嘻嘻的）：好，好，我相信，希望你两个永远幸福快乐我就放心了！

柚花：金果，那你们公司打算啥时候动工呢？

金果：（唱）

我爸昨天汇款两千万，叫我立刻筹备莫迟延。

设计图已请专家制订，建厂时间不超过一年。

地点在梁平工业园区，厂名就叫金果加工园。

明年柚子熟了就投产，到时请你来一同剪彩！

金果：柚花，你说好不好？

柚花：我一定去祝贺你！唉，金果，一年时间，能完得成吗？

金果：一定能。因为我们的资金能够按时到位，再说我心里也很急呀！你晓得为什么吗？

柚花：不晓得。

金果：因为在明年开业典礼的那一天，我就想和你举行婚礼。

柚花：那可不一定哪，你就那么自信。万一我们的感情起了变化呢？

金果：不会的，除非你不爱我。但我相信，你不是那样的人。同时紧紧抓住柚花的双手。

柚花：你这样肯定。

金果：肯定。

钟大妈：柚花，还不请孟先生进屋去（kê）坐。

金果：伯母，以后不要再叫我孟先生，就直接叫我金果好吗？

钟大妈：好，好，就叫金果。那我先回去做几个汤圆你们回来吃哈！

柚花：好，你先回去吧。妈，我们再耍一会儿就回来啊！

钟大妈：快点回来哟。（退场）

柚花、金果（相视一笑，同声答道）：要得！

（欢乐的梁山调乐曲渐起。二人边舞边唱）

金果：柚花，

柚花：呃。

金果：（唱）我爱你就像老鼠爱大米，

柚花：那不是想把我吃（qí）了哇？金果。

金果：呃。

柚花：（唱）我爱你犹如黄鼠狼抓小鸡。

金果：哈哈！你真厉害，我惹不起你。

（唱）我爱你爱到我的心窝里，

柚花：（唱）我爱你爱得如痴又入迷。

金果：（唱）我爱你淡妆浓抹总相宜，

柚花：（唱）我爱你风流倜傥大不羁。

金果：（唱） 我爱你红叶题诗谁与寄？

柚花：（唱）我爱你如蝶恋花蜂酿蜜。

金果：（唱）我爱你海枯山裂永不离弃。

柚花：（唱）我爱你心如金石矢志不渝。

金果、柚花：

（同唱）愿我们相濡以沫，风雨同舟，生死相依；

愿我们相亲相爱，比翼双飞，幸福无比，幸福无比！

转调、帮腔（唱）：

柚花香，金果甜；名柚园里结良缘。

琼枝玉树勤浇灌，并肩携手到百年。

金果：（唱）春天柚花香，

柚花：（唱）秋来金果甜；

帮腔：（唱）时间奔如电，

快马更加鞭。

柚花金果（同唱）：

锦绣梁平风光好，

合唱： 风光无限好，无限好；

柚花金果（同唱）：

柚子美名天下传，

合唱： 美名天下传，天下传！

柚花金果（同唱）：

三代鸿业终实现，

合唱：　鸿业终实现，终实现，

柚花金果（同唱）：

百年好梦今日圆。

合唱：　好梦今日圆，今日圆，

　　　　好梦百年今——日——圆！

金果柚花（亮相）

（闭幕）

编剧：常开国、彭明祥

2013年12月10日

赋与散文

中国名柚园赋

常乐撰并书

春风浩荡，花影缤纷。梁山拥翠，蓼水流银。倚百年之老树，立名园之新旌。择万亩之沃土，植千车之柚林。虬枝蔓蔓，玉叶青青，春花馥馥，秋果芸芸。造绿苑以谐生态，辟广场而娱嘉宾；拓车道以荣商贸，育硕果而富万民。

中国名柚园

洞天宝地，桃源圣境。西王母施仙种，世代繁衍；张果老赐灵丹，渐次萌生。两千年垦植艰辛，三百载培育成林。昔封御柚，九州称誉；今获金杯，万国蜚声。

客来千里，歌舞翩翩；柚熟万家，银水源源。聚名流，逛雅园，品佳茗，饮美酒，赏俚曲，采香柚，皆欣欣然而忘情也！

颂曰：万亩名园碧玉妆，银花金果满山香。

一方拥翠添新色，四海游人醉柚乡。

2012年8月　梁平县合兴镇人民政府立

梁山柚赋

赵　军

序曰：七八十年代，各地少果圃；柚民一片林，就是摇钱树。一个丰收年，收入赛干部；几年存起来，土墙换砖屋。而今再发展，铁牛换犁锄。改革三十年，发展更致富；车跑快车道，农村见新图。我为农村歌，而今写柚赋。

吾乡梁平，重庆辖县。西魏元钦，置县梁山。后更今名，建国初年。来子故里，胜景山川。丘陵起伏，山峦绵延。蜀东平坝，视野无边。田畴阡陌，一犁春雨粮万石；柚林纵横，十月秋霜柚满山。十里八村种柚树，房前屋后翠相连；五岭三山植柚株，山上坡下绿尽染。迨至清朝，乾隆末年，刁姓进士，福建为官。回乡探亲，幼苗携还，至此之后，柚种梁山。栽培技术，二百多年艺相传；种植柚树，五百万株民不厌。高桩嫁接，老树迎春新芽发；矮株培育，嫩枝临秋硕果挂。科技甘露，滋养“虎蜜”新种品自华；智慧沃土，催新“平柚”老牌名更嘉。

春之时，春日载阳。繁花满梢，馨香盈野，蜂勤蝶忙，满眼春光。柚树绿了，乡村绿遍；柚花香了，山野香满。有诗赞曰：柚乡春日景堪夸，秀色迷人蝶恋花。百岭千山皆滴翠，半为绿叶半奇葩。

乡村旅游，风气蔚然；文化交流，城乡欢颜。绿色融理念，游客趋相玩；环保创品牌，旅游促发展。桃李栽坡上，柚树掩庭院；橘柚垂庭前，农家隐柚园。村办农家乐，食物源自然；乡兴旅游业，客人来城间。柚子金牌，“罐头”天然；国优特产，营养富含。柚从树上摘，香气袭鼻间。柚果金黄色，果瓣月牙弯；客自手中掰，果肉玉梳般。挡热叶如盖，遮风枝胜帘；逐暑树摇风，避雨荫似冠。树下备野餐，乡土味尽显；林间设家宴，民俗风俱现。走出喧嚣城，赏爱诗画田园；去到僻静乡，感悟生态休闲。携妻又拿子，共遣累与烦；呼朋再邀友，同享乐与欢。共建农村新，文章绘自然；同醉农家乐，诗酒歌有年。

秋之季，金风送爽。硕果满树，喜气盈乡，商来贾往，一怀欢畅。霜叶红了，山野红满；柚子黄了，坡岭黄遍。诗颂曰：

柚乡秋日景尤新，柚韵盈怀欲醉人。

车载船装丰获画，山沟岭树摇金银。

举办文化节，驱动友谊舟；展示梁山柚，结识天下友。街头巷尾堆“蜜柚”，晚秋柚熟透；路边道旁码“平柚”，霜天柚韵流。十里长街飘柚香，宜吟秋咏秀；百里高速迎客商，正开门揖友。

柚植坡岭，浅壤扎根。不择贫瘠，乐献终生；甘居劣境，笑迎朝晖。沐上天甘露，花香叶翠；纳厚土灵气，干壮根肥。斗霜傲雪，奉巨取微；栉风沐雨，行善施惠。默默生息，积德聚仁；兢兢勤勉，凝精铸魂。不求赏赐，欣奉丹心；岂冀回报，乐施庶民。长于自然，羽化人文；融于生活，化育邑人。

柚乡文化，溢韵吐香；乡梓山水，蕴秀藏芳。柚绿坡与山，柚美村与院；柚裕村与乡，柚富民与县。美化生态环境，甘作风景树；建设锦绣山川，愿为常绿树；发展特色经济，无愧摇钱树；褒扬来子故乡，自是名片树。

吾爱吾柚乡，生命之树常绿；吾祈吾柚乡，智慧之民更富。吾喜吾柚乡，城乡同写小康赋；吾冀吾柚乡，民众共奔大同路。

2005年7月12日

梁平龙滩，柚花飘香

云淡风轻

梁平中华柚海，柚花节又拉开了大幕。春风与柚花起舞，柚花飘香，游人如织，赴一年一度的柚花节盛宴。层层叠叠，山坡沟谷，树树绿意盎然，枝头暗香浮动。一朵朵白玉般的柚花吐露着嫩黄的小蕾，与绿茵茵的叶交相辉映，阵阵清香，扑鼻而来。身在柚花海洋之中，心旷神怡之余，眼前有景道不得，还不吟诗赋词，又待何时？于是，暗运文思：柚海美景，轻拥细闻，柔柔玉润，着绿裙，嫩黄蕊。柚家有女初长成，闭月羞花，名动天下。冲天香阵溢柚园，不沉醉，不归！如此好景，不到此一游，真有些，良辰美景虚设。

柚花傲立群芳，独天下而闹春意。柚花开放正当时，浓郁清香引人入胜，熏了梁平城，染绿了这片山和水。

带上一番好心情，信步在漫山遍坡的柚林，闭上眼睛用力呼吸，尽情享受这袭袭润润的气息。阳光从枝叶筛落下来，小小的柚花用散发不尽的香气，盛情款待游人，那白色的花，淡黄的蕊，纯朴得像少女素素的脸，干净，纯洁。微风过处，礼貌地向人点头示意。

梁平柚花

柚花香似茉莉，却比茉莉热情好客，洁白的花朵成群挂在枝头，在绿叶衬映下，其优雅、脱俗的身姿，香而不腻的芳华，恍如一个个倾国倾城的素衣美女，或害羞地躲在叶下，那千种风情，让游客为之迷了眼，醉了心……

走进中华梁平柚海，如同走进了童话世界，每走一步，又变一景，踏遍柚林，处处皆美景。天上有蟠桃园，地下有龙滩柚海。

柚林中偶有农舍错落在优美恬静的林间，让游人恍然进入了世外桃源。柚花深处，蜜蜂闻香而动，竞相飞来，热情欢快。徜徉在万亩柚海，捕捉诗情画意的灵感，定格嫣然美好的瞬间。花下品茗，清香袭人，这就是梁平柚海的魅力！

这个时节，赏花品香，悠然世外，在柚海一洗心灵的尘埃，陶冶性情，邂逅一段曼妙闲适的好时光。

人说四月芳菲尽，梁平柚花始盛开。握住春天的手，不负春光，梁平中华柚海，等你来打卡，不见不散！

柚海深处觅馨香

木　桃

故乡四月，草木葳蕤，暗香浮动。

这香必是从那些高山侧岭、青蔓原野中羞羞答答地飘来，从星罗棋布的农家园场中娉娉婷婷地漫过来，从中华梁平柚海中氤氤氲氲地跑出来，三月繁花未尽，故乡四月已在不知不觉中，被这暗香包裹得诗意盎然，熏染得活泼烂漫。

坐落于梁平区合兴镇龙滩村的中华梁平柚海，有着上万棵柚树。柚树喜雨。惊蛰前后，柚海的柚树总会与一场春雨不期而遇，柚树的老枝开始悄悄吐露新绿。到了四月中旬，柚树枝头仿佛一夜之间就挂满了一颗颗小巧玲珑、圆润鼓胀的绿蕾。沐浴了几个春阳之后，这些绿蕾在春风的挑逗下，含情脉脉地裂开花瓣，一朵朵白玉般的柚花吐露着金黄色的花蕊，镶嵌在油亮翠绿的叶缝之间，熠熠生辉，煞是可爱。曾有诗曰“白玉繁花五叶芳，春风吹尽洞庭霜。河西道眼分明处，识破此中知见香”，说的就是柚花。柚花虽小，但它散发的香气却异常浓烈。如若不是闻到了花香，你都不知道是柚花开了。尤其到了夜晚，柚花的芳香在村庄里悄悄地弥漫开来，一缕缕飘进农人的堂屋、卧室和窗棂，飘进孩子们甜甜的睡梦里。到了五月，柚花极尽绽放，馥郁温馨的花香熏醉了一座小城，吸引着一拨又一拨游客迫不及待地前往柚海踏青赏花，观光旅游，成为乡村旅游的一大亮点。

“一年好景君须记，最是桔红柚黄时”。到了十月，黄澄澄的柚子开始挂满枝头。走近柚林，一股清新热烈的柚香扑鼻而来，令人忍俊不禁陶醉于柚果的香气和丰收的喜悦之中。霜降过后，柚子成熟了，柚农开始为他们一年的辛勤成果忙碌起来。慕名而来的人们争相购买柚子，或打包邮寄，或托人运送，或网上订购。这些带着浓浓亲情和友情的柚果源源不断地被运送到全国各地，成为远方亲人茶余饭后最解乡愁的果品和谈资。

梁平柚礼盒

据史料记载，梁平柚是清乾隆末年时任福建省邵武知县的梁平人刁思卓引进，植于梁平境内，迄今已有200多年的栽种历史。因梁平特有的自然条件，优化而成浓烈蜜香、纯甜嫩脆、独具特色的中国柚类平顶型柚代表品种。柳宗元曾在《南中荣橘柚》中写到“橘柚怀贞质，受命此炎方”。意为橘柚怀有坚贞的品性，受自然的使命生长在炎热的南方，可见柚树植于梁平是有据可循的。

“采之风味照座，劈之香雾噀人”。作为秋令水果中号称“大哥”的梁平柚，除了食之麻中带甜，嫩脆可口外，其药用价值也很高。柚子可解酒、散瘀，柚皮可化痰、消食，柚叶治头痛、风寒，而柚子蜂蜜茶不仅可以清热降火，还可美白淡斑，又有“大佑大有”之意，所以被人们视为水果中的吉祥物，尤为喜爱。此外，“柚”和“佑”“有”谐音同音。

近年来，区委、区政府在政策、项目、资金、技术等方面对果农给予充分支持，建起了中华梁平柚海，打造了“百年梁平柚”新品牌“刁老爷的柚”。柚海修建了名柚广场和观光采果人行道，开辟了“智慧柚园”，方圆0.6千米的柚海中都有无线网络覆盖，每株柚树都有自己专属的号码牌。今天的中华梁平柚海已经发展成为一个集家业观光、科普休闲、健身娱乐、康养度假为一体的生态旅游景区。

如今，又到了人间最美四月天，柚花们争相绽放。那浮动的暗香，再一次将人们带进这春色满园的柚海之中，去惬意地徜徉、去寻觅、去遐想；更期待橙黄橘红的十月，沉甸甸的梁平柚用它丰润细腻的果实，继续甜蜜着梁平父老乡亲幸福的小日子，用它丰盈馥郁的柚香，托起他们小小的、小小的梦想，飘过梁平大坝、飘过高梁山脉，飘向更远更广阔的天地！

百里柚花香

王鸣隆

来梁平工作，已经六个年头了。

每次有人问起梁平的特色，我的脑海里都会浮现出初来梁平时，招待所墙上的那首诗来：四面青山下，蜀东鱼米乡，千家竹叶翠，百里柚花香。

对于我这个并非梁平土生土长的“外乡人”来说，这就是梁平留给我的第一印象。一幅充满美好诗意的画卷，绵延在两千平方千米的土地上，让人心生喜悦和遐想。

仲春时节，一位来自北京的诗人朋友，因为吃过我寄给他的梁平柚，点名要去看看梁平的柚花。我笑着问他：你觉得柚子好吃，柚花也一定好看吗？他神秘地对我笑笑说：去听听花语、看看花香！

天上下着雨，和朋友走在有些泥泞的路上，我暗自思忖：就算你是个富有浪漫情怀的诗人，但真的能够听见花语，看到花香？

到了柚园，朋友不顾正窸窣飘落的细雨，孩子般地扑入了柚林，贪婪地吸吮着浓郁的花香。雨水，顺着翠绿的柚子树叶滴落在他的脸上。他浑然不觉，依然仰着头、眯着眼，像婴儿寻求母乳一样，在每一株盛开的柚树下，与每一簇、每一朵柚花深情地对望。

朋友的举动感染了我，我也循着他的模样在雨雾迷蒙的柚园里穿来走去，煞有架势地抚叶嗅花。

奇怪，这些平日里习以为常的柚树竟也在雨水的浸润中，如有灵气似的，发出翠玉般的光来。

那再普通不过的柚花，此刻也千姿百态。白的瓣，黄的蕊，绿的芯，有的花蕾凸伸，含苞待放；有的盛开如盏，亭亭玉立；还有的花开半曲，像含羞的少女，楚楚动人。偶尔，还有蜜蜂在花面上拖着湿漉沉重的花粉，飞来飞去。

融身在万亩柚园中，恍惚自己也于瞬间化为了一抹绿色。

这时，朋友问我：你听见什么了吗?

我微闭着双眼说，我听见了柚花们的窃窃私语。

朋友又问我：你看见什么了吗?

我睁开眼告诉他，我看见了硕果累累，还有柚农们丰收的喜悦！

朋友对我露出了会心的微笑，他告诉我，临来的时候，他特意查了资料，柚子树一般三到五年才开花结果，实生树甚至需要八到十年。每年春秋两季要开环沟施农家肥，生长期和开花期还得根据需要按比例调理养分。

最后，朋友感叹地说：梁平的柚子这么好吃，和柚农们精心的管护是分不开的。

听了朋友的话，我这个身处柚乡的梁平人禁不住有些惭愧。是啊，一分耕耘一分收获，若非一番寒彻骨，哪得梅花扑鼻香。没有梁山柚农们的辛勤付出，哪有这享誉全国的梁平柚呢。

伫立在万亩柚园，脑海里，那首诗再次清晰地浮现出来，只是更多了些声音和画面。

我真真切切地听到了花语，看到了花香。

雨在柚乡

牟代祥

雨，一直在下。

每年这个时节，都是家乡的雨季。淅淅沥沥的小雨，就这样恣意，安然，像离别母亲的孩子，和这个城市紧紧拥抱，不舍不离。而我也沉浸在这个雨季，目光随着那渐滴渐散的水珠，流离在这烟雨的世界里。

四面青山下，百里稻花香。渝东梁平，古今皆为鱼米之乡，这样的小城，少了更多的喧闹，多了一份舒适的悠然。这个季节，领着家人回了趟老家，在车窗外飞速消失的风景中，雨里包裹的世界都显得模糊而有韵味，来来回回的雨伞像雨里上下游动的浮萍。偶尔还能看见一两个农人，穿梭在自家的田地里，像呵护小孩般守护着每一棵嫩苗，雨滴坠在蓑衣上，溅开的细珠即便挂上了眉梢，也不能抵挡农人看着嫩苗成长的笑容，看到成长中的它们，就好像看到了金黄收获的秋天。

离老屋还有一百米距离的时候，因路面狭窄，坑洼不平，车辆无法驶入，我们索性下车慢慢走回家。雨没停，依旧沿着两旁的翠竹，继续敲打着竹叶，那些承受不了雨滴重量的竹叶，随着雨滴，落入泥中。一直都很喜欢雨，儿时喜欢雨滴慢慢打湿头发而被母亲责骂的窃喜，喜欢雨积累成坑而穿上母亲新买的雨鞋在泥里嬉玩，喜欢雨滴在树上清脆的声响而产生的无限遐想。

时光飞逝，这几年家乡变化很大，以前的很多农田都被承包了出去，麦子、玉米、蚕豆等庄稼已不多见，取而代之的是桑树、桃树、李树、花椒树之类的经济作物，这是时代发展的需要，也是乡村现代化前进的印迹。可能是离开故土太久了，竟然能在下着雨的小路上，一个人走进黄昏，走在多年前曾经玩乐的地方，头脑里不自觉的会蹦出那个一身是泥的自己。这大概就是回不去的童年，如今像一个远游归来的游子，渐渐明白有家的地方心才会安定。

在北方呆久了，想家，会身不由己默默远望；离家越久，想家就像一道伤疤，逢年过节时尤为严重。还记得工作第一年，母亲送我离开时，亲手递给我一个塑料袋，袋子里满满当当装了几个已经剥好了的柚子。母亲说出门在外，离家也这么远，如果想家了，吃着这柚子，离家也就近了。那几年我一直保持着一个习惯，总是喜欢在逛超市的时候，买上几个柚子，把对家的思念融进这柚子的香气中。然而即便如此，家还是愈加思念，父母也依旧挂牵。

我知道这雨一时还不会停，这个季节，是它的季节，是上天赋予它最独特的味道。其实我很想带着女儿好好和雨亲近，哪怕光着脚，走在满是青草的田埂上，看看游在水里的鸭群，听听趴在泥上的蛙鸣，只有这样才能感受乡村的气息，才能知道农村独有的“味道”。现在的孩子已经体会不到我们那时的乐趣了，欢乐也变得更加复杂，所以他们眼中的雨少了一份纯真，更少了一份率性。

雨会一直眷恋这座小城，淅淅沥沥，飘飘洒洒！

柚子，乡愁者的一盏灯

易云祥

老家种柚树，家家户户门前都有柚子树。四月底，纯白的柚花朵朵开放，整个村子都浸在柚花香里。柚花香很好闻，我常常伫立柚子树下，深深吸一口，然后跟着一群小伙伴上山采茶，或者跟着大人去田里插秧，柚花香浸染了我们的农耕生活。

柚香迷人，而柚子叶也与我们生活息息相关。那时候，看到长辈摘柚子叶，就知道村里要办酒席了，当时办酒席有一道粉蒸肉，把柚子叶洗干净，放在土碗里，再把粉蒸肉铺上去，用蒸笼蒸，蒸肉更美味。贫苦的年代，吃酒是小孩喜欢的事情。

到了秋天，漫坡遍野都是黄澄澄的柚子，没人去赞美柚子，它们沉默、朴素，可是无论你走到哪一家，主人都会热情地喊你吃柚子，酸酸的尖柚，甜甜的略麻的平柚，水分充足，味道可口。去山上砍柴，总要带上一个柚子，坐在荒凉的山路吃柚子，既解渴又补充能量，吃完柚子，我们扛着一捆柴，在夕阳的余晖里回家。

柚乡里长大的孩子，开始外出求学，我们带着父母的期望，也带着柚子出发。高中时，寝室里每个人都带柚子，我们还按照柚子的大小排序，一排从大到小放好的柚子，成了寝室的风景。那时候，我多想逃离有着繁重农活的乡村，进入繁华的大城市。

读大学时，我还扛着柚子去北碚，和来自重庆各地的同学分享梁平柚。当他们赞美梁平柚的美味时，我心里美滋滋的。梁平柚、张鸭子、礼让豆筋是我送给远方朋友的土特产。

大学毕业后，我没能留在城市，回梁平当了一名乡村教师。秋天，学生经常给我送来柚子，我们还在教室举行品柚大会。一群活泼的农村孩子，一堆堆又大又圆的柚子，我们品尝柚子，感受乡村的自由与淳朴。当我把活动照片发到QQ相册时，在外地工作的梁平籍朋友羡慕地写下“日啖柚子一两个，不辞长作梁平人”的留言。此时才觉柚乡的好处，长于柚乡，工作于柚乡，也许，我的学生也和我一样，带着柚子去远方追寻梦想。

时光流转，而今我定居梁平县城，回老家的日子越来越少，但每年秋天我都会回老家摘柚子。熟悉的故乡变得陌生，热闹的家园变得冷清，可是鸡鸣犬吠、阡陌小路依旧那么熟悉，老家门前树上的柚子，仿佛一盏盏乡愁者的灯，照亮了我记忆里的乡村。柚花香里忙碌的父老乡亲、欢乐的采茶小孩，带着柚子上山打柴的日子，走亲访友亲人摘下的柚子，还有那寻梦远方、一路携带的柚子……

此时才觉得，我与故乡是密不可分的，就像刘亮程写的：至少，我止住了我的心，让它永留在这个村庄里。我止住了我日渐淡忘的记忆——我自己不能留住的，我仍在风里。这个世界无法留存的，我存放在心理。我不管别的，我的心中只存放一个村庄，完完整整，那些牲畜、人、草木、阳光雨水和脚印，连夕阳下弥漫的尘土都一粒不少。

回到老家，二叔拿出摘柚子的工具帮我摘平柚，他还摘了他们家的尖柚送给我们。柚子，又多了亲情的温暖。

开车返回梁平，一个个柚子，如一盏盏灯，点亮我浓浓的乡愁，让我归去来兮。

柚乡·柚香

李 玮

“一年好景君须记，最是橘红柚黄时”。初冬时节，故乡梁平的山山岭岭以及十里八村的房前屋后，都会挂满金黄。一个个亮澄澄、香喷喷的柚子，总会像小精灵一样调皮地探出头来，对过往的行人点头微笑。

梁平柚与广西容县沙田柚、福建仙游文旦柚并称为中国三大名柚。在梁平，每每提及柚子，一定会联想到千里之外的福建。因为福建，成就了两个国家知名农产品因缘际会、和合而生、香甜世界的佳话。

清朝乾隆末期，梁平人刁思卓曾任福建省邵武县知县。初食文旦柚，刁知县就被这独特的美味所吸引。任职结束还乡时，刁思卓特意把文旦柚幼苗带回梁平，与本土的千年夔柚进行杂交孕育。在特定的自然气候和土壤环境下，这株从2000千米外入川“相亲”的“柚娘”，与梁平本土的“柚郎”共存共生、共育共荣。经过两百多个春秋的选培，有着文旦柚基因的梁平柚，逐步优化成全国柚类中浓烈蜜香、纯甜嫩脆、外香型最重的品种，成为北纬30度的“味觉奇迹”，梁平也荣登“中国名柚之乡”。柚农们感恩引种回乡的刁思卓，尊称其为“刁老爷”。在中华·梁平柚海的刁家大院里，至今还挂有“月下老人”刁思卓的画像，并刻录有其携文旦柚苗回梁平的故事。

“柚”缘千里来相会，令昔日的“邵武县令”刁思卓想不到的是，200多年后的公元1998年柚花飘香时节，出生于福建省邵武县的一青年才俊，辗转来到中共梁平县委任职，此后成为当地的主要领导。在梁工作15年里，他倡导科技赋能，大力发展柚子产业，让柚子跻身梁平传统优势农产品“五子登科”之一。

“柚”缘还在继续。2009年8月，家住福建仙游的客商陈金财父子，沿着文旦柚进川路线，也来到梁平。父子俩在这里建起了两千多亩的柚子种植园，建立了以柚子糖、柚子茶等为主打产品的加工企业，打造他们的食品王国。从单一到荟萃，从平凡到丰富，从素味到美味，陈金财父子依托电商平台和传统物流，把柚产品销往世界各地，其产品成为“中国驰名商标”，演绎着梁平柚新的传奇。

“采之风味照座，劈之香雾噀人”。在秋令水果中，梁平柚可是典型的“高富帅”——个头基本在一公斤以上，可谓“大哥”；营养价值和药用价值丰富，尤其是鲜柚肉中含有类似胰岛素成分，是糖尿病患者的理想食品；外形浑圆，集香味、美味于一体，具有一定的观赏性，加之与“友”“佑”“有”谐音，不少市民常把它作为厅堂摆饰，有“帅柚”之美誉。

同许多乡亲一样，老家小院旁也种了不少柚树。曾记得，柴屋旁的一株老柚“腰围”赛过脸盆，是奶奶出嫁时从娘家带过来的。每年大年三十吃完团年饭，我们就会给柚树砍出一些口子，喂上一些饭菜。觉得哪一年酸味偏重或甜味不够，我们还会偷偷拿出压岁钱买来糖精，埋在树根下。

承历史之蕴积、纳厚土之灵气。沐浴三月的春风春露，柚树便会吐露新绿。谷雨时节，柚花那沁人的芳香定会氤氲整个乡村。此时，父亲会爬到树上选择一些刚刚绽放的柚花回来，与采摘回来的茶叶一同晾晒，吸收乡村四月的阳光离子，这种“柚花茶”会香酽到次年清明。

在眼巴巴的期待中，柚子一天天长大长圆长英俊。每年暑期，我们会在柚树的浓荫里下棋看书写作业打个小盹，把竹棍凉席搬到柚树下歇凉喝茶摆龙门阵，无忧无虑的童年就在布谷声声和柚叶暗香扑鼻的时光里度过。

老家地处蟠龙槽里南华山下，凡红白喜事都会蒸“八大碗”、炖“烂杂烩”。方圆几里的乡亲，总会到我们家这株老柚树上采柚叶，洗净后或与猪心肺、猪大肠等一起烹饪，或垫于“八大碗”碗底，皆因清香的陈年柚叶具有去腥调味之功效。虽然柚树颇受伤，不过见它年年仍可结出金灿灿的柚果，还拉近了与邻里们的关系，家里人因此甚为“长脸”。

童年也有烦恼的时候，一个浓霜后的清晨，无意中发现柚树下散落有新鲜柚叶，老树上二十多个柚子竟然少了四五个。通过明察暗访，“案情”很快就水落石出——不出所料，是小我一岁的红娃所为。红娃从小就特顽劣，可以像猴子一样在林子间的树丫上“过河”，可以把自行车在冬日的田坎上骑得如“飞鸽”，当然也敢在南华山下那所乡村小学里公开做起“柚子生意”。为此，我和弟弟在树干上偷偷埋下了“暗器”，没想到红娃后来竟然用竹竿敲、用竹箭射，以至于闹到父辈那里……次年春，借口把旁边的稻田荫住了，父亲砍掉了老柚的斜枝，仅留下一根主枝。没想到，柚树从此开始“歇树”，再后来就像一个耄耋之年的老者，叶落枝枯。我曾求助在林场当技术员的姐夫、在中学里教植物课的姨父，采取多项措施都没救活。父亲说，这棵柚树甜蜜了几代人的童年，丰富了乡亲们几十年的味觉，也该歇歇了……

老树仙逝数年后，成长起来的“柚小辈”们开始传承老柚树的风范，年年要奉献无数黄灿灿的果实。每年初冬时节，我会把来自故土的芳香和一份特别的思念，快递给远方的亲友和曾经的良师，柚子担当起联络亲情与友情的“黄金大使”。

“美在柚香挂满树，千树万树让人心神醉；美在柚农采柚忙，千担万担好似黄金堆……”

这是故乡流行的一首歌曲。前年春，在福建石狮“淘金”的成功人士红娃，携资金返乡入股柚子合作社，带领乡亲们种柚树。从“跳烂坛”到进厂打工当“丘二”，再到自己开公司，发际线明显上移的红娃精明中多了一份朴实。“新柚农”红娃遵循自然生态种植方法，使用人工、物理、生物病虫害防控技术，追求品相、品质、品味的最高品牌标准，一株百年老柚树所采柚果每年可以卖到数千元。在红娃新开的柚家乐里，浑身是宝的梁平柚如今已衍生出上百种吃法，柚子茶、柚子糖、柚子酒、全柚宴等等，总有几款不限季节，唤醒客人的味蕾。红娃还以全国农民水果采收运动会、国际柚博会为媒，产品搭上“中欧班列（渝新欧）”快车，“柚”惑海外、“柚”行天下，村民从此走上了脱贫致富路。

“树树笼烟疑带水，山山照日似悬金”。从红娃的“柚家乐”望出去，黄澄澄的柚子好像一个个金元宝挂在柚枝上，甜蜜着父老乡亲红红火火的日子。

醉美柚乡

曾小燕

家乡梁平史称“都梁”，又名梁山，除此之外，它还有一个好听的名字，叫柚乡。“千家竹叶翠，百里柚花香”说的就是咱柚乡。

梁平属于盆地，四季分明，雨量充沛，适宜种植梁平柚。境内很多农家宅院周围都栽种有梁平柚，但最有名也最具规模的当属合兴镇的龙滩中华名柚园。

位于梁平区合兴镇龙滩村的中华名柚园有着200百多年的栽种历史，是近年来乡村旅游的绝佳去处。有人说，如果你到梁平，不到合兴龙滩的柚园转一转，那就是白去了。

说到合兴，这里还有一个传说。据传，一百多年前，合兴没有街，只有一个卖煤坪和少数住户，当时秦、黄、邓、伍四家财主商定，各出一锭钱来修一条街，建好后，在给这个场镇取名的时候，大家争执不休，就请了一个秀才来进行协调，最后秀才就说大家“合作起来，共同兴旺”，最后取名为合兴场。而梁平柚也有一传说。据史料记载，梁平柚是清乾隆末年，时任福建省邵武知县的梁平人刁思卓引进，植于梁平县梁山镇境内。由于特有的自然条件，优化而成浓烈蜜香、纯甜嫩脆独具特色的柚树品种，是中国柚类平顶型柚的代表品种。

柚树喜雨，惊蛰前后，柚园的柚树总会与一场春雨不期而遇，柚树的老枝开始吐露新绿。到了四月中旬，柚树枝头开始挂满一颗颗圆润鼓胀的绿蕾。沐浴了几个春阳之后，这些绿蕾在春风的挑逗下，羞羞答答地裂开花瓣，一朵朵白玉般的柚花吐露着金黄色的花蕊，镶嵌在碧绿的叶缝之间熠熠生辉。到了夜晚，柚花的芳香就在整个乡村弥漫开来。五月，柚花极尽绽放，馥郁温馨的花香吸引着一拨又一拨游客前往踏青赏花，成为乡村旅游的一大亮点。

到了十月，黄澄澄、沉甸甸的柚子开始挂满枝头。走近柚林，一股清新而热烈的柚香扑鼻而来，让人心旷神怡。放眼望去，整个一派春华秋实的柚园美景。等过了霜降，柚子成熟，柚农们开始为他们一年的辛勤成果忙碌。慕名而来的人们争相购买他们的柚子，这些带着浓浓亲情和友情的果实源源不断地被运送到全国各地，成为远方亲人茶余饭后热烈的谈资和话题。

“美在柚香挂满树，千树万树让人心神醉，美在柚农采柚忙，千担万担好似黄金堆……”近年来，区委、区政府在政策、项目、资金、技术等方面对果农给予充分支持，建起了中华名柚园；扶持起柚子专业合作社，还对柚果实行保护价收购。乡亲们种柚积极性高涨，一株百年老柚树所采柚果每年可以卖到上千元。

今天的名柚园已经发展为一个集家业观光、科普休闲、健身娱乐、购物、康养度假为一体的生态旅游景区。柚园占地面积666.67公顷，有优质柚树10余万株，年产优质商品果200

丰收时节采柚忙

万个，2018年，实现产值400万元，是优质高产无公害精品绿色柚园基地。梁平还围绕龙滩村的古柚林，深挖历史故事，融入梁平文化，打造了“百年梁平柚”新品牌“刁老爷的柚”。同时百年梁平柚也将开启O2O经营模式，完成梁平柚产业的换代升级，同时为梁平县“互联网+精准农业+农村电商”的经营模式探索了一条新路。目前，百年梁平柚已经可以在淘宝、京东、微信商城等多个电商渠道购买，由于百年柚的产量有限，还同时推出了50年和20年两个年限的柚子，感兴趣的市民可以尝尝鲜。通过这些手段，柚子不但可以鲜销，还可以通过流水线加工成高附加值的产品，销往海内外。

除此之外，“龙滩中华名柚园”还是一个“智慧柚园”，方圆0.6千米的柚园都有无线网络覆盖，柚园内安装着微型气象台、风向标、电子灭虫灯、喷灌设施、监控器等现代农业设施，随时能观察有机柚的栽培和生产过程。同时，每株柚树都装有灭虫袋，黏虫板，防病治虫。现在柚园都实行全程社会化服务，每棵柚树都有自己专属的号码牌。

如今，“龙滩中华名柚园”已经形成了它的规模，可以用震撼来形容。目前柚园内除种植的优质龙滩柚供游客采果外，还修建了名柚广场、停车场、休闲亭、休闲桌椅以及钓鱼池等设施，为方便游客采果开辟了专门的观光采果人行道。游客来到这里，不仅可以赏花采果，拍照留念，还可以参加钓鱼、徒步、登山等健身娱乐活动。星级农家乐、康养民宿也等游客们光临。

1952年，梁山县更名为梁平县，为扩大梁山柚的知名度，而将梁山柚也更名为梁平柚。2004年，梁平被农业部授予“中国名柚之乡”称号。2008年7月1日，中华人民共和国农业部正式批准对“梁平柚”实施农产品地理标志登记保护。2015年，合兴镇龙滩村成功申报“重庆市首批特色景观旅游名村”，合兴镇荣获全国“一村一品示范村镇”称号。园内新发展农家乐10家，申报中国名柚园农家乐聚集区和重庆市2015年农家乐示范村。场镇引进1家1000平方米大型超市。2016年，梁平县梁平柚种植面积超过8666.67公顷、800万株，年产量达8万吨。

梁平荣获“中国名柚之乡”

“树树笼烟疑带水，山山照日似悬金”。深秋的龙滩名柚园，黄澄澄的柚子，好像一个个金元宝挂在柚枝上，甜蜜着梁平父老乡亲红红火火的日子。

归来柚海

屈　刚

距梁平城区七里之处的龙滩村，万亩柚林绵延铺排，绿荫覆地，登高处俯瞰，如一片辽阔的绿色海洋。花开时节，香气如浪涌，还未走近，心神已醉。待到果熟，柚色如烁金，一枝枝地撞入眼来，又氤氲成漫山漫坡的黄。龙滩村连片规模化的种植，加之农旅文旅融合助推，如今已唱响“中华·梁平柚海”品牌形象，寻花采柚者、旅游休闲者都把这里当成好去处。

走近龙滩村，远远便望见“中华·梁平柚海”几个鲜艳醒目的大幅字块，高高地耸于柚林之上，村庄一下子变得大气磅礴了。最高处有瑞丰亭，800年前陆游曾登上此亭，与梁山史君把酒当歌，留下了“题梁山郡瑞丰亭”一诗，其中“都梁之民独无苦，须晴得晴雨得雨”成为千古名句。梁平史称梁山，别称都梁，这句诗深情咏赞了梁山之地物阜民丰、富庶安康的生活景象。来柚海的游客，必会登临瑞丰亭，柚海风景、田园房舍便尽收眼底。

冬日天气，远山近水，秃枝寒烟，在天地间构成一幅朴素，淡然的水墨画，而柚海里却绿得正浓，黄得正艳，厚重浓烈的彩色颜料在黑白水墨中不断化开，向四周浸润，整个村子都变得如春天般的明丽起来。

为保证柚子品质，必到霜降以后，才能采摘。爱柚者不能心急，否则是吃不到好柚子的。此时季节，柚农采柚卖柚正忙得不可开交，往来龙滩村的旅游大巴、自驾小车天天不断。当然，梁平本地市民也要去凑热闹，或置办柚子年货，或游乐玩耍。

我常买柚子的那家女主人，是村干部，爽快伶俐，漂亮朴实。她家有一棵百年老柚树，曾在某一年的采柚节上被评为柚王，一棵树卖了两万多元。树龄不同，价格不同，据说五六十年以上的都有好口感，可以卖上好价钱，但比起百年柚树在价格上还差一大截。如果家里有几棵百年老柚，又细心管护得好，那就真是摇钱树了。

摘柚子时，女主人比她家男人利索，长竹竿上套个小口袋，以口袋拢着柚子，用劲一抖，柚子便掉在袋里了。树梢处的柚子，女主人蹬蹬蹬就爬上枝干，如法炮制，于是高处柚子也一一落入袋中。她还笑盈盈地说，有一天，她家卖了一万多元，累得饭都吃不下，可她愿意天天这样累！

本地有首民谣这样唱：“摘一个柚子，喜呀喜心田，摘一堆柚子，金黄映蓝天。摘一树欢笑噻，满呀满山涧，左手摘来风景，右手摘来香甜，轻轻地咬一口，吃到肚里噻，甜一年啰甜一年！”丰收时节，柚农的喜悦与欢欣就是这样的直白。目前，梁平柚的市场前景越来越好，几大电商平台分别进驻各个种植基地，线上线下、销售快递一站式服务，再加上柚子茶、柚子酒、柚子蜂蜜、柚子精油等深加工产品不断开发，让柚农看到了机遇，对创造幸福美好生活更加充满信心。

小时候，听父亲说：梁平柚古时是贡柚，每到成熟时，便要长途运送至京都，供皇帝享用。幼年的我顿觉柚子之好，仿佛居住之地不再是僻远乡土，突然有了某种遥远而神秘的时尚繁华。长大后，知道梁平柚作为贡柚，有史可考，并非民间自我美化。这是天地自然赋予梁平的珍贵礼物，也是先民们以智慧创造的殊荣。

当时的贡柚主产区就在龙滩村。古时梁平隶属夔州，千年来一直有种柚传统，唐代时所产夔柚已成为贡品。为更好改善贡柚品质，乾隆五十七年（1792），在福建邵武县任知县的龙滩村人刁思卓，把福建文旦柚带回梁山，与本地栽培千年的夔柚进行嫁接，培养出优良母本，形成了现在的梁平柚。

梁平柚的栽种除了龙滩村这样的大规模以外，其他地方也几乎家家都有栽种，山坡田坎、房前屋后都可见到，唐诗中有“橘柚故园枝，随人植庭户”的句子，杜甫也写过“茅斋依橘柚，清切露华新”的诗句，梁平柚就是这样随人生长、随户生长。

梁平柚与广西沙田柚、福建文旦柚并称为中国三大名柚，最不同之处就是在甜味之后，有淡淡的苦麻味。从树上摘下后，要倒置于地上，让苦麻味逐渐流失。正是这种不易察觉的苦和麻，梁平柚在美食之余，还成为润肺补血、下气化痰、清肠利便、减肥美肤的神奇药柚，不少人都怀着好奇之心要来体验一把这道苦麻之味。

我们曾经邀请一个词作家为梁平柚写歌词，他听说这苦麻味，便灵感来兮，认为梁平柚寄予了男女爱情的滋味，我们也觉甚好，还寻诗为证。记得当时，找到几首蒹葭与柚子前后相随的句子，如“梦里蒹葭渚，天边橘柚林”“蒹葭淅沥含秋雾，橘柚玲珑透夕阳”“露变蒹葭浦，星悬橘柚村”。便更觉以爱情相喻，很好。蒹葭本是一种普通的植物，因《诗经》里对“伊人”的起兴，从此赋予了爱情的意味。现在看来如此寻证，很是牵强，不过，以此为灵感创作的歌曲《柚乡美滋味》倒是广泛传唱。“月到深秋品柚香，情歌情妹一对对，千里万里真情永相随，千情万情好似酒一杯”成为人们耳熟能详的句子。

徜徉柚海，总有种归来的感觉，这山这水，这田垅村舍，让人忆起了祖祖辈辈创造的农耕文明的安定祥和，儿时生活的某种印迹再次被推到眼前来，触动了心中那根最易颤动的弦，感伤、怀念、激情、希望、各种情感交织、也许，这就是乡愁吧！

书画作品

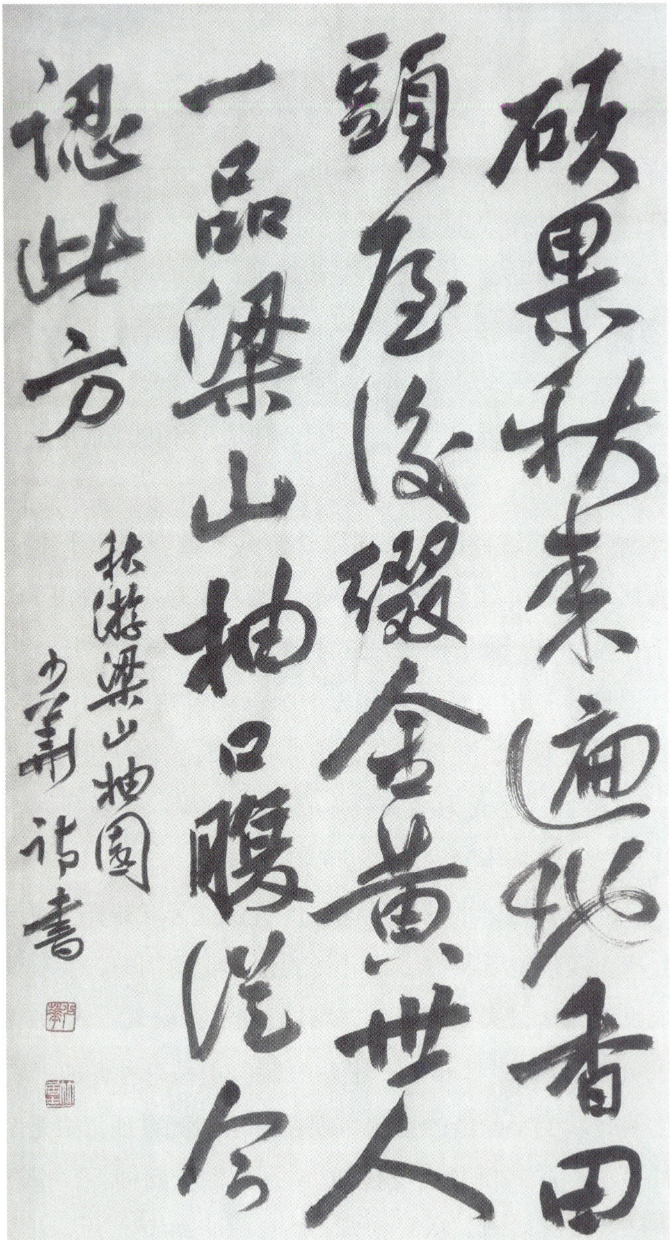

作者简介：熊少华，重庆诗词学会副会长、重庆市书法家协会副主席、重庆国画院艺委员会委员

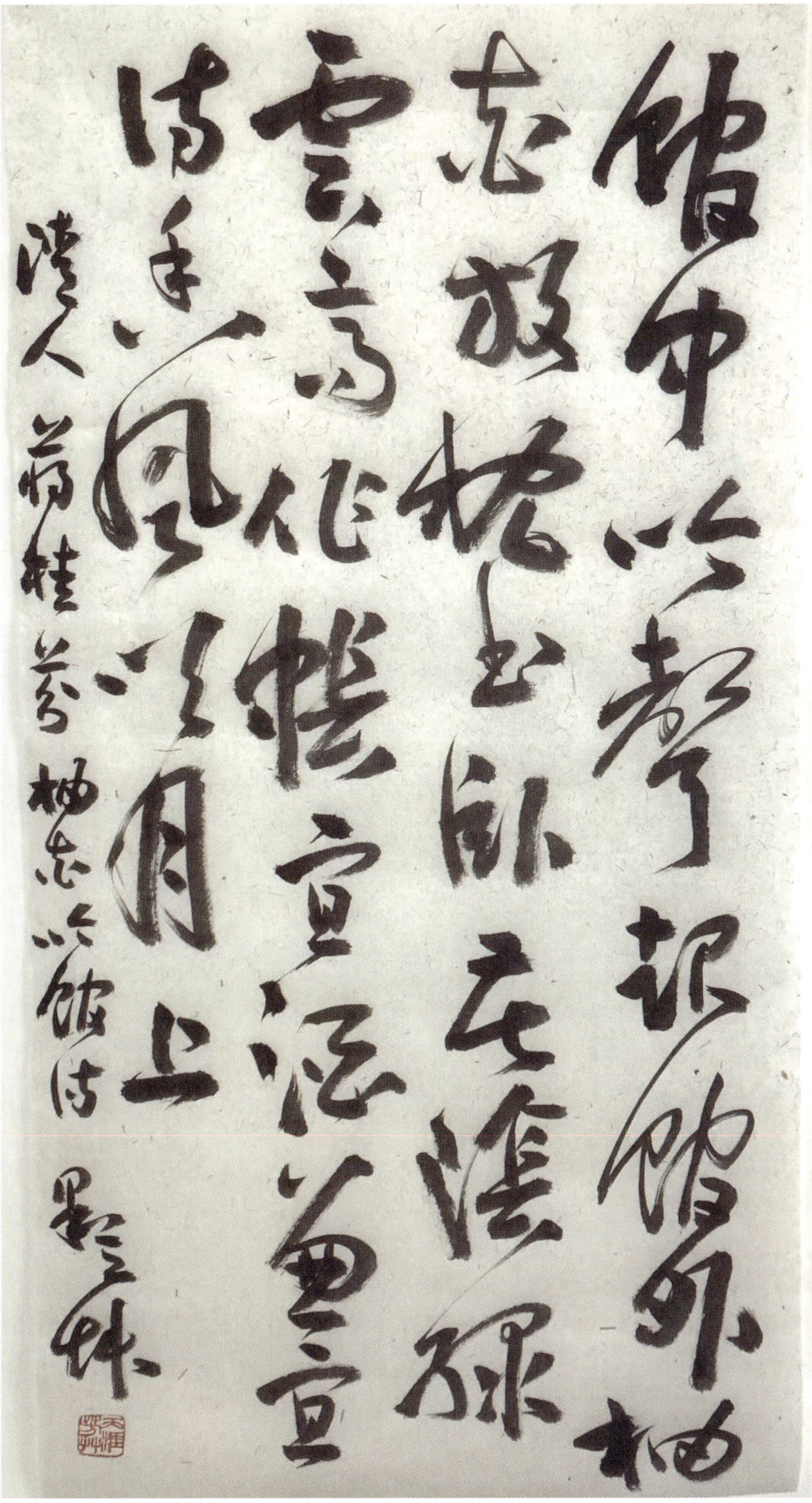

作者简介：陈果立，重庆市书法家协会理事

作者：熊少华

作者：熊少华

四川美术学院的学生在柚博会现场展示文创柚子

柚子文化馆

柚林深处有人家，探古觅今话刁家。在合兴街道龙滩村的中华·梁平柚海深处，有一座承载梁平柚种植文化和历史渊源的民居“刁家院子”，它是为纪念梁平柚的引进人——清嘉庆元年（1796）梁山（梁平）籍进士刁思卓而建。刁家院子四周柚树环绕，从右侧的栅栏进入，是一道古朴典雅的石墙，墙面采用方形青石和青砖砌成，石墙中间是两扇厚重的长方形木门，木门上方是隶书体雕刻的“刁家院子”四个大字，石墙上方雕刻有花草、动物、人物故事等图案，呈现出一种对称美和古朴美。刁家院子采用的是“三合院”式结构及仿福建邵武县民居的建筑风格，设有正室、茶房、书房、左右厢房5个房间及投影瀑布观景区，布局严整巧妙，院落敞亮。

正室左右两边悬挂着门联：山水峥嵘育成梁柚香中外，时光荏苒凝就刁公誉古今。室内

刁家院子

摆放着木质桌椅，正中悬挂着刁思卓的画像，左右墙上挂四幅字画。正室背面，是一座结构精巧、造型优美的盆景，盆景中的假山设计独具匠心，假山上巧妙地布局着小桥流水、花草植被等。通过把梁平柚文化宣传片数字投影到水帘瀑布上，让游客对梁平柚文化有更深入的了解。步入书房，能够观赏到有关梁平柚起源的神话故事。走进茶房，一套古色古香的茶具，吸引了不少游客来品茶，还能题字作画、弹古筝、唱歌。刁家院子的茶房、书房、厢房、会议室和休闲区等为文人墨客提供潜心创作的平台。梁平区作家协会和梁平区摄影家协会都在刁家院子设有创作基地。

传说故事

梁平柚　孝子柚

晴　川

乾隆五十七年（1792），家居梁山寒窗数载的刁思卓终于中了进士，被点福建南平知县。时年刁母恰患胸闷便秘水肿之症，刁思卓虽想侍奉母亲于床前，但圣意难违，只好将母亲送到龙滩桥舅舅家，依依不舍去南平上任。不到半年，南平遭遇百年难遇的大饥荒。刁公马不停蹄访民察苦、赈灾自救。月余后，饥馑过去，刁公却积劳成疾，整日口干舌燥、胸闷气短、腹胀难消。加上思母心切、水土不服，竟一病不起。到处请医问药，不见良效，衙役们自然如热锅上的蚂蚁。

一日，一衙役顺手在衙门天井的果树上，摘来一果子给刁公解渴。当他把橙黄果皮剥开，一股幽幽芳香沁人心脾。刁公陡然从床上坐起，掰开一瓣晶莹透亮果肉放入口中细嚼慢咽，忙问：此为何物？衙役答曰：此乃文旦柚也。几日下来，吃了几天文旦柚，辅以药物，刁公的病神奇地好了。刁公心想，如果母亲也能经常吃到这样的柚子，对她的胸闷便秘之症一定有好处。刁公立即动手寄柚子，可哪有那么容易？蜀越两地千山万水，即使快马也须半月，只怕柚果未到，早已腐烂成泥。衙役出主意，寄回种子播种！第一年，种子播下，一芽不发。第二年，柚种破土而出，一场风雨，苗毁树亡。第三年，果树既成，又遇一场秋霜，连根腐烂。……第八年，柚树终于开花结果。来信说，刁母一尝，愁眉结舌。

刁公心急，遍访南平老农，方知只有托罐育苗，柚果才不会走味儿。遂亲手培土托罐，精心护理，次年终于育出一株新苗。刁公视若珍宝，决定亲自护苗回家。一路上，风餐露宿，历经千险。月余后，回到故土梁山。没想到，刁母却在前月作古，坟茔在龙滩桥钱家坝一小山上。刁公悲痛万分，墓旁种下柚苗，结庐守孝三年。

三年里，刁公对柚树呵护备至。三年后，柚树开花结果，果实扁平硕大，闻之芳香扑鼻。乡邻尝后赞不绝口，纷纷称这柚子为孝子柚。

天“柚”梁山

汪建波

清乾隆年间，梁山（今梁平）有一郎中，姓刁名贵。因年幼丧父亲，立誓从医。他潜心医学，却误了婚姻，而立之年仍孑然一身。

一日，刁贵出诊归来，路上拾得一男婴，喜不自禁。养子三岁那年，身体暴瘦，呕吐厌食。刁贵用遍平生所学，皆无好转。刁贵万般焦急，一夜间，青丝雪白。情急之中，想起正在福建邵武做县令的本家刁思卓，何不向他寻求良方？刁贵带着养子，连夜上路。梁山邵武山遥路远，眼看孩子奄奄一息，刁贵恨不得拿自己的性命换取孩子的康复。

这日，父子俩夜宿道观。半睡半醒间，天上飘来一慈眉善目的女子，兰花指轻轻一弹，地上出现一个金丝布袋。女子曰：念你行医为善，刁县令亦为官清廉，现赐王母蟠桃园圣土一袋，可栽种刁县令的柚苗，其果能强健众生。刁贵道：吾子病重可有救？女子曰：刁县令所带之果能治汝子之病。刁贵惊醒，养子已气若游丝。正思忖叹息间，一辆马车由远而近，车上之人正是回乡省亲的刁公。刁贵来不及寒暄急求果。刁公剥开一个柚子，果肉入嘴，孩子蠕动吞食，渐渐睁开双眼，慢慢有了精神。见此刁贵遂向刁公详报观音赠土一事。

刁公双手合十，仰天拜谢：天佑（柚）梁山也！

刁公梦柚

吴天胜

相传，刁思卓在邵武任上勤于理政事必躬亲。霜降这天，审完一宗案子后，他甚感疲惫，便靠在藤椅上小憩。暖阳从窗外斜斜地照在身上，令人昏昏欲睡。

迷糊中，刁公见一美貌女子从阳光中走来。女子行过万福，自称是天庭王母娘娘的使者，奉命来恭请刁公上天赴宴。刁公高兴万分，随使者来到天上柚苑。只见碧树连绵，金果累累，香气袭人。空地中安放一张八仙桌，桌上摆满珍馐美馔。刁公也不客气，大快朵颐。

宴罢，侍女们呈上周边果树所长果实。刁公剥开果皮，紧实的果肉成瓣形环抱在一起，晶莹透亮、如瑙似玉。撕开一瓣放入口中，软糍甘甜，爽口清神。刁公向使者投去问询的目光。使者知其意，引他来到苑旁一颗树前。只见树干粗壮，虬枝繁叶，如伞似盖，叶间果实颗颗硕大金黄。“此为柚树。”使者见刁公将问未问，便说道。“乾隆皇帝钦赐果名……”一听乾隆二字，刁公感其皇恩浩荡，就势跪地谢恩。哪知一个趔趄，一手在空中抓扶，却将茶杯打翻在地，“哐当”一声，惊醒过来，方知是南柯一梦。刁公猛然想起当地柚果已熟，何不取些来尝尝鲜。立刻，叫仆役摘来柚果品尝，口味与梦中无二。

告老还乡时，刁公留恋美味，命人寻了一棵小柚苗带回梁山故土，后广泛栽种。

刁公千里送柚苗

熊先前

刁思卓科进士后，一直在外为官。清嘉庆元年（1796）告老回乡前夜，在床上辗转反侧。凌晨时分，忽听木窗敲击之声，即披衣起身开窗。但见月华淡淡、芳香盈盈。窗外，一白色羽衣女子，向他施礼。刁思卓诧异道：“你是何人？”“敢问，您是知南平县的刁思卓刁

游客在柚园参观

大人吗？”白衣女子轻声问道。刁思卓轻捋胡须，点头道：“不错，正是老夫，敢问姑娘深夜至此有何要事？”“民女乃观世音身边侍女，名柚娘，得知刁公将告老，特来相送。”“何故相送？”刁思卓拈着胡须，更加迷惑。“刁公为官一任，造福一方，万民称颂，故而观音有感，令小女子前来赠送南平之地文旦柚幼苗一株，回乡造福桑梓。”“株苗何在？”佑娘嫣然一笑道：“刁公可于明日清晨，天光熹微之时，在府邸后方柚园中东南角可见。”话语刚落，白羽女子飘然而逝。

刁思卓身子一震，从梦中醒来。此时天刚亮，刁思卓将信将疑，按照梦中白衣女子所说，果然在府后柚园中寻得一株柚树幼苗。刁思卓裹土培苗细心呵护，日行夜宿餐风宿露，千里迢迢历尽艰辛，终将幼苗带回了梁山。到家观那株文旦柚的小幼苗，虽饱受颠簸却仍然苍翠。刁思卓将其栽在自家院子里。寒来暑往，幼苗吐蕊长叶，扎根梁山大地。后经梁山本地柚农以此柚为母本嫁接本地夔柚，历经两百年精心培育，终成全国三大名柚之一的“梁平柚”。

观音托梦育神果

高传贵

话说刁公辗转千里将柚树从福建带回梁山种下，三年后，柚树终于结果。刁公摘下柚子，请来乡民品尝。一乡民浅尝辄止，连声“呸呸呸”转身而去。刁公顿感疑惑，拿起一瓣柚果品尝，又苦又麻，几如中药。难道真是生淮南则为橘，生于淮北则为枳？想我梁山也号称蜀东小天府，物产丰富，怎么就不能长出优良柚果？

是夜，刁公梦见一老者路过家门讨要水喝。忽见白日所剩柚果，便舍水而求果吃。刁公递上柚果，老者尝罢连连摇头。刁大人谦恭相问：何以至此，可有良方？老者粲然一笑，曰：“所谓果者，非独树之结也，实乃造化之结也。欲其甜美，需吸天地之灵气，沐日月之精华，并与本地同族联姻而成，方能顺其水土也。但留一丝苦麻，强身健体又不忘人生真谛。”言毕，翩然而去。刁公梦中惊醒，恍然大悟。

次日清晨，刁公找来工具，将他带回的柚树与本地栽培千年的夔柚嫁接，移栽至土壤肥沃向阳之处。

又三年，柚果成熟，味甘爽口，乡人争相品尝。虽美中不足，食后略有苦麻，但老者所言已传遍四方，众人皆明白信服。从此乡人争相引种。

苦麻味的由来

蒋启万

相传入仕不久的刁公回乡省亲，跋涉辗转，近乡之时突感风寒，倒卧路旁，幸遇一乡姑施救。刁公仪表堂堂，谈吐不俗。小家碧玉的乡姑，性格温婉，善解人意。二人一见倾心，顿有相见恨晚之感。刁公把随身带回的柚苗拿出，二人携手栽下同心树，并对柚树发下情誓，约定柚树挂果成熟之时，就是迎娶乡姑之日。

一别之后，乡姑把满腹情思都寄托在对柚苗的呵护上。三年后，柚树开花挂果，乡姑满怀希冀却最终大失所望。伤悲之下赋诗一首："秋风缘何迎面吹，闻罢柚香锁秀眉。日日不堪扶树望，皎皎日月最怜谁？"乡姑把柚子给乡邻品尝。果肉油浸细腻，滋润多汁，甜爽满嘴，大家赞不绝口。有欲私自嫁接者，却无一成活，乡邻万分费解。乡姑古道热肠，亲手嫁接、指导种植，大家亲切地称她为"柚姑"。

左等右盼，刁公还是音讯杳无，柚姑天天扶树而望，珠泪流淌，滴灌柚树，最终相思成疾，一病不起。离世的那天，乌云压顶，风狂雨骤，柚树悲鸣。

乡邻皆怪刁公薄情寡义，殊不知刁公生性耿介，因言获罪上司，身陷囹圄数载。待刁公官复原职，立马回乡找寻乡姑，奈何乡姑已经作古。面对乡姑的坟茔，刁公痛彻心扉，一夜白发……刁公形神憔悴几近麻木，只要身处乡姑种植的柚树间，就恍然听见乡姑在对他如泣如诉。柚树成了他怀想佳人的神物，他不停地嫁接，不停地移栽，以此来寄托对乡姑绵绵不绝的思念。

金秋时节，成熟的柚子依然滋润多汁，甜爽满嘴，只是吃后却突然多了一种别样的苦麻味，咂舌舔嘴，竟然又回味无穷。乡邻都说，那是因为刁公和柚姑凄美的爱情熏染了这方柚林的缘故。

柚姑应劫

孙菁婵

乾隆五十七年（1792），梁山县刁思卓高中进士，被派福建省任知县。刁母在家中思儿成疾，茶饭不思，又口干舌燥腹胀便秘，眼见得一天天消瘦下去，病情日重一日。

刁思卓接家信知道母病重心急如焚，只能天天在院中焚香许愿，请求菩萨保佑，让老母早日康复。

观音菩萨此时正赴百果仙子大会，遂道："听闻下界刁思卓是个孝子，其母病重，我有一滴甘露，哪位仙家替我走一趟，给刁夫人服下去除病患？"一个身着黄衫的仙子怯怯道："我叫柚姑，在百果园中修炼成形还未位列仙班，求菩萨给我这个助人立功的机会。"观音菩萨见仙子清纯可爱，掐指一算，知她当有一劫，遂道："此去需防山妖惦记甘露。"

柚姑下凡而去。不料手中甘露异香，引得山中熊妖馋涎欲滴。它二话不说，恶狠狠地扑过来要抢甘露。柚姑察觉风声不对，回头一看，见是一只体型庞大、丑陋无比的熊妖，忙双手护住甘露，肩膀被巨大的熊掌扫中，倒在尘埃中。眼看甘露就要被抢走，情急之下，柚姑一口将甘露吞下，就地化成一棵小果苗。刚巧，刁思卓老爷回家从此地路过，见果苗碧绿，叶片散发着奇香，心中爱惜，便以土裹根，随身带回。刁母久卧床上，见儿子归来喜出望外。忽闻儿子行囊中有异香飘出，起身问儿子带了什么好物件。刁老爷这才想起带回的果苗，遂拿出呈母面前。母好喜欢，命儿子赶快种到屋旁，浇上清水。不几日果树开出白花，浓香扑鼻，香飘十里。两天后结出一只硕大的、黄澄澄的果子，散发着奇香。此时，空中一团彩云飘来，观音菩萨在云中对刁老爷道："此是柚姑舍身取义，吞下甘露化身为树。其花叶果均有奇香奇效。你速摘果送你母亲，吃则病愈。"刁老爷依言摘果，剖开果皮，见果肉晶莹剔透，清香扑鼻。刁母吃了果肉，果然身轻体健，病全好了。

从此，梁山柚子远近闻名。

附　　录

四川省梁平县革命委员会
关于加强“梁平柚子”市场管理的通知

梁革发〔1977〕226号

（1977年10月4日）

各区（镇）、公社革委、县属各单位：

在举国上下深入贯彻落实党的十一大精神，抓纲治国初见成效的大好形势下，我县的革命、生产面貌一新，农业大幅度增产，“梁平柚子”也喜获丰收，并开始采摘。为了大力发展“梁平柚子”（主要指平顶柚）的生产，更好地完成国家收购，出口任务，保障市场供应。

遵照国务院、中央军委国发〔1974〕109号文件和四川省革命委员会川革发〔1976〕75号文件的有关规定，现对梁平柚子的收购及市场管理作如下通知：

一、国营农场、林场、园艺场、农村人民公社和有关单位，要认真贯彻“以粮为纲，全面发展”的方针，在抓好粮食生产的同时，按照国家计划，因地制宜，大力发展“梁平柚子”生产的同时，鼓励社员利用房前屋后自留地积极发展。要努力提高产量、质量，保持和发扬“梁平柚子”的独特风味。

二、“梁平柚子”属国家管理物资，在我县由供销社统一收购，计划调拨，安排市场，组织供应。从“梁平柚子”产新采摘之时起，至当年十二月三十一日，为国家收购时间，这期间，不准“梁平柚子”进入集市贸易，不准任何机关、工矿、团体、部队、企事业等单位和个人进入集市和到农村社队及国营农场、林场、园艺场和生产单位进行采购。更不准以物易物，乱搞协作，变相收购。

三、国家收购“梁平柚子”期间，国营农场、林场、园艺场等生产单位，按规定留足自食部分以外，应将产品全部交给当地供销合作社；公社、大队、生产队集体生产的产品，要按合同任务交售给当地供销合作社；社员自留地生产的产品，自食有余部分，要动员积极交售给当地供销社，对国家和社会主义建设多作贡献。

四、国家批准经营“梁平县柚子”的广柑、红橘的水果行业，要在当地党委领导下，遵守政府政策、法令，服从工商行政部门和主管业务部门的领导和安排，对非法经营和大量套购，倒买倒卖，长途贩运，居间牟利的投机倒把分子，要坚决予以取缔和打击。

五、各级工商、市管、供销、税务、交通等有关部门，要在当地党委统一领导下，密切配合，协同作战，切实加强市场管理。凡违犯本通知，破坏生产，破坏国家统一市场者，要根据有关规定，严肃处理。

此外，对广柑、红橘也要积极发展生产，加强市场管理，保证国家收购、外调任务的完成。

以上望各地、各单位认真贯彻执行。

梁平县人大常委会
关于大力发展梁山柚生产的决议

（1985年8月13日通过）

梁平县第九届人民代表大会常务委员会第十次会议，听取了县农业局局长蒋文贵受县人民政府的委托所作的关于大力发展梁平柚生产的情况和意见的报告。经过审议，会议同意这个报告，并作如下决议：

（一）广泛宣传发动，提高思想认识。大力发展梁山柚生产，是发挥我县资源优势，调整农村产业结构和人们食品结构的一件大事，是发展商品生产，实现农业经济翻番的有效措施，是人民群众的一项致富之路。各级人民政府要采取多种形式进行广泛深入地宣传发动，使广大干部群众充分认识发展梁山柚生产的重要性、必要性和可能性，消除各种疑虑，积极自觉地搞好这一工作。

（二）明确指导思想，坚定必胜信心。发展梁山柚生产的指导思想，就是要坚持因地制宜，户营为主，对生产需要的人力、物力、财力等主要还是依靠群众自己解决，要教育广大群众坚定必胜的信心，努力克服各种困难，把梁山柚生产的大发展搞上去。

（三）制定生产规划要从实际出发。根据不同地区分别提出要求，落实发展指标。既要讲数量，又要讲质量。既要加快发展速度，又要注重实际效果。要扎扎实实地工作，坚持不断地抓下去，不作表面文章，不能半途而废。要认真抓好今年起步工作，为实现长远规划打好基础。

（四）加强技术指导，搞好柚苗培育。要积极做好技术骨干的培训工作，用先进的科学技术搞好柚苗的培育和定植。要大力推广我县从实践中总结出来的“四改三步走”的育苗和定植经验。做好嫁接繁殖、大苗定植、推广良种、适度密植。

（五）各级人民政府要把发展梁山柚生产纳入重要议事日程。要切实加强领导，经常检查督促，要抓好典型，推广成功经验，发现问题要及时解决，各行各业要热情支持，通力协作，为发展梁山柚生产作出应有的贡献。

中共梁平县委　梁平县人民政府
关于继续大力开发梁山柚的决定

（1991年8月21日）

梁山柚是我县独具特色的优势产品，全国名柚之一，自一九八五年县人大作出建立6666.67公顷、500万株梁山柚生产基地的决议以来，通过广大干部群众的共同努力，已经初见成效。全县现有梁山柚树330万株，为一九八四年7万株的47倍多；现有挂果树18.3万株，产果300万个；已建母本园18.67公顷，并形成了一批梁山柚基地乡，其中龙滩、荫平、杨柳、平都乡达20万株以上。但是，在开发中，也存在管理不善、技术力量不足、果品良莠不齐等问题，因此，为了完成全县一九九四年建成6666.67公顷500万株梁山柚基地任务，实现“八五”期末产柚0.45亿个，本世纪末产柚1.5亿个的奋斗目标，必须坚决克服存在的问题、扎扎实实地深入搞好梁山柚开发，为此，现作如下决定：

（一）以质量声誉求效益，坚决把住果品质量关。

梁山柚是我们选准了的优势项目，各地已经坚定不移地开发了六年，“八五”期末，这一资源优势将会转化为商品优势，届时，如果果品质量差，将会严重影响梁山柚声誉，丧失市场竞争能力。因此，果品质量既是首要问题，又是当务之急，务必引起高度重视。今后几年，必须抓好四件事：一是良种选育。要继续开展群众性的柚树选优工作，对中选单株，要定株定点繁育，并由县、区、乡三级联合规划建立母本园。要求一九九四年底前，地区级的五个柚子基地乡，每个乡要建6.67公顷母本园，县规划的30个柚子基地乡，每个乡建3.33

公顷母本园。今后，凡栽植的梁山柚，必须选用良种苗，围绕优良单株建立丰产片，形成规模。二是严禁早采。今后每年柚子的采收期定在10月15日以后，在此期间前，任何单位和个人不得采收销售，否则，工商部门要给予严肃处理。三是坚决打击以假充真。对以假充真者，尤其是从县外调进柚子冒充梁山柚销售者，工商部门有权没收，并处以罚款。四是建立县果品开发服务公司，严把出县柚子质量关。从今年开始，凡批量运出县外的柚子，必须经县果品办检验后贴上梁山柚不干胶标志，凡无此标志者，有关部门要阻止外运，工商部门可予以经济处罚。凡县属单位为上级部门代购的柚子，要同县果品开发服务公司联系，以确保质量，维护声誉。

（二）大力建设柚子专业村，逐步形成规模经营。

实践证明，要把梁山柚这一资源优势转化为商品优势，必须实行规模经营。而建立专业村正是实现规模经营的一条重要途径。专业村建设便于集中技术指导、便于管理、便于提高果品质量、便于形成批量。为此，县委、县政府决定，自今年开始，奋战四年，大力建设87个柚子专业村，提出了要求、制定了措施（见县农村经济工作会议材料之九）。因此，各级党政和部门务必引起重视，纳入议事日程，认真制定专业村发展规划和措施，切实解决建设中的实际问题，力求抓住关键，抓出成效。

（三）积极筹措发展资金，确保梁山柚健康发展。

建设6666.67公顷梁山柚基地，需要数千万元的巨大投资，必须多形式、多渠道筹集。各地要重点抓好三个集资渠道：一是农民集资，本着取之于民，用之于民的原则，动员农民集资、投劳，开发梁山柚。二是建立柑橘（含柚子）开发基金。根据川委办〔1991〕17号文件精神，决定今年恢复征收柑橘开发基金，主要用于品种改良、技术培训等方面，责成县果品办办理。各级党政和部门要大力支持、密切配合，齐心协力搞好这项工作。三是纵横联营，合力开发，可以村与村、村与工矿、企业联合经营，既可利润分成，也可以果品补偿工矿、企业等单位，实行“补偿贸易”。此外，还可通过争取部门办点，争取上级农发基金增加资金投入，从多方面筹措发展资金，以深入开发梁山柚。

（四）扎实抓好产前、产中、产后服务工作。

为了加强果树技术服务，必须大力抓好果树技术服务体系建设，县里已经成立了果品开发服务公司，明年将对基地区、基地乡各配备一名果技员，柚子专业村配备一名村中心技术员，力争在三五年内形成一个自上而下的完整技术推广服务体系。在产前积极做好配套物资的供应，产中做好技术咨询、指导，产后做好销售服务工作，解决长期以来产、销脱节矛盾。逐年形成以果品公司为龙头，产、供、销一条龙的新型联合体，带动千家万户进入流通领域，形成多层次、多形式、多渠道的销售服务网络。为打开销路，县果品公司将逐年在全国各重要城市开办梁山柚专销门市，今年首先在成都开办一个梁山柚专销点，逐渐扩大销售市场。

（五）立足当前，谋划来年，努力完成今明两年的开发任务。

完成6666.67公顷梁山柚基地建设任务，必须扎扎实实抓好今冬明春的开发工作。今秋的任务是：嫁接115万株，密植小苗70万株，定植3年生以上大苗40万株，建立母本园11个（22.87公顷，栽苗8.25万株），产果300万个。明年的任务是：育苗5.67公顷，嫁接95万株，密植小苗80万株，定植大苗40万株，建立母本园5个（面积6.67公顷，栽苗2.5万株），产果350万个（见表一、表二）。为完成柚子基地建设任务，除继续稳定执行项目集团承包外，要坚持“两抓、两上、两提高”，推行“11323”的管理措施，达到“五无”管理标准，切实搞好产前、产中、产后服务。“两抓、两上、两提高”即狠抓生产发展，狠抓生产管理，上果品质量，上优质果批量，提高果农素质，提高果品效益；“1、1、3、2、3”管理措施即每年至少一次修剪，三年一次深耕（翻），一年三次病虫防治，二次中耕，三次施肥；果园达到“五无”即无高秆作物、无杂草、无严重病虫害，无杂树，无低产树。

梁平县人大常委会
关于推进梁山柚产业化进程的决议

（1996年10月30日县十二届人大常委会第32次会议通过）

梁平县第十二届人大常委会第31次会议，听取了县农业局局长李治强受县人民政府委托所作的《关于贯彻执行〈梁平县人大常委会关于大力发展梁山柚生产的决议〉情况及今后意见的报告》。经过认真审议，会议同意这个报告，并一致认为：县人民政府及有关部门贯彻执行《决议》的态度积极，行动迅速，措施有力，经过10年来的艰苦努力，超额完成了规划栽植任务，取得了良好成绩。但是，梁山柚的发展也还存在着服务体系不够健全，管理滞后，投入不足，单产偏低，品质良莠不齐等问题。为巩固发展成果，促进深度开发，推进梁山柚产业化，发挥更大经济效益，本届人大常委会第32次会议特作如下决议：

一、明确指导思想。要积极推进梁山柚产业化，以市场为导向，以科技为依托，以增大投入为手段，以提高经济效益为中心，以增加果农收入和产品有效供给为目的，在保持农村家庭联产承包责任制稳定不变的前提下，按照产供销，贸工农一体化的要求，实行多层次，多形式，多元化的优化组合，逐步达到布局区域化、生产专业化、开发一体化、经营集约化、服务社会化、管理企业化，形成以市场引导龙头企业，龙头企业带动基地，基地连接农户，集“种养加”“产供销”“内外贸”“农科教”为一体的经济运行机制，使农民与企业结成利益共享，风险共担的经济共同体，从而带动梁山柚产业步入社会化大市场，提高柚果产业经济效益。

二、加强梁山柚基地建设。建设好梁山柚商品生产基地是实施梁山柚产业化的重要基础。一是各级要切实建立健全技术服务网络，充分调动各级科技人员积极性，大力引进、推广先进实用技术，广泛开展有偿技术服务，技术承包，实现技术、劳力、物资、信息的最佳组合，提高科技含量，提高科技入户率和应用率；二是坚持经营集约化方向，不断加强20个基地镇乡，120个专业村和1000户科技示范大户的建设；三是树立创优意识，加大提纯选优和品种改良工作力度，着力提高果品质量，同时实施好名牌战略，加强知名商标的宣传，提高产品知名度；四是增大投入，包括资金、技术、人力等的适度投入，进一步强化生产管理，实现由注重生产发展向注重生产管理增效益的工作重点转移，发挥“纯”的作用，像抓大田生产的“统防统治”工作一样，实施统一管理，尤其在冬季要纳入农田基本建设的重要工作内容，掀起冬季管理“百日战役”，努力实现2000年产果5000万个的目标；五是引入价格机制和法律手段，建立专业市场，严格柚子采摘期，切实维护梁山柚声誉；六是各级各有关部门要搞好示范，认真科学地总结各类典型经验，培育发展一批覆盖不同区域，不同类型的样板群体，发挥示范带动作用。

三、培育壮大龙头企业。培育强有力的龙头企业，是实施梁山柚产业化的关键。在加强基地建设的同时，政府要制定一系列优惠政策，增大硬件投入，积极扶持现有的国有果品开发服务公司，帮助完善其经营体制和运行机制，使之逐步发展壮大成在梁山柚产业中的生产技术、产销信息、产品的商品化处理、包装、贮藏保鲜、加工、销售各个环节起牵动作用的龙头企业，以更好地带基地、连农户、入市场。

四、促龙头企业与基地和果农的连接。要建立健全约束机制和利益调节机制，以经济利益为纽带，合理确定龙头企业、基地、果农的责权利，促使龙头企业与基地、与果农结成利益均占，风险共担的经济共同体，推进梁山柚产业的稳定健康发展。同时，要大力发展中介组织，在农民和市场之间架起“金桥”。还要积极发挥个体私营经济的作用，努力开拓市场，充分发挥市场的带动作用。

五、加强组织领导。政府及有关部门要进一步提高认识，切实将干部、群众，特别是各级领导干部的思想认识统一到实施梁山柚产业化工程上来。一是围绕推进产业化，坚定信心，下够决心，更新观念，转变作风，狠抓落实。要建立目标责任制，加强目标管理，把产业化工程作为农村经济工作的重要任务一抓到底，抓出成效；二是引导、组织广大果农积极学习商品经济知识，使其思想、行为适应市场经济的需要，跟上产业组织形式变革的步伐；三是建立健全法制保障体系，依法对梁山柚产业化的发展进行管理。

中共梁平县委　梁平县人民政府
关于建设10000公顷优质梁平柚、梁平蜜柚（虎蜜柚）
产业化工程的实施意见

（2001年2月6日）

各镇乡党委、政府、县属各部门：

为了抓住中国即将加入WTO和西部大开发的历史机遇，加快我县特色生态农业园区建设，实现富民增收。根据梁平县国民经济和社会发展“十五”计划和梁平县农业农村经济结构调整总体规划的要求，县委、县政府决定用五年时间在全县建成10000公顷优质梁平柚、梁平蜜柚生产基地。为确保这一奋斗目标的实现，现提出如下实施意见。

一、梁平柚、梁平蜜柚生产发展的指导思想和目标

梁平柚、梁平蜜柚生产发展指导思想：以市场为导向，以质量、效益为中心，以科技为支撑，以发挥优势和突出产业特色为前提，以良种工程和基地建设为基础，以推进品种良种化、布局区域化、生产规模化、经营产业化为重点，创新机制，确保梁平柚、梁平蜜柚优质生产快速发展。

总体目标：改造低劣质柚树3333.33公顷、250万株，培育梁平蜜柚（虎蜜柚）苗300万株。建成梁平柚、梁平蜜柚生产基地1万公顷，其中梁平柚6666.67公顷、500万株，梁平蜜柚（虎蜜柚）3333.33公顷、300万株。到2010年，年产优质商品果13.75万吨，实现产值2.75亿元，税金2000万元。到2020年，年产优质商品果22.5万吨，实现产值4.5亿元，税金3600万元。

具体分解为：

2001年，改造低劣质梁平柚66.67公顷，5万株。新植梁平蜜柚（虎蜜柚）66.67公顷，6万株。

2002年，改造低劣质梁平柚600公顷，45万株。新植梁平蜜柚（虎蜜柚）266.67公顷，

24万株。

2003年，改造低劣质梁平柚666.67公顷，50万株。新植梁平蜜柚（虎蜜柚）1000公顷，90万株。

2004年，改造低劣质梁平柚1000公顷，75万株。新植梁平蜜柚（虎蜜柚）1000公顷，90万株。

2005年，改造低劣质梁平柚1000公顷，75万株。新植梁平蜜柚（虎蜜柚）1000公顷，90万株。

规划改造和建设梁平柚生产基地镇乡17个，其中规模在666.67公顷，50万株以上的镇乡3个（合兴镇、云龙镇、荫平镇），规划建设梁平蜜柚生产基地镇乡5个，其中规模在333.33公顷、30万株以上的镇乡5个（虎城镇、袁驿镇、碧山镇、七星镇、龙胜乡）。

各镇乡具体任务见附表。

二、提高基地建设质量，推进梁平柚、梁平蜜柚产业化经营

1.重点突出，抓好基地建设质量。“十五”期间，梁平县果品产业结构调整、生产发展的重点就是抓梁平柚品种选优提纯、高换低劣质柚树，加强生产栽培管理，全面提高梁平柚品质和大力发展梁平蜜柚。建成梁平柚生产带“三带”，即“城东—复平—合兴—梁山镇—金带—和林—云龙—荫平”生产带，“安胜—明达—龙门—新盛—文化—城北”生产带，“石安—福禄—大观”生产带。建成“虎城—龙胜—袁驿—碧山—七星”以及铁路、高速公路“两路”沿线梁平蜜柚生产带。对生产带内的基地镇乡，县里将在政策、资金、技术、物资上予以重点倾斜、扶持。通过五年建设，力争建成一批年产优质商品果万吨以上的镇，千吨以上的村，百吨以上的组，十吨以上的户。

2.大力加强梁平柚的生产栽培管理，全面提高梁平柚品质。

我县以梁平柚生产为龙头的果品产业，现已有梁平柚7200公顷，540万株，规模较大。但存在着大面积柚果品质不高，产量低，效益差。对此，我们必须要有清醒的认识，把梁平柚生产工作从“重栽”转移到“重管”“重效”上来，全面提高梁平柚品质。

（1）建立梁平柚品种选优提纯机制，每年开展一次规模较大的梁平柚选优鉴评活动。对选出无苦麻异味、果大、形正、瓣形整齐、无核的单株，要登记造册、进行保护，观察优良性状遗传稳定性。经专家鉴定确属优秀的单株实行重点保护，推广繁殖。建立起不断选育，不断高换、推广的良繁选优机制，优化梁平柚品种。

（2）加大劣质柚树的高换改造力度。充分利用获得全国柚类鉴评“金杯奖”“金牌奖”“名牌产品奖”的98-8、98-10，福禄64、203，龙滩405，园艺场77-1选优单侏，实施高接换种，坚决换掉苦麻味重，商品性差的劣质柚树，从源头杜绝劣质梁平柚生产。

（3）加强梁平柚生产园基础设施建设，改善柚树生长宜地条件。我县梁平柚生产发展时，由于缺乏资金和技术，多数柚园土壤瘠薄，水肥无保障，园中杂树杂草丛生，交通道路设施差。要通过算账对比，广泛宣传，提高果农对梁平柚管理的认识，教育广大果农增加生产投入。要充分利用冬季农田基本建设时机，加强柚园基础设施建设，去掉与柚树争光、争水肥的杂草杂树，兴修水池、道路、深耕土地。农业、林业、水电、农综办等部门要充分利用水保、退耕还林、生态环境建设、农业综合开发项目建设一批高质量、规范化的梁平柚生产园。

（4）强化生产栽培管理。果品业是高投入高产出行业。要增加对梁平柚的肥料投入，增施有机肥、果树专用肥、广种绿肥。适时防治病虫，合理整形修剪。有条件的要逐步推行疏花疏果、保花保果，树杆环割、果实套袋、覆膜增糖技术。搞好技术培训，各镇乡在县果品办的指导下应加强以梁平柚冬管为主体的综合技术培训，使广大果农掌握生产实用技术，全面提高梁平柚产量品质。

3. 大力发展梁平蜜柚（虎蜜柚）生产。梁平虎蜜柚是我县柚类特殊资源，一九九八年获“重庆市十大名柚称号”，一九九九年获中国柚类鉴评“金杯奖”，被果树界专家教授誉为“跨世纪柚类良种”。经近三年观察，优良性状遗传稳定，优质丰产，产品市场竞争力强，是我县仅次于梁平柚的骨干新品种。因此，各镇乡党委政府对梁平蜜柚生产发展要高度重视，凡规划发展虎蜜柚生产的重点镇乡，对梁平蜜柚生产发展要作为调整农业产业结构的重点和为民办实事来抓。一是在发展上要根据下达的任务，统一规划，精心组织实施，做到成片、规模、规范。二是要高起点，对定植树按计划密植栽培要求，2×3米，亩植110株；实施“矮、密、早、丰、优”综合栽培技术，克服“稀、大、迟”，采用撑、拉、吊、环割、抹芽放梢、摘心等措施，达到三年投产，四至五年丰产。三是对新植梁平蜜柚树，必须采用由县果品办统一提供的枳砧梁平蜜柚苗，以利优质丰产，改变原梁平虎城柚进入盛果期迟的状况。四是对规划地带内的其他柚树实施高接换种，对其他杂树间伐。五是推行业主开发机制，鼓励各行各业的业主，种植大户参与梁平蜜柚规模生产开发，实行集约化、产业化经营。对各镇乡有外来客商、业主开发的，县里将在苗木安排、生产物质供应，基础设施投入，资金上予以重点扶持。六是充分利用各种涉农项目建设一批高规模、高质量、规范化的优质虎蜜柚生产示范园。

4. 按照绿色食品生产标准，坚持依法兴果。

1万公顷梁平柚、梁平蜜柚生产基地建设，技术性强。一是走科技兴柚之路。我们将同中国柑橘研究所、重庆市果树所、西南农业大学建立科技合作关系，聘请知名专家、教授担任基地发展顾问，实施先进生产技术组装，来指导梁平柚、梁平蜜柚生产基地发展。二是完善县内果树技术推广服务体系，配备专业技术人员，积极发展梁平柚、梁平蜜柚生产专业合作社和专业协会，不断开展技术培训，努力提高广大果农的实用栽培技术。三是按照绿色食品生产标准，进行梁平柚、梁平蜜柚的生产栽培管理。我们将按照A级绿色食品生产标准进行生产操作。在施肥上大力推广使用堆肥、沤肥、厩肥、沼气肥、绿肥、作物秸秆肥、泥肥、饼肥等，施前，必须经堆沤、高温发酵，以杀灭肥料中的各种寄生虫卵、病原菌、杂草种子等。适当施用尿素、磷酸二氢钾、微生物肥料，减少其他化学肥料的施用，禁止使用硝态氮肥，最后一次施肥必须在收获前30天进行。在病虫防治上，要以加强柚树的栽培管理，中耕除草，培育状苗，清洁田园，轮作倒荐等措施，防治病虫草害，提高树体抗病虫能力。尽量利用灯光、色彩诱杀，机械捕捉害虫。特殊情况下只能使用中等毒、低毒等杀虫杀螨剂、除草剂。严禁使用剧毒、高毒、高残留或具有三致毒性（致癌、致畸、致突变）的农药。创造不利于病虫草害滋生的有利于各类天敌繁衍的环境条件，保持农业生态系统的平衡和生物多样性，减少各类病虫草害所造成的损失。在建园选点上应远离工矿区，避开工业和城市污染源，严禁使用汞、镉、砷、铅、六价铬、氟化物含量超标的水作为柚树灌溉水，合理调节土壤酸碱度，减少土壤污染，逐年不断提高土壤肥力。四是积极申办绿色食品标志，增强产品在国内、国际市场的竞争能力，全面提高梁平柚产业效益。五是严把种苗关。梁平柚劣质树改造，梁平蜜柚生产发展，所需良种枝条、苗木数量大。对低劣梁平柚改造的枝条和梁平蜜柚苗木必须由县果品办统一供应，坚决取缔和杜绝其他渠道非法乱用、乱种、乱供基地建设所需的苗木、枝条，对造成严重后果者，依据《中华人民共和国种子法》追究其法律责任，确保基地建设质量，避免新一轮低产园的重复建设。

5.建设流通队伍，构筑市场网络，创造良好的销售环境。

一是建设流通队伍，发展各种形式的流通组织。坚持“一手抓生产，一手抓市场”的工作方针，发展壮大梁平县果品有限责任公司，充分发挥龙头作用，建立“公司+基地+农户联市场”的产业化经营模式，培育成梁平柚销售的龙头公司。积极发展建设柚子专业合作社，种植大户、个体运销户和外来客商组成的销售流通大军。鼓励全县企事业单位成立梁平柚销售公司，建设生产基地。鼓励全县干部职工，包括下岗职工、外来客商，积极从事梁平柚生产销售工作。二是构筑市场网络，建立多层次销售网点，由县果品公司牵头在各大中城市设立销售窗口。发动各专业合作社、种植大户、个体运销户在全国各中小城市设立批发点，建设梁平县梁平柚批发市场。三是扩大广告宣传，树立良好品牌形象。积极开展梁平柚果实商品化包装处理、贮藏，凡进入全国各大中城市销售的柚子，必须是经过商品化包装处理，0.9公斤以上的柚子果实，严禁麻袋果、散装果、小果出县上市销售。加大梁平柚“麦豪牌”、梁平蜜柚“虎蜜牌”注册商标的宣传力度，树立“品牌”，创建“名牌”，有条件时，在中央电视台、各大报纸、杂志加大梁平柚的宣传力度，拓展市场。四是规范流通政策，建立绿色通道，创造良好的销售环境。要按期采果，确保质量，严禁早采。要统一使用印刷的包装和商标。要统一费税政策，坚持特产税源头纳税原则。销售环节，除每个柚子征收0.02元的柑橘开发基金用于生产服务外，其他部门不得在柚果销售环节征收任何费税，避免政出多门，并简化手续。政法部门在柚子销售季节，应派出治安小分队，严厉打击欺行霸市和违法行为。构筑好销售绿色通道，形成全社会参与梁平柚、梁平蜜柚生产、销售的氛围。

三、加大政策扶持力度，促进梁平柚、梁平蜜柚基地建设

1.建立土地流转机制。

支持和鼓励专业合作社、科技示范户、业主以调换、反租、倒包、转包果农果树和农民耕地，进行梁平柚、梁平蜜柚规模生产开发。搞好典型示范，凡规划建设的各镇乡，必须建立起以业主开发为主体的13.33～66.67公顷高质量、规范化的梁平柚、梁平蜜柚生产示范园，通过抓龙头、搞典型示范来做给农民看，带着农民干，解决农民的风险意识，推动基地建设发展。对业主承包规模在3.33公顷以上的户要进行登记，保护，在政策、资金、技术上予以倾斜，使现有果树资源逐渐向种果能手集中，实现集约化、产业化生产。

2.增加投入

（1）县农发办每年应安排一定数量的资金用于梁平柚、梁平蜜柚的选优提纯、高接换种和梁平柚、梁平蜜柚的展示展销，广告宣传。

（2）县财政每年安排一定资金用于生产技术的推广，发展健全果树生产技术队伍，对从事果树生产技术推广的果技员应享受农技推广人员同等待遇。

（3）农林特产税办公室应从征收的经果林特产税中抽出一部分资金用于基地的技术指导费用。

（4）充分利用各种涉农项目建设梁平柚母本园和梁平蜜柚苗圃基地，要将梁平柚、梁平蜜柚的生产作为项目重点实施开发，建成一批优质、丰产、高效生产示范园。

（5）农村信用社的小额信贷要积极扶持梁平柚、梁平蜜柚生产发展。

（6）减免费用、简化手续。对业主开发、外来客商、种植大户成片开发“梁平蜜柚”生产，创建生产园区的，要免征10年的农业特产税、个人所得税。园区新建旅游观光、农家乐设施，国土、工商等部门应减免费税、简化手续。对低劣质梁平柚的改造，实施高接换种，要免征8年的农林特产税。

3.严格柚果采收期。

梁平柚果成熟期为霜降节后，梁平蜜柚为立冬节后。适时采收是确保梁平柚、梁平蜜柚的果实质量关键措施之一。近年的恶性早采严重影响了梁平柚在市场上的信誉。必须采取有效措施，严禁早采。对早采上市的柚子，视为劣质柚，各镇乡党委、政府、工商、果品办、公安要积极宣传、协力配合，杜绝恶性早采。

4.奖励政策。

（1）对选出梁平柚、梁平蜜柚优秀单株，经专家鉴定确属优秀的，县内对选育有功人员给予500~10000元一次性奖励。

（2）对业主开发、规模在6.67公顷以上的县内在项目建设上予以扶持，支持建设。

（3）对梁平柚生产栽培管理、低劣质柚改造、梁平蜜柚生产发展组织实施好的镇乡给予5000~20000元以奖代补奖励。

（4）对年销售梁平柚、梁平蜜柚1000吨以上的购销大户、业主给予1000~10000元奖励。

四、提高认识，落实责任，严格考核

1.提高认识，增强梁平柚管理、梁平蜜柚发展紧迫感。

梁平柚是我县的特色产业，支柱产业，属名特优果品，多次荣获国家金奖。梁平蜜柚更具特色，属新选育品种，有望成为重庆市最优质的柚类品种，市场竞争力强，我们要将梁平柚的生产栽培管理，梁平蜜柚的生产发展工作紧抓不放，一抓到底。否则，我们多年发展的心血将会毁于一旦，农民增收无出路，上下必须统一思想，形成共识，将梁平柚、梁平蜜柚生产发展工作抓起来，坚定信心，毫不动摇。建成我县独具特色的柚类支柱产业。

2.建立强有力的梁平柚、梁平蜜柚生产基地领导班子。县里将成立梁平柚类生产基地建设工程指挥部。由县委或县政府的主要领导担任指挥长，县委、人大、县府、政协的分管领导为副指挥长，县委办、县府办、县农委、县农业局、县果品办的负责人为成员，下设办公室，负责日常生产发展工作，办公室设在县农委或县农业局内。各镇乡也应建立相应的机构，负责发展。

3.落实责任，严格考核。

一是建立目标责任制。各镇乡党委政府主要领导为梁平柚、梁平蜜柚生产发展主要负责人。县工程指挥部每年根据计划与各镇乡党政主要负责人签订目标责任书。各镇乡党政要与镇乡农办或农技站、果树站签责任书，并缴纳一定的保证金。二是严格考核。县里要制定严格的考核验收办法。对照目标责任书逐项检查落实，对完成任务者实行奖励，对未完成任务者要给予惩罚，限期第二年完成。该项工作将作为镇乡工作政绩重要内容进行考核，充分调动各方积极性，确保任务落实。

4.部门配合，打好发展总体战。各有关部门，特别是农业、林业、水电、国土、农业综合开发办等部门，凡是涉及经果林发展项目的，要统一协调配合，对发展资金统一安排使用，按照全县总体规划，统一布置，认真实施，做到建设一片优质一片，改造一片，富民一方，形成全社会共同开发梁平柚、梁平蜜柚的良好环境，打好发展总体战，按时按质全面完成1万公顷梁平柚、梁平蜜柚生产发展基地建设任务。

重庆市梁平区人民政府办公室
关于印发梁平柚产业化发展三年行动实施方案
（2018—2020年）

梁平府办发〔2018〕51号

（2018年4月11日）

为深入学习贯彻党的十九大、中央农村工作会、市区“乡村振兴战略动员会”等关于“深化农村供给侧结构性改革，走质量兴农、绿色兴农之路”的重大部署，切实解决梁平柚产业发展中存在的“标准化、产业化、品牌化程度低，柚果优级率低、商品化处理率低，市场竞争力差”等突出问题，实现高质量、高效益发展。结合我区梁平柚产业发展实际，制定本方案。

一、明确目标要求

总体要求：坚持以市场为导向、以营销为核心、以三产融合为重点、以质量为基础、以体制机制创新为保障的发展思路。以中华·梁平柚园为突破口，以点带面，全面发展。

（一）体系全面健全。到2020年年末，全面建成梁平柚产业发展创新体系、生产体系、监管体系、品牌体系、市场营销体系、智能化体系、全程社会化服务体系，形成一支高水平的研发人才、技能人才、新型职业农民队伍。从事梁平柚种苗繁育、栽培、加工、营销等新型农业经营主体200家以上。

（二）效益大幅提升。到2020年年末，梁平柚产业纯收益水平显著提升，盛产柚园平均亩产达2吨以上、优质果率达到80%以上、亩纯收益达4000元以上。全区柚产业产值突破10亿元。

（三）品质不断提高。到2020年年末，“三品一标”认证110个以上（其中：无公害农产品90个，绿色食品20个，启动3个有机农产品认证，获得有机农产品认证1个），打造市级名牌农产品3个。

（四）一、二、三产融合发展。到2020年年末，将中华·梁平柚园创建成国家级乡村振兴示范区、国家AAAA景区、梁平柚国家现代农业产业园和国家农业科技园区。做大做强以奇爽食品工业园（闽商食品产业园）为龙头的柚子精深加工产业，年加工能力突破1万吨。

二、强化品牌营销

（一）系统营销策划。邀请浙江大学等知名专家对梁平柚品牌培育（含区域公用品牌、LOGO、广告语、形象设计、包装、标志标牌）、营销方案等开展全面系统策划。

（二）叫响梁平柚品牌。通过腾讯网、今日头条、百度、移动通信平台等大型媒体加强对外宣传，扩大品牌影响。鼓励生产经营主体积极申报有机农产品、生态原产地产品、重庆名牌农产品、中国驰名商标等梁平柚品牌，提高品牌知名度。

（三）构建销售体系。在中华·梁平柚园集中打造梁平柚研发中心、交易中心、游客服务中心，拓展柚子商品化处理、线上线下交易、仓储物流配送、农特产品展示展销等功能。进驻10个省级水果批发市场、20个地级水果批发市场，与永辉、重百等大型超市开展产销对接，建立天猫、京东旗舰店及淘宝网店，在全国建立梁平柚线上线下销售体系。

（四）强化商品化处理。在重点区域新增20条梁平柚商品化处理生产线，配套建设贮藏包装设备，对进入市场的梁平柚提供全面清洗、分级、包装等商品化处理服务。

三、着力研发加工

（一）持续开展梁平柚生态、优质、高效配套技术研发。以市场需求为导向，以梁平柚产业化研究院为依托，采取政、产、学、研、用紧密合作模式，以优质高产稳产为目标，适时开展精准平衡施肥试验、贮藏保鲜技术试验、树冠结构改造与合理负载技术试验，探索生草覆盖栽培、有机质与地力提升、节水抗旱等生态技术创新，在绿色生态防控技术、优质高效种植技术、保鲜贮藏技术、省时节本措施等方面取得新的突破。持续开展柚王评选活动，优选梁平柚优良单株，同时从国内外引进一批名柚新品种进行示范、筛选，培育优良种质资源。

（二）持续开展梁平柚精深加工。以市场为导向，以梁平柚产业化研究院为依托，支持奇爽、明乾等梁平柚加工企业，狠抓梁平柚精深加工。支持丰瑞公司与奇爽合作联合打造1万吨柚果商品化处理及智能化贮藏保鲜库，建设1万吨柚果系列产品加工生产线。大力研发生产柚子香精油、果酒系列、低糖柚子蜜饯、柚子茶、柚汁胞原料、粒粒柚汁饮料及功能性柚子全果粉等新产品。

四、狠抓标准化生产

（一）完善标准体系。由梁平柚产业化研究院负责研究制定梁平柚标准生产体系，包括梁平柚优质高产种植规程、梁平柚保鲜贮藏技术规程、梁平柚果分级标准（兼顾果色、果形、果重及内质等因素）、梁平柚树分级标准、梁平柚园分级标准，为梁平柚品牌化营销和社会化服务提供可执行的依据。

（二）实施标准化改造。由梁平柚全程社会化服务公司负责实施梁平柚园标准化改造，通过去劣去杂、更新修剪、上壤深翻、补植大苗，完善蓄水池、人行耕作道基础设施，实施生态、优质、高效配套技术，将低产柚园变成优质丰产园，2018年完成低产柚园改造466.67公顷；到2020年，低产柚园（准）标准化改造1333.33公顷。确保优质丰产园平均亩产达2吨以上、优质果率达到80%以上、亩纯收益达4000元以上。

（三）开展产品认证。加快推进合兴镇龙滩村200公顷梁平柚有机申报认证。支持梁平柚全程社会化服务公司，在合兴、明达、袁驿、大观等乡镇（街道）重点生产示范区全面推广柚果套袋、生态病虫害防治、营养诊断施肥、科学修剪等优质高效新技术，申报梁平柚绿色食品认证66.67公顷，申报梁平柚无公害农产品认证200公顷，促进梁平柚品质全面提升。

（四）推进智能化管理。支持梁平柚全程社会化服务公司，加快推动生产端现代化设施及物联网应用、销售端电商发展、管理端大数据建设，推广应用“可视、可测、可控”的梁平柚物联网、病虫害远程诊断、质量安全追溯体系，对梁平柚全面建立信息档案，提高梁平柚生产、经营、管理、服务信息化水平。

（五）强化全程化监管。由区农产品和区食品安全监管机构负责，深入落实农产品质量安全战略，聚焦“产出来”和“管出来”，加强梁平柚投入品和农产品质量安全追溯体系建设，建立和完善农产品质量安全全程化监管体系。

（六）全程社会化服务。由梁平柚全程社会化服务公司，负责为自愿加入梁平柚全程社会化服务的梁平柚种植业主提供投入品供应、柚园肥水管理病虫防治等标准化作业服务、柚果商品化处理、柚果最低保护价收购、推荐农业保险和融资等全程社会化服务，建立完善优质优价、分级定价、最低保护价和利润分红的营销机制。

五、加快中华·梁平柚园建设

由丰瑞公司与合兴镇龙滩村村级集体经济组织合作，探索创新中华·梁平柚园商业运营模式，学习借鉴福建漳州坚持“生态+旅游+农业+发展理念”，采用EPC模式，委托专业公司设计、规划、建设施工、营运，植入陆游等名人文化元素，按照“柚香世界、贡柚古道、百年柚惑、龙滩柚乡”四个区域，快速将中华·梁平柚园打造为农旅融合的特色旅游景区和国家级乡村振兴示范区。

六、创新体制机制

（一）加强组织领导。区乡村振兴战略行动计划柚产业发展工作组负责对梁平柚产业化发展的统筹领导。组建梁平柚产业化发展中心，招录2～3员本科学历以上专业人才，抽调相关同志为中心成员，专门负责梁平柚产业化发展策划、规划，组织协调，资源整合，监管监控，考核督查。

（二）组建产业协会。区农委会同区工商联，争取市工商联支持，全力配合奇爽集团牵头筹建重庆市柚子产业协会。区农委牵头，区商务局、区供销合作社等部门负责指导协调，梁平柚产业化发展中心具体服务，丰瑞公司、奇爽集团、亿联集团发起，引导明乾、柚子专业合作社等梁平柚种植、加工、销售业主协商组建梁平柚产业化发展协会，负责行业发展自律自强，提高梁平柚产业组织化程度和市场竞争力。

（三）组建产业化研究院。梁平柚产业化发展中心负责指导，梁平柚产业化发展协会牵头，丰瑞公司、奇爽集团、亿联集团、明乾、柚子专业合作社等梁平柚种植、加工、销售业主协商组建股份制性质的梁平柚产业化研究院，拟聘请院士、专家担任梁平柚产业化发展首席科学家，聘请科研院所专家组成研究院专家组，同时加强与国内涉柚高校、院所的紧密合作，为梁平柚的产业化研发提供智力支撑。

（四）组建社会化服务公司。梁平柚产业化发展中心负责指导，梁平柚产业化发展协会牵头，由丰瑞公司、奇爽集团发起，引导梁平柚种植大户、加工企业、营销大户等有意加入的单位、个人协商组建股份制性质的梁平柚全程社会化服务公司。

由区农委牵头，相关部门和丰瑞公司配合，在4月20日前完成梁平柚产业化发展中心、产业协会、产业化研究院、社会化服务公司组建工作。

七、强化保障措施

（一）加大投入保障。拟从区财政、市级切块资金中筹集2000万元、丰瑞公司融资4000万元、整合交通、国土等资金5000万元用于梁平柚产业化发展。区财政、市级切块资金重点用于补助梁平柚产业化研发、保险保费、贷款贴息、人才培训、试点示范、品牌建设、宣传营销、智能化及信息化建设等；各金融机构、保险机构以及涉农融资担保公司，要创新信贷、保险产品和服务方式，提高保险、贷款工作效率，扩大保险、贷款规模；加大招商引资力度，鼓励更多社会资本投入梁平柚产业化发展。

（二）人才保障。落实梁平区人才引进相关政策，加大对梁平柚院士、专家、学者的引进力度；充分发挥区职教中心、区农广校培训职业柚农的作用，大力培育新型职业农民，支持新型职业农民通过弹性学制参加中高等农业职业教育；建立有效激励机制，吸引支持企业家、党政干部、专家学者、技能人才等各类人才参与梁平柚产业化开发和重点项目建设。

（三）用地保障。贯彻落实中央和市委、市政府关于深化农村土地制度、产权制度改革的部署及要求，坚持生产、生活、生态同步，一、二、三产融合发展原则，通过推进产业规划、村庄规划、旅游规划、土地利用规划等多规合一，激活土地要素活力，实现土地，特别是农村集体建设用地（闲置宅基地）的集约利用，在保证土地产权性质不变、耕地不减少、农民利益不受损害的前提下，保障城市工商资本下乡投资梁平柚一、二、三产融合发展项目对种养用地和建设用地的需求。

将梁平柚产业化发展纳入对责任乡镇（街道）和部门的经济社会发展实绩考核内容，由梁平柚产业化发展中心对各责任单位梁平柚产业化发展任务完成情况进行定期检查评估。

梁平柚产业化发展三年总体目标详表（2018—2020年）

表10

年度	总体目标																	
	创新体系、生产体系、监管体系、品牌体系、市场营销体系、智能化体系、全程社会化服务体系体系建设目标	研发人才、技能人才、新型职业农民队伍培养目标	盛产柚园生产目标				经营主体培育目标					“三品一标”认证目标					打造市级名牌农产品（个）	梁平柚国家现代农业产业园、国家农业科技园区、国家农村产业融合发展示范园和中华名柚园AAAA景区创建目标
			产业纯收益水平	平均亩产（吨）	优质果率（%）	亩纯收益（元）	总量（个）	繁育基地（个）	优质柚园（个）	加工企业（个）	年销售量300吨以上的线上线下销售主体（个）	认证总量（个）	无公害（个）	绿色食品（个）	有机农产品			
															启动（个）	认证（个）		
2018年	初步构建	初步组建	明显提升	2	60	2000	120以上	3	60以上	3	50以上	60以上	60	2	1		1	启动阶段
2019年	充实完善	逐步壮大	大幅提升	2.5	70	3000	150以上	3	70以上	4	70以上	70以上	60	10	2		2	深化阶段
2020年	全面建成	形成稳定	显著提高	3	80	4000	200以上	3	110以上	4	80以上	110以上	90	20	3	1	3	成功创建

绿色发展的范本

张文龙

梁平柚，是中国三大名柚之一，与广西沙田柚、福建文旦柚并驾齐驱，支撑起中国柚产业大纛，蜚声国内外。

近年来，梁平依托梁平柚产业发展，在加快全域旅游步伐，大力实施乡村振兴战略的征途中，走出了一条独特的品牌之路。依托国家地理标志农产品梁平柚，发挥节会的聚合作用，将体育运动、悠久的农耕文明以及民俗文化有机融合，进一步塑造、凸显梁平柚的品牌效应，终使梁平柚走出国门，投向世界。

因此，“农业强、农村美、农民富”在梁平不仅仅是一句口号，而是精心策划，创意设计，大手笔绘制的新时代乡村振兴宏美画卷，“三农”工作“诗与远方”的辉煌篇章。

不同凡响的美誉　梁平柚果实硕大，芳香浓郁，汁多味甜，营养丰富，有“天然水果罐头”的美誉。因为柚树防尘固土，可美化环境。它那永不枯萎的绿，成为梁平实施乡村旅游的重要资源。

据史料记载，清朝乾隆末期，梁平人刁思卓于清乾隆五十年（1792）考取进士，曾任福建省南平县知县、邵武县知县。他初食福建柚子，就被这种独特的美味深深吸引。后来刁思卓衣锦还乡，还带回柚子的种子培植。在梁平特定的自然气候和土壤环境下，经过200多年

合兴镇龙滩村的中华·梁平柚海一角

的选培，逐渐演变成今天梁平柚。

梁平，享有“中国名柚之乡”盛名。梁平柚早在2008年就获得农业部首批地理标志农产品称号，成为全国首批准予登记的28个农产品之一。先后获得全国第五次、第六次柚类评比“金杯奖”、第十六届中国国际农产品交易展销会“金奖”；农业博览会名牌产品奖，被授予国家地理标志商标保护产品和国家级农产品地理标志示范样板；2016年获“全国一村一品十大知名品牌”百万网民投票第一名。

梁平柚全身是宝，果肉纯甜、细嫩化渣。可食部分占72.2%，VC111.7毫克/100毫升，果皮富含香清油、果胶等物质，具有消食化气、祛痰利尿、清热通便等多种保健功能。枝叶、果皮均可提取芳香油料，白色海绵层还可制蜜饯。梁平将梁平柚作为振兴农村经济的支柱产业，大力推广梁平柚标准化种植。

梁平柚果肉

其中，中华·梁平柚海是梁平柚产业发展的核心区、优质高产精品绿色柚园基地，2006年11月19日，重庆市梁平柚专业合作社联合社获中国优质果品基地暨果品产业先进典型评选组委会颁发“中国优质梁平柚基地”证书。虎蜜柚是梁平柚的一个品种，被专家誉为“跨世纪柚类良种”，被重庆市列为“十五”重大科研项目予以研究和开发。虎城尖柚于1998年荣获“重庆市十大名柚”称号。

“梁平柚”已是重庆农业七大产业柑橘类中的一张靓丽名片，更是重庆市名柚产业带的龙头。近年来，梁平区融合柑橘专项资金、市场切块资金、一体化基金、农业综合开发及国土整治、水利资金等项目资金，吸引社会资本，共计投入资金约3亿元进行梁平柚全产业链建设。

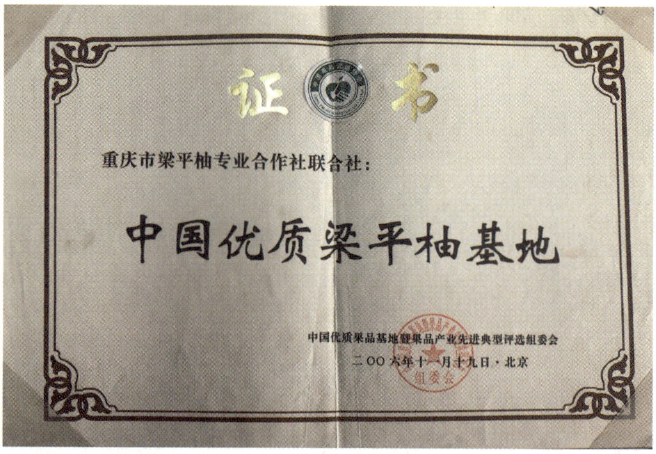

2006年11月19日，重庆市梁平柚专业合作社联合社获中国优质果品基地暨果品产业先进典型评选组委会颁发“中国优质梁平柚基地”证书

目前，梁平柚现有种植面积1万公顷，产量10万吨，综合产值近10亿元。其中，3.33公顷以上规模化柚园128个，面积2666.67公顷。建设中国名柚园1个、机械化示范1个、一二三产业融合示范园2个，种养结合肥水一体化示范园5个、推广绿色生态高效集成技术3333.33公顷，实施全程社会化服务面积2033.33公顷。

梁平柚走出国门

在第二届长江三峡（梁平）国际柚博会开幕式上，四辆装载了40余吨梁平柚的物流运输车，从中华·梁平柚海广场鸣笛出发，分别发往俄罗斯、东盟（越南）、新加坡等国家和地区。

鼎足而立的种植园　随着梁平柚经济效益日增，产业带动作用日益突出，梁平柚在规范化和规模化种植突飞猛进，逐渐形成以合兴、荫平、虎城三镇鼎立的梁平柚种植大格局。

合兴镇的名柚苑是该镇的梁平柚核心示范区域，为适应发展的需要，后更名为“中华·梁平柚海”。中华·梁平柚海是按照国家4A级标准打造的生态旅游景区，是梁平农旅融合的经典之作。景区建成了一条柚海观光慢道环线，将贡柚古道、名柚世界、百年柚惑、龙滩柚乡和七彩柚屋，滑草场、瑞丰亭、刁家院子等景点串连一起，形成梁平柚的核心展示区。

中华·梁平柚海位于梁平区合兴镇龙滩村和雨家村。梁平柚种植面积333.33公顷，有百年以上的柚树2000多株，50年以上柚树20000多株。中华·梁平柚海以数量庞大的百年柚树群，柚子果味纯正，口感绝佳，产业带动明显而成为梁平柚的核心展示区，标准化示范园。

荫平镇是柚子产业大镇，种植梁平柚666.67公顷。全镇百年以上的柚树130余株，柚树30余万株。主要集中在乐英、荫平、双寨、七斗、三坝等村，乐英村建有66.67公顷标准化柚园，每年都实现不菲的产值，成为农民增收的“摇钱树”。最典型的要数荫平镇乐英村的百年柚园，占地0.67公顷，栽种柚树700多株。其中百年柚树5株，是梁平柚中极品。百年柚树开花季节，香浓泽艳，绵长入肺，对人体健康具有天然的疗效。

虎城镇，是梁平柚种植大镇。主要品种虎蜜柚和尖柚被誉为稀世“珍品”。虎蜜柚呈圆

梁平虎蜜柚

锥形，果皮橙黄色，果面布满细腻均匀的油点泡，平均果重1025克，清香扑鼻，瓤瓣12～15瓣，排列整齐，果肉晶莹细嫩、化渣多汁、甜中微带果酸味，十分可口，具有健脾消食醒酒，保健防癌之功效。其中，被果品专家誉为跨世纪发展的柚类“珍品”——“虎蜜1号”，系从虎城尖柚选育而成。虎城尖柚属于沙田柚品种系列，已有上百年的栽培历史。单果重800～1300克，果实倒卵圆形，果皮橙黄色，果汁多，果肉酸甜可口，耐贮藏。虎城尖柚主要分布虎城镇、袁驿镇、屏锦镇和荫平镇等七个镇。

梁平柚种植几乎遍及全区30余个街镇。每年柚花开花期，梁平举办的“柚花节”吸引了各方游客前往，逐渐带动起当地农家乐的兴起。随着电商、自媒体和互联网的深度参与宣传，梁平的“柚花节”已成为旅游网红。游客可以畅游柚园，饱览春光，体验柚园乐趣，品柚子茶，吃柚子糖，乐在心间。而与旅游嫁接的梁平柚，老树显得弥足珍贵，花香也更甚往年。

生态树与摇钱树 曾经的梁平柚因为种种原因，沦落街头无人问津。当地柚农自产自销，状况不佳。远赴川外售柚的柚农，曾感叹“梁平柚出川后更香”。话语中可触摸到梁平人对家乡、对梁平柚的深切情感和殷殷希望。

如今，梁平城乡几乎处处可见梁平柚的身影。年年岁岁，梁平柚以其浓郁的绿色美化着梁平，绿了山川、河流与村庄，日渐成为梁平人民的生态树、摇钱树。

荫平镇乐英村老支书黎万书介绍，当年为销售梁平柚，老人足迹遍布川渝两地，到各地接洽妥当，才集中装车发运到客户手中。他回忆道，当时用卡车装载，一车能装10000公斤，并且都是先订单后发货。而梁平柚在荫平的大规模种植，是看到梁平柚受到外地人喜欢，也尝到了柚子的“甜头”之后，于80年代初才大面积种植，还培育、销售柚苗。

“那时，一车柚苗都值一万多。”黎万书说。

近几年梁平高度重视梁平柚产业，将其作为特色效益农业产业。通过积极改造老旧果园、强化政策激励、严格执行“六统一”等措施，为梁平柚产业打开了一个崭新的局面。如今，梁平柚已成为带动当地农民增收致富的重要项目，梁平柚的品牌也开始走出产地，真正飘香全国。

据了解，目前，虎城镇已种植虎蜜柚25万余株，面积达333.33公顷，全部挂果后，可年产虎蜜柚400万个，约3000吨。虎城尖柚栽培面积533.33公顷，产量1万吨。在乡村振兴和全域旅游的推动下，柚子产业逐渐成为虎城人民的“致富树”。

中华·梁平柚海位于梁平区合兴镇，涵盖合兴镇龙滩村，雨家村和护城村，是梁平柚产业发展的核心区、优质高产精品绿色柚园基地。其中，标准化柚园333.33公顷，有机柚200公顷，年产优质梁平柚5000吨，产值4500万元，柚农收入上万元，最高者达20余万元。

“目前梁平全区有7000余株百年老树，最老的已经180多年树龄。树龄越老的柚树，结出的果实口感越好。”梁平相关负责人说。

远观中华·梁平柚海，满目葱茏，那每一株柚树上都挂满了黄澄澄的梁平柚，如金子一般诱人。青砖黛瓦的农家小院点缀期间，一幅极富诗意的田园风光画卷展现眼前。依靠梁平柚产业形成景区，“中华·梁平柚海”已兴起18家农家乐。

龙滩村村民严官无开办的清雅农家乐，生意一直不错。“不但柚子卖钱，办农家乐也挣钱。”严官无农家乐菜品，便是就地取材，将柚子皮海绵部分炸成柚皮酥，橙黄的柚子皮打底蒸八宝饭，还做出了柚子酥肉、柚皮炖腊猪脚、柚子珍珠汤、柚香粉蒸肉等美食组成的全柚宴。他做出的“全柚宴”，还上了央视“味道”栏目，面向全国展播。

电商与出口的双驱动　据梁平农委相关负责人介绍，梁平柚栽植面积达1万公顷，综合产值8亿元。实现这样高的产值，与梁平柚农的勤劳有关，更与近年越来越成熟的电子商务密不可分。

早在二十一世纪初，梁平柚农就开始尝试网上销售梁平柚。为此，催生了多家大型助农增收的电商平台，利用电商模式销售梁平柚，为梁平柚提升知名度，积累客户资源起到了积极作用。

据了解，梁平以国家电子商务进农村综合示范项目为契机，建成梁平柚单品网销平台、邮乐购·梁平馆等知名销售平台。还通过淘宝、天猫、京东、微商城、邮乐购等第三方电商平台，成功培育数千个电商主体，其中，梁平柚电商近200家。建立梁平农产品电商“公共产品库”，通过保真溯源平台，让消费者精准快速获得梁平柚的树龄、主人家、生产管护、采购加工、物流等信息，实现梁平柚品牌的零距离宣传与交易。

“渝乡桃子”网红正在直播间为粉丝推介梁平柚

而今，梁平柚已经走出国门，实现出口创汇。2019年11月14日的发车仪式，无疑将梁平柚定格在一个特殊的历史里程碑！四辆装载了40余吨梁平柚的物流运输车，从中华·梁平柚海广场鸣笛出发，分别发往俄罗斯、东盟（越南）、新加坡等国家和地区。这是梁平柚第一次成批量销往海外。

商务委相关负责人称，梁平柚出口，将进一步升级梁平柚的高端果品形象，提升其在海外市场的影响力和美誉度。

据介绍，出口俄罗斯之前，经过对俄罗斯市场调查，决策为与福建蜜柚错峰销售。出口到东南亚，则是积极引荐广西经销商徐孝忠到梁参观考察，通过对越南、泰国等地的水果销售商试吃、推介梁平柚，终于11月13日，在虎城镇购买首批柚子10吨，销往越南等地。

今年10月17日，梁平主动出击市场，在相关人士的引荐下，与上海九曳供应链管理公司达成300万元的柚子采购协议。通过参加香港“香港绿色食品认证大会”“特色产品品鉴会”推介梁平柚，并与香港水果批零经销商签订意向协议。通过柚博会，梁平还请来了韩国、新加坡客商，与韩国黄金柚子有限公司在利用柚子开发新原料领域开展合作，将生产出各种高附加值产品，提高梁平柚的价值。

在电商与出口的双重驱动之下，梁平柚实现了产业与效益的腾飞。

采柚节和柚博会 春季赏花、冬季采果，梁平利用梁平柚这两大致富法宝，精心策划了梁平“柚花节”七届，“采柚节”九届。通过节会发现，“柚花节”观赏期较短，而“采柚节”则长达两个月之久，是持续带动乡村旅游的一个聚焦点。

于是，从2018年开始，“采柚节”纳入梁平晒秋节活动之一，从而华丽升格为全市乃至全国级的“柚博会”，将梁平柚品牌提升到全国的高度。

特别是今年第二届长江三峡（梁平）国际柚博会，梁平别出心裁将体育运动与柚产业发展和梁平柚品牌结合，真正实现了农文体旅的深度融合与全面发展。11月13日，在全民健身中心绿茵场上，以梁平地理标志梁平柚命名的“梁平柚杯”川渝两地足球邀请赛，运动员们奋力拼搏，续写体育事业的辉煌篇章。以梁平柚地理标志冠名的邀请赛和表演赛，极大地提升了梁平柚品牌知名度。

11月14日，全国首届农民水果（梁平柚）采收邀请赛暨重庆市第四届农民水果采收运动会在中华·梁平柚海开赛，来自市内外56支农民代表队近400名农民运动员，在柚园内同台竞技，为“柚”而战。赛事融合梁平柚采摘、进仓、包装三个生产环节，极具农业生产特色的比赛项目。整个赛事体现了采柚时节的柚农生产场景，让运动员们感受梁平人民的质朴与坚韧。

此次活动将竞争性与趣味性相结合，将农耕文明与体育运动结合，很好地展示了新时代新型农民的风采。通过技能的角逐，广大农民朋友表达了对中华大地喜获丰收的礼赞。活动以柚为媒、广交朋友，增强农民朋友健身意识，凝聚起乡村振兴的巨大力量。

而在第二届长江三峡（梁平）国际柚博会中国三大名柚高峰论坛上，全国柑橘专家、教授云集梁平。中国农科院柑橘研究所研究员、中国柑橘体系岗位科学家朱世平，华中农业大学教授徐娟，广西壮族自治区玉林市容县水果产业服务中心高级农艺师潘桂明，重庆市农技推广总站长熊伟，人民优品事业部总经理孙薇薇等专家分别做主题演讲和发言，全场鸦雀无声，倾心聆听。

发言主要从几个方面展开。我国的柑橘栽培历史和文化传统；生态多样化，种质资源丰富，栽培良种多等优势；重庆是晚熟柑橘主产区，海拔500米以下地区有越冬优势；柚类植物中的功能性成分，可参与人体某些组织或器官的新陈代谢过程，维持或增进人体健康的物质需求；优质农产品资源如何做到产能与大宗需求匹配，首先应当打破供应链不完善、信息不对称的因局等。各方专家建言献策，为塑造梁平柚品牌激情论坛。

为此，高峰论坛上，梁平发布了“梁平柚”区域公用品牌；举行了梁平柚国际国内经销商暨人民优品战略合作签约仪式，集中签约了15家，协议销售梁平柚5000吨。

产业融合的倍增效应　农旅融合发展，在推动乡村振兴，实现脱贫攻坚，助力全域旅游方面，是新时代中国特色的发展方向，也是梁平旅游带动效应，实现在全市旅游格局中后来居上的制胜法定。

梁平旅游格局中，除了万石耕春、百里竹海、滑石古寨以及双桂禅堂之外，中华·梁平柚海则是产业融合、农旅融合的典范。

中华·梁平柚海，是一个按照国家4A级标准打造的生态旅游景区。景区布局为一环、四区、三中心、多节点。一环，即柚海观光慢道环线。四区，即贡柚古道区、名柚世界区、百年柚惑区、龙滩柚乡区。三中心，即公共服务中心、产业营销中心、科普研发中心。多节点，即瑞丰亭、刁家院子、滑草场、七彩柚屋、高架桥等。

公共服务中心。具有游客服务中心、村民服务中心的功能，也是梁平柚产业协会的主要办公场所，提供游客咨询、购票，IP文创产品展售，医疗服务，村民日常咨询，协会交流等服务。

产业营销中心，作为梁平柚产业展销中心、线下交易中心、电商平台、众创空间、农贸淘宝市场、柚趣小屋等核心功能区，也是梁平乡村产业发展成果和乡村振兴蓝图的重要展示窗口。

科普研发中心。一方面作为梁平柚品种改良与技术研发中心，另一方面建立校企合作，开展青少年科普教育，打造中小学生研学教育基地，并将引进文旦柚、坪山柚、沙田柚、琯溪蜜柚、葡萄柚等国内外名柚品种，通过智慧系统导入，提高科普教育和认知度。

每年4月柚花盛开，10月柚子成熟，都会分别在中华·梁平柚海举办柚花节、采柚节、柚博会等节会活动，已形成景区旅游品牌。

如今，产业融合，带给柚海人家直接的经济效益凸显。仅梁平柚销售而言，此前的梁平柚每斤0.8~1元左右，价低滞销，柚农积极性不高。自从中华·梁平柚海景区建成投用，梁平柚成功登记地理标志农产品后，价格比普通柚子高出20%~30%，百年老树的果子达到10元一斤，50年老树5~6元一斤。

据了解，梁平柚作为实施地理标志农产品保护工程的农产品之一，在品牌建设与特色产业效益上成效明显。全区梁平柚标准园110余个，面积突破2000公顷。目前大部分梁平柚通过了无公害农产品认证，华云蜜柚等通过绿色食品认证，龙滩柚子通过有机柚认证，当地柚农从规模化、标准化、绿色化生产中获益菲浅。同时，梁平柚深加工产业方兴未艾。柚子膏、蜂蜜柚子茶、梁平柚果糕、柚子全果粉等十余种柚子加工产品的成功研发投产，为当地柚农有效解决了增收致富的出路。

相关负责人介绍，梁平为提升地理标志农产品“梁平柚”综合产能，延长产业链，引进了重庆柚香谷科技有限公司（下称柚香谷）、奇爽食品有限公司等大型企业，对梁平柚深加工及产业链进行深度融合。柚香谷研发出10余种柚子精深加工产品，系列产品走进了重庆江北国际机场特产店，目前产值近300万元，可年加工柚子5万吨。“梁平柚除了加工食品，还可以开发柚精油，利用柚子白囊生产婴儿尿不湿。”柚香谷相关负责人说。

同时，作为梁平最早引进的奇爽食品有限公司，不仅在柚子深加工项目投入7000万元，还分别在金带镇两个村设立了梁平柚生产基地近133.33公顷，真正实现了从柚子生产、深加工与销售的一体化产业链。

从柚花到柚果，再到柚加工品，梁平柚文章接连不断。不但培育了奇爽、柚香谷等大型加工企业，还将着手建设闽商食品工业园，开发梁平柚精深加工产品，延长产业链，提高梁平柚附加值。

奇爽梁平柚宜机化示范园区一角

后　记

2020年10月25日，中国地方志指导小组办公室、重庆市地方志办公室领导和专家一行莅临梁平，调研考察梁平区地方志工作开展情况时指出，梁平柚果形美观、果皮芳香、果肉纯甜、营养丰富是梁平极佳的地方特色产品，可作为专题特产志进行编修。区委、区政府领导对此高度重视，随即指示区农业农村委、区档案馆、区丰瑞公司组织人员编纂梁平柚志，并要求2021年10至11月梁平柚博会时公开出版发行。

区农业农村委、区档案馆、区丰瑞公司接此任务后，多次专题协商研究，拟定编修方案，确定编修人员。于2020年11月25日组建梁平柚志编纂委员会，26日正式启动《梁平柚志》编修工作。

《梁平柚志》在编纂过程中，得到了中国地方志指导小组办公室、重庆市地方志办公室、梁平区档案馆领导和专家的指导。面临时间紧、任务重，无编纂经验的难题。编纂组迎难而上，不惧艰辛，通过查找原始档案，走访百姓、种植大户等多种方式积累掌握了很多一手资料，为顺利完成柚志编纂任务奠定了基础。

《梁平柚志》客观记录了，梁平柚在“三山五岭、沃野中华、六水婉转、湖泊缀映”的独特地质构造下，在亚热带季风性湿润气候，冬暖春早，秋短夏长的自然环境下，勤劳、智慧的梁平人民200多年不断选培种植的历史轨迹。

《梁平柚志》的编纂出版为世人了解梁平、认知梁平、研究梁平提供了可靠的地情资料，给当今和后世留下一部乡土特产文献。在此借志稿出版发行之际，向关心、支持、帮助《梁平柚志》编纂的领导、专家，向提供资料的有关单位及个人表示衷心感谢！

参与特色产品志编纂工作，对我们尚属首次。由于要求高、工作量大、时间短、史料搜集困难，水平有限，失误和不足在所难免，诚望广大读者指正。

编　者